"十四五"高等职业教育计算机类专业系列教材

Java程序设计项目化教程（第二版）

李 颖 平 衡 刘海莺◎主 编
殷晓辉 李亚庆 姚燕娜 王 玮 王翠华◎副主编

中国铁道出版社有限公司
CHINA RAILWAY PUBLISHING HOUSE CO., LTD.

内 容 简 介

本书采用“项目引领、任务驱动”的教学方式，通过大量案例全面介绍了Java语言开发技术。

全书共4个项目10个任务，内容涵盖Java编程开发环境的搭建、Java语法基础、条件语句、循环语句、跳转语句、数组、类和对象、继承和多态、抽象类和接口、包、访问控制权限、常用Java API、程序调试和异常处理、Java界面编程、IO流、文件处理技术、线程、网络编程。

本书的案例设计从易到难，循序渐进，可使学生在学习知识和技能的同时在人文素质、职业素养方面得到提升。

本书适合作为高等职业院校计算机类专业的教材，也可作为计算机爱好者的自学参考书。

图书在版编目（CIP）数据

Java程序设计项目化教程/李颖，平衡，刘海莺主编.—2版.—北京：中国铁道出版社有限公司，2024.9

“十四五”高等职业教育计算机类专业系列教材

ISBN 978-7-113-29643-8

I.①J… II.①李… ②平… ③刘… III.①JAVA语言-程序设计-高等职业教育-教材 IV.①TP312.8

中国版本图书馆CIP数据核字(2022)第169158号

书　　名：Java 程序设计项目化教程
作　　者：李　颖　平　衡　刘海莺

策　　划：祁　云　　　　编辑部电话：（010）63549458
责任编辑：祁　云　彭立辉
封面设计：刘　颖
责任校对：安海燕
责任印制：赵星辰

出版发行：中国铁道出版社有限公司（100054，北京市西城区右安门西街 8 号）
网　　址：https://www.tdpress.com/51eds
印　　刷：天津嘉恒印务有限公司
版　　次：2018 年 7 月第 1 版　2024 年 9 月第 2 版　2024 年 9 月第 1 次印刷
开　　本：850 mm×1 168 mm 1/16　印张：15.75　字数：433 千
书　　号：ISBN 978-7-113-29643-8
定　　价：49.80 元

前言

Java是当前流行的一种程序设计语言，因其具有安全、跨平台、性能优异等特点，自问世以来一直受到广大编程人员的喜爱。当今网络时代，Java技术应用十分广泛，从大型的企业级开发到小型移动设备的开发，随处都能看到Java的身影。对于想从事Java开发的人员来说，夯实Java基础尤为重要。

党的二十大报告提出:“教育是国之大计、党之大计。培养什么人、怎样培养人、为谁培养人是教育的根本问题。育人的根本在于立德。”本书在内容上自然融入中华优秀传统文化、科学精神、职业素养和爱国情怀等元素，注重挖掘学习与生活之间的紧密联系，将“为学”和“为人”有机地结合在一起。

本书第一版出版后，受到众多高等职业院校的欢迎。编者结合近几年的教学实践和广大读者的反馈意见，对第一版进行了全面修订。本书采用较为通用的JDK 8.0版本作为开发环境，并对Java基础知识体系作了更为系统的梳理，包括：对每个知识点进行了更为深入的讲解，增加了学习导航、知识分布网络以及其他辅助读者学习的数字化资源；精心设计了更多案例和练习题，从而增强读者的动手实践能力；补充了拓展知识，进一步增强知识的深度和广度。

本书将Java语言的精髓知识划分成4个项目（分解为10个任务）：

项目一 学生信息管理系统，包括任务一至任务三，主要围绕Java程序开发的基础知识展开，内容包括Java语言的特点和JDK的安装使用、集成开发工具Eclipse的使用、Java程序的基本结构、Java语言的基本数据类型、基本语法等。

项目二 汽车租赁管理系统，包括任务四和任务五，主要围绕Java语言最重要的特征——面向对象展开，内容包括封装、继承、抽象和多态等。

项目三 停车场管理系统，包括任务六和任务七，主要围绕Java语言常用的API展开，内容包括Java API、Java程序中的异常等。

项目四 模拟聊天室，包括任务八至任务十，主要围绕Java程序开发中不同类型的业务需求展开，内容包括图形用户界面开发、事件处理、I/O流的处理、多线程处理、网络编程技术等。

本书具有以下特点：

（1）满足就业需要。在每个任务中都精心挑选与实际应用紧密相关的知识点和案例，从而让学生在完成某个任务后，能马上在实践中应用从该任务中学到的技能。另外，在每个任务的最后加入“面试常考题”环节，以使学生完成任务之后，直接与工作要求对接，明确工作岗位的要求。

（2）持续推进教育数字化。为了方便读者学习，本书加入了大量数字化资源，内容涵盖：知识分布网络、案例代码、练一练、讲解案例视频、拓展知识、自测题。除此之外，课件、学习导航、案例代码、任务实施代码、项目实现代码、自测题答案、拓展实践答案、面试常考题答案、重点知识、编程技巧、Java 语言的类库、Java 打包指南等实用文档和相关资源。读者可以通过扫描相应二维码阅读观看，亦可在中国铁道出版社有限公司教育资源数字化平台 https://www.tdpress.com/51eds 下载，力求借助信息化的手段全方位、多途径地开展学习。

（3）提供网络开放共享课，辅助学生学习。本书配套课程已经正式上线国家职业教育智慧教育平台和学银在线平台，读者可以访问并加入课程学习，课程团队老师在线答疑，支持线上线下混合式教学。

本书的成稿得益于工学结合的编写团队。参与本书编写的成员均为一线骨干教师，具备丰富的专业教学经验及企业实践经历，是名副其实的“双师型”教师。

本书由李颖、平衡、刘海莺任主编，殷晓辉、李亚庆、姚燕娜、王玮、王翠华任副主编。具体分工如下：任务一由李亚庆编写，任务二由姚燕娜编写，任务三由殷晓辉编写，任务四、任务五由平衡编写，任务六、任务七由刘海莺编写，任务八由王玮编写，任务九由王翠华编写，任务十由李颖编写，全书由李颖统稿。在本书的编写与出版过程中，很多同行以及山东青橙数字科技有限公司的专家提供了许多宝贵意见并给予了支持和帮助，在此表示衷心的感谢！

由于编者水平有限，书中难免存在疏漏与不妥之处，敬请各位读者与专家批评指正，编者邮箱 liyingmail14281@sina.com。

编　者

2024 年 7 月

目 录

项目一　学生信息管理系统

技能目标

- 能够了解学生信息管理系统。
- 能熟练设计规划学生信息管理系统。
- 具备结构化程序设计的能力。

知识目标

- 了解学生信息管理系统需求。
- 熟悉学生信息管理系统的结构化需求。
- 了解Java程序的特点、特征及工作机制。
- 了解Java程序的开发环境。
- 熟练定义规范的标识符。
- 掌握各种基本数据类型及表示形式。
- 掌握各种流程控制语句的格式及执行过程。
- 掌握一维数组的定义和数组元素的访问。

项目功能

通过本项目的设计与实现过程，可使学生掌握结构化程序设计的基本思想，掌握Java语言的基本语法、数据类型、运算符、流程控制语句、数组、方法等。

在本系统中，为了简便，学生的信息只包括学号、姓名、班级、语文成绩、数学成绩、英语成绩，也可以根据需要增加其他信息。

系统的主要功能有：建立学生信息档案、录入学生信息、显示学生信息、修改学生信息、删除学生信息、查看学生信息等。

任务一　安装配置开发环境及需求分析

任务描述

为了开发学生信息管理系统，首先需要搭建Java程序开发环境，安装并配置Java程序运行所需要的软件和插件，明确程序的结构，以便能够通过Java程序顺利调用所需要的各种资源，如音乐、图片、文件等。针对用户需求做出准确的分析，并根据用户需求分析制定项目解决方案。

学习导航		
	重　点	（1）Java语言的特点； （2）JDK的安装与配置； （3）Eclipse开发工具的安装与使用
	难　点	（1）JDK的使用； （2）利用Eclipse实现程序编写
	推荐学习路线	从学生信息管理系统项目入手，理解学生管理系统所包含的模块，以及如何进行模块信息的展示
	建议学时	3学时
	推荐学习方法	（1）小组合作法：通过小组合作的方式，讨论得出学生管理系统所包含的模块，最终通过命令实现显示系统的功能； （2）对比法：通过JDK与Eclipse不同方式实现显示功能，寻找两者的差异，达到对相关知识点的准确掌握
	必备知识	（1）Java语言的特点； （2）JDK环境变量的配置； （3）Eclipse实现程序编写
	必备技能	（1）环境变量的配置； （2）利用Eclipse实现程序编写
	素养目标	（1）培养职业认同感、爱岗敬业精神； （2）树立有序计划、分工协作、团结配合的意识； （3）培养程序员严谨、细致的职业素养； （4）树立追求精益求精的工匠精神

技术概览

随着网络的发展和技术的进步，各种编程语言随之产生，Java语言就是其中之一。Java语言的发展要追溯到1991年，源于James Gosling领导的绿色计划。1996年，Sun公司（已于2009年被Oracle公司收购）正式发布Java语言，它的诞生解决了网络程序的安全、健壮、平台无关、可移植等很多难题。

相关知识

一、Java 语言概述

知识分布网络

任务一

Java是一种跨平台的语言，具有简单、面向对象、分布式、健壮性、安全性、平台无关性、可移植性、高性能、多线程等特点。

网络使得Java成了最流行的编程语言，同时Java也促进了网络的发展。Java不但用于网络开发，而且涉及其他很多方面，包括桌面级的开发、嵌入式开发Android应用和云计算平台等。在动态网站和企业级开发中，Java作为一种主流编程语言占据了很大份额；在嵌入式方面的发展更加迅速，现在流行的手机游戏，几乎都是应用Java语言开发的。可以说Java和人们的生活息息相关。

目前IT行业Java技术人员短缺，而且Java涉及IT行业的各个方面及各个环节，所以学习Java语言是IT职业人员很不错的选择。

1. Java 语言的产生与发展

Java不仅是一种编程语言，也是一个完整的平台，拥有庞大的库，可将诸如图形绘制、Socket连接、数据库存取等复杂操作进行最大限度的简化。

Java支持跨平台，一次编译，到处运行，在Windows上编写的代码可以不加修改地移植到Linux上，反之也可以。

Java语言是Sun公司于1995年推出的一门高级编程语言，起初主要应用在小型消费电子产品上，后来随着互联网的兴起，Java语言迅速崛起（Java Applet可以在浏览器中运行），成为大型互联网项目的首选语言。

Sun公司在1996年初发布了JDK1.0，这个版本包括两部分：运行环境（即JRE）和开发环境（JDK）。运行环境包括核心API、集成API、用户界面API、发布技术、Java虚拟机（Java virtual Machine，JVM）五部分；开发环境包括编译Java程序的编译器（即javac命令）。

Sun公司1997年2月18日发布JDK1.1。JDK1.1增加了JIT（即时编译）编译器，JIT和传统的编译器不同，传统的编译器是编译一条，运行完后将其扔掉，而JIT会将编译的指令保存在内存中，下次调用时就不需要重新编译，这种方式使JDK在效率上有了很大的提高。

1998年12月，Sun公司发布JDK1.2，伴随JDK1.2一同发布的还有JSP/Servlet、ELB等规范。为了使软件开发人员、服务提供商和设备生产商可以针对特定的市场进行开发，Sun公司将Java划分为3个技术平台，分别是Java SE、Java EE和Java ME。

（1）Java SE（Java Platform Standard Edition，Java平台标准版）为普通桌面和商务应用程序开发提供解决方案。它是3个平台中最核心的部分，Java EE和Java ME都是在Java SE的基础上发展而来的，Java SE平台中包括了Java最核心的类库，如集合、IO、数据库连接以及网络编程等。

（2）Java EE（Java Platform Enterprise Edition，Java企业版）为企业级应用程序开发提供解决方案。它可以看作一个技术平台，该平台用于开发、装配以及部署企业级应用程序，其中主要包括Servlet、JSP、JavaBean、JDBC、EJB、Web Service等技术。

（3）Java ME（Java Platform Micro Edition，Java平台小型版）为电子消费产品和嵌入式设备开发提供解决方案。它主要用于小型数字电子设备软件程序的开发，例如，为家用电器增加智能化控制和联网功能，为手机增加新的游戏和通讯录管理功能。此外，Java ME还提供了HTTP等高级网络协议，使移动电话能以Client/Server方式直接访问Internet的全部信息，提供最高效率的无线交流。

2002年2月，Sun发布了JDK1.4版本，也出现了大量Java开源框架，如Struts、WebWork、Hibernate、Spring等。

2004年10月，Sun发布了JDK1.5，同时将JDK1.5更名为JDK5.0，并增加了新功能。

2006年12月，Sun公司发布了JDK1.6，也称为JDK6.0。

2009年4月20日，Oracle宣布以每股9.5美元的价格收购Sun公司，该交易的总价值约为74亿美元。

2011年7月28日，Oracle公司发布了JDK7.0。

2014年3月18日，Oracle公司发布了JDK8.0。

2017年9月，Oracle公司发布了JDK9.0。

2018年3月，Oracle公司发布了JDK10.0。

2018年9月，Oracle公司发布了JDK11.0。

2019年2月，Oracle公司发布了JDK12.0。

2. Java语言的特点

（1）跨平台性

跨平台性，是指软件可以不受计算机硬件和操作系统的约束而在任意计算机环境下正常运行。这是软件发展的趋势和编程人员追求的目标。之所以这样说，是因为计算机硬件的种类繁多，操作系统也各不相同，不同的公司和用户使用不同的计算机环境，而软件为了能在这些不同的环境里正常运行，就需要独立于这些平台。

在Java语言中，Java自带的虚拟机很好地实现了跨平台性。Java源程序代码经过编译后生成的二进制字节码与平台无关，但可被Java虚拟机识别。Java程序跨平台运行时，程序本身不需要进行任何修改，真正做到“一次编写，到处运行”。

（2）面向对象

面向对象是指以对象为基本粒度，其下包含属性和方法。对象的说明用属性表达，而通过使用方法来操作这个对象。面向对象技术使得应用程序的开发变得简单易用，节省代码。Java是一种面向对象的语言，继承了面向对象的诸多优点，如代码扩展、代码复用等。

（3）安全性

安全性可以分为4个层面：语言级安全性、编译时安全性、运行时安全性、可执行代码安全性。语言级安全性指Java的数据结构是完整的对象，这些封装过的数据类型具有安全性。编译时要进行Java语言和语义的检查，保证每个变量对应一个相应的值，编译后生成Java类。运行时Java类需要类加载器载入，并经由字节码校验器校验之后才可以运行。Java类在网络上使用时，对其权限进行了设置，保证了被访问用户的安全性。

（4）多线程

多线程是指允许一个应用程序同时存在两个或两个以上的线程，用于支持事务并发和多任务处理。Java除了内置的多线程技术之外，还定义了一些类、方法等来建立和管理用户定义的多线程。多线程在操作系统中已得到成功的应用。

（5）简单易用

Java源代码的书写不拘泥于特定的环境，可以用记事本、文本编辑器等编辑软件来实现，然后将源文件进行编译，编译通过后可直接运行。

Java 语言是一门非常容易入门的语言，但是需要注意的是，入门容易不代表真正容易精通，学习Java 语言时还需要多理解、多实践才能完全掌握。

3. Java语言的工作机制

使用Java语言进行程序设计时，不仅要了解Java语言的特点，还需要了解Java程序的运行机制。Java程序运行时，必须经过编译和运行两个步骤：首先，将扩展名为.java的源文件进行编译，最终生成扩展名为.class的字节码文件；然后，Java虚拟机对字节码文件进行解释执行，并显示出结果。

Java虚拟机是一个软件，不同的平台有不同的版本，只要在不同平台上安装对应的JVM，就可以运行字节码文件，运行编写的Java程序。在这个过程中，编写的Java程序没有做任何改变，仅仅是通过JVM这一“中间层”在不同平台上运行。

所以，运行Java程序必须有JVM的支持，因为编译的结果不是机器码，必须要经过JVM的再次翻译才能执行。即使将Java程序打包成可执行文件（例如.exe），仍然需要JVM的支持。

注意：跨平台的是Java程序，不是JVM。JVM是用C/C++开发的，是编译后的机器码，不能跨平台，不同平台下需要安装不同版本的JVM，如图1-1所示。

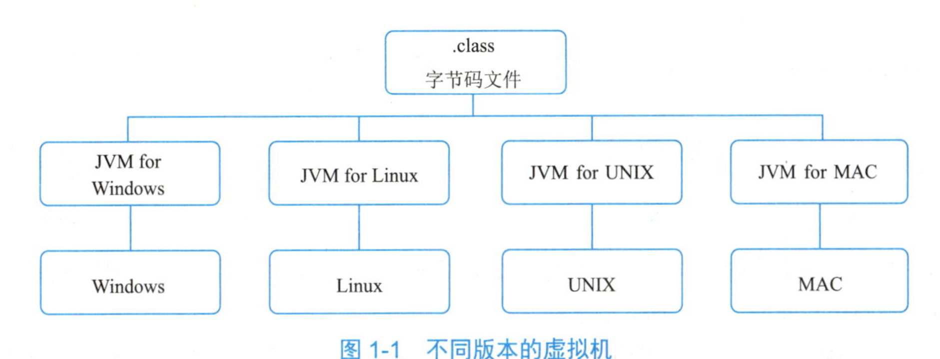

图 1-1　不同版本的虚拟机

二、下载安装并设置 JDK

Sun公司提供了一套Java开发环境，简称JDK（Java Development Kit），它是整个Java的核心，其中包括Java编译器、Java运行工具、Java文档生成工具、Java打包工具等。

为了满足用户日新月异的需求，JDK的版本也在不断升级，本书针对JDK8.0版本进行讲解。

Sun公司除了提供JDK，还提供了一种JRE（Java Runtime Environment）工具，它是Java运行环境，是提供给普通用户使用的。由于用户只需要运行事先编写好的程序，不需要自己动手编写程序，因此JRE工具中只包含Java运行工具，不包含Java编译工具。为了方便使用，Sun公司在其JDK工具中自带了一个JRE工具，也就是说开发环境中包含运行环境，因此，开发人员只需要在计算机上安装JDK即可，不需要专门安装JRE工具。

目前，Oracle公司提供了多种操作系统的JDK，每种操作系统的JDK在使用上基本类似，初学者可以根据自己使用的操作系统，从Oracle官方网站下载相应的JDK安装文件。下面以64位的Windows 10系统为例演示JDK8.0的安装过程。

1. 下载并安装 JDK

（1）双击从Oracle官网下载的安装文件jdk_8.0.1310.11_64.exe，进入JDK安装界面，如图1-2所示。

（2）单击“下一步”按钮进入JDK的自定义安装界面，可自定义安装功能和路径，如图1-3所示。

微课

安装 JDK

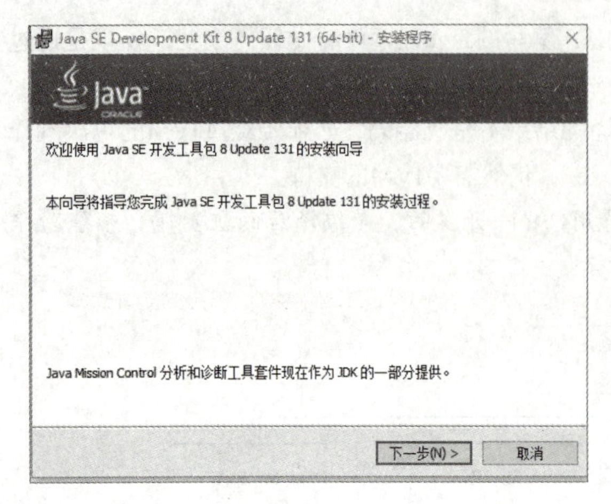

图 1-2　JDK8.0 安装界面

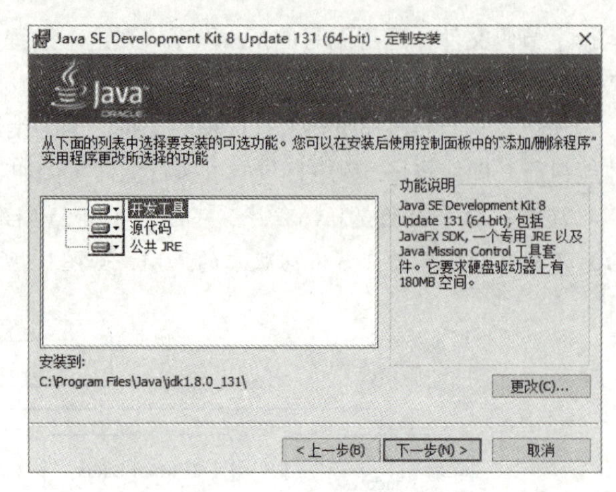

图 1-3　自定义安装功能和路径

在图1-3的左侧有3个功能模块，开发人员可以根据自己的需求选择安装。单击某个模块，在界面的右侧会出现对该模块功能的说明，具体如下：

- 开发工具：JDK 中的核心功能模块，其中包含一系列可执行程序，如 javac.exe、java.exe 等，还包含一个专用的 JRE 环境。
- 源代码：Java 提供公共 API 类的源代码。
- 公共 JRE：Java 程序的运行环境。由于开发工具中已经包含了一个 JRE，因此没有必要再安装公共的 JRE 环境，可以不选择此项。

单击自定义安装功能和路径界面右下侧的“更改”按钮，可以设置JDK的安装目录，如图1-4所示。这里采用默认的安装目录，直接单击“确定”按钮即可。

（3）进入Java安装-目标文件夹安装界面，设置JRE的安装路径，如图1-5所示。

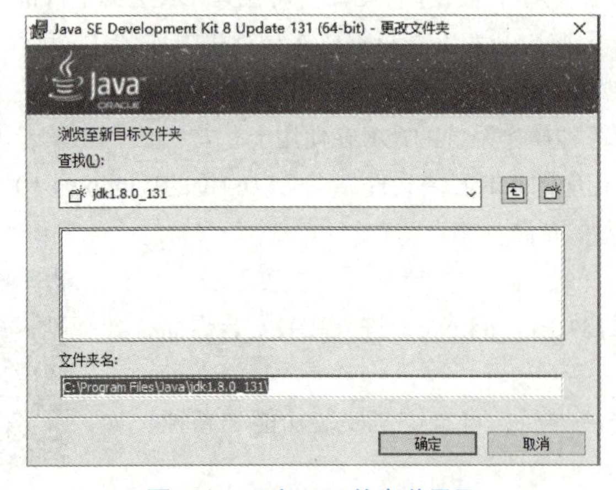

图 1-4　更改 JDK 的安装目录

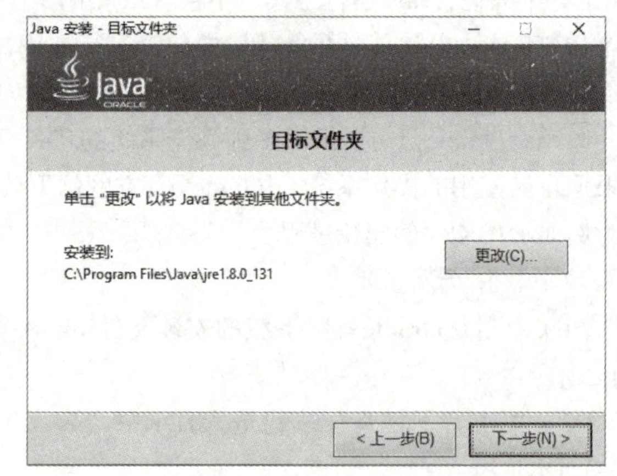

图 1-5　Java 安装 - 目标文件夹

（4）单击“更改”按钮，可将JRE安装到其他文件夹，如图1-6所示。这里选择默认的安装路径，直接单击图1-5中的“下一步”按钮即可。

（5）在对所有的安装选项做出选择后，单击自定义安装功能和路径界面中的“下一步”按钮开始安装JDK和JRE。安装完毕后会进入安装完成界面，如图1-7所示。

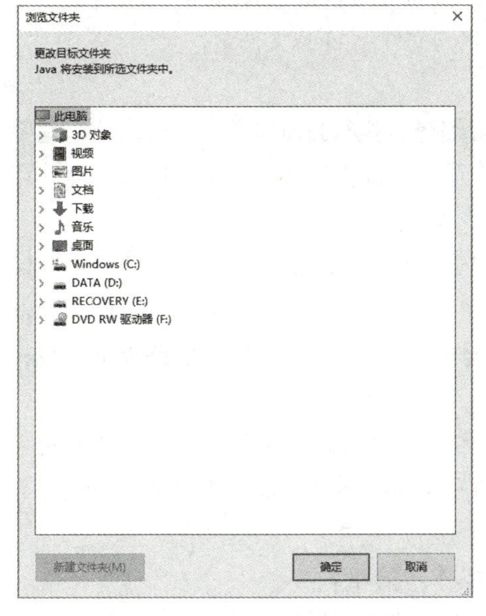

图 1-6　更改 JRE 的安装目录

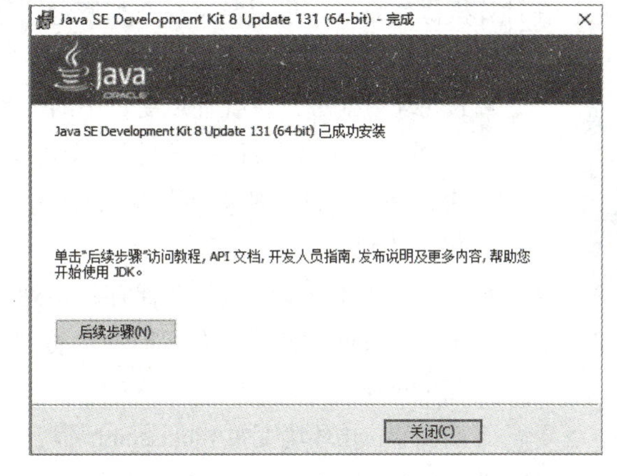

图 1-7　完成 JDK 安装

微课

JDK 目录介绍

单击“关闭”按钮，关闭当前窗口，完成JDK安装。

JDK安装完毕后，会在硬盘上生成一个目录，该目录称为JDK安装目录。

为了更好地学习JDK，初学者必须要对JDK安装目录下各个子目录的意义和作用有所了解。

- bin 目录：该目录用于存放一些可执行程序，如 javac.exe（Java 编译器）、java.exe（Java 运行工具）、jar.exe（打包工具）和 javadoc.exe（文档生成工具）等。
- db 目录：该目录是一个小型的数据库。从 JDK 6.0 开始，Java 中引入了一个新的成员 JavaDB，这是一个纯 Java 实现、开源的数据库管理系统。这个数据库不仅很轻便，而且支持 JDBC 4.0 的所有规范，在学习 JDBC 时，不再需要额外地安装一个数据库软件，选择直接使用 JavaDB 即可。
- jre 目录：此目录是 Java 运行环境的根目录，它包含 Java 虚拟机、运行时的类包、Java 应用启动器以及一个 bin 目录，但不包含开发环境中的开发工具。
- include 目录：由于 JDK 是通过 C 和 C++ 实现的，因此在启动时需要引入一些 C 语言的头文件，该目录就是用于存放这些头文件的。
- lib 目录：lib 是 library 的缩写，即 Java 类库或库文件，是开发工具使用的归档包文件。
- src.zip 文件：src.zip 是 src 文件夹的压缩文件，src 中放置的是 JDK 基础类的源代码，通过该文件可以查看 Java 基础类的源代码。

在JDK的bin目录下放着很多可执行程序，其中最重要的就是javac.exe和java.exe，分别如下：

- javac.exe：Java编译器工具，可以将编写好的Java文件编译成Java字节码文件（可执行的Java程序）。Java源文件的扩展名为.java，如HelloWorld.java。编译后生成对应的Java字节码文件，文件的扩展名为.class，如HelloWorld.class。

- java.exe：Java运行工具，它会启动一个Java虚拟机（JVM）进程。Java虚拟机相当于一个虚拟的操作系统，专门负责运行由Java编译器生成的字节码文件（.class文件）。

2. 设置系统环境变量

JDK安装完成后，还需要设置系统环境变量才能够正常编译、执行Java程序。那么，什么是系统环境变量？在计算机操作系统中可以定义一系列变量，这些变量可供操作系统中所有的应用程序使用，称作系统环境变量。在学习Java的过程中，需要涉及两个系统环境变量path和classpath。

微课

设置环境变量

- path环境变量是系统环境变量中的一种，用于保存一系列的路径，每个路径之间以分号分隔。当在命令行窗口运行一个可执行文件时，操作系统首先会在当前目录下查找是否存在该文件。如果不存在该文件，会继续在path环境变量中定义的路径下寻找；如果仍未找到，系统会报错。
- classpath环境变量也用于保存一系列路径，它和path环境变量的查看与配置方式完全相同。当Java虚拟机需要运行一个类时，会在classpath环境变量中所定义的路径下寻找所需的class文件。

下面设置path环境变量和classpath环境变量。操作步骤如下：

（1）右击桌面上的“此电脑”图标，在弹出的下拉菜单中选择“属性”命令，在打开的“设置”窗口中选择右侧的“高级系统设置”选项，在打开的“系统属性”窗口中选择“高级”，然后单击“环境变量”按钮，打开“环境变量”对话框，如图1-8所示。

（2）在“环境变量”对话框的“系统变量”列表框中选中名为Path的系统变量，单击“编辑”按钮，打开“编辑环境变量”对话框，如图1-9所示。

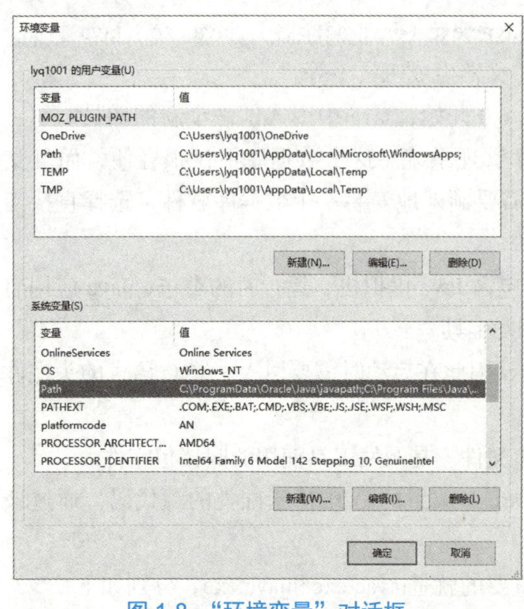

图 1-8 “环境变量”对话框

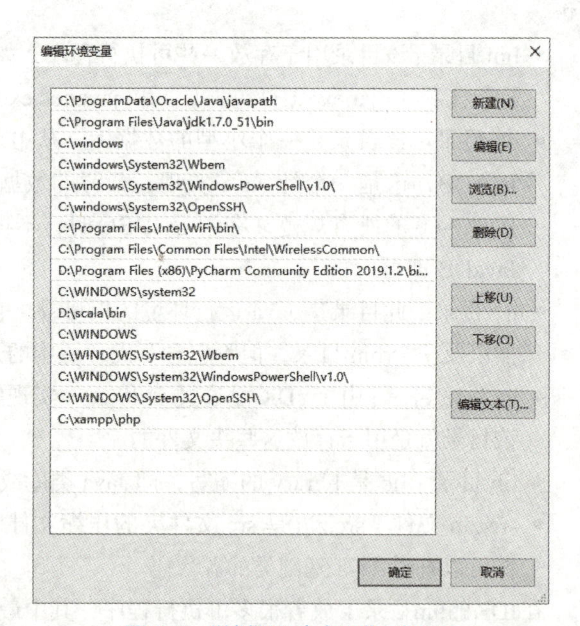

图 1-9 “编辑环境变量”对话框

单击右侧的“新建”按钮，添加javac命令所在的目录C:\Program Files\Java\jdk1.8.0_131\bin，如

图1-10所示。

添加完成后，依次单击窗口的“确定”按钮，完成设置。

（3）打开命令行窗口，执行set path命令，查看设置后的path变量的变量值，如图1-11所示。

图 1-10　在“编辑环境变量”对话框中添加路径

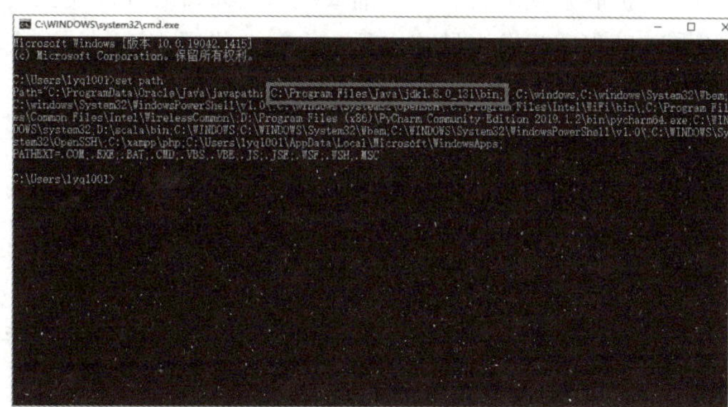

图 1-11　查看 path 环境变量

图1-11中环境变量path值的第一行，已经显示出配置路径信息。在命令行窗口中执行javac命令，如果能正常地显示帮助信息，说明系统path环境变量配置成功，这样系统就永久性地记住了path环境变量的设置。

（4）单击“环境变量”对话框“系统变量”列表框下方的“新建”按钮，打开“新建系统变量”对话框，如图1-12所示。

图 1-12　“新建系统变量”对话框

（5）在“变量名”文本框中输入classpath，在“变量值”文本框中输入“.; C:\Program Files\Java\jdk1.8.0_131\lib; C:\Program Files\Java\jdk1.8.0_131\lib\tools.jar”，如图1-13所示。

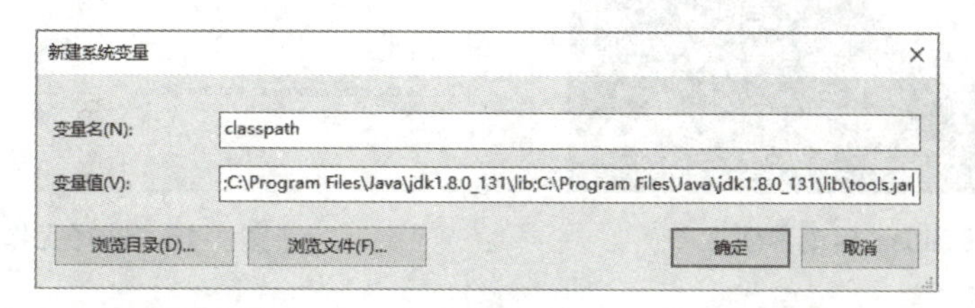

图 1-13　“新建系统变量”对话框

添加完成后，单击“确定”按钮，完成设置。

三、下载并安装 Eclipse

在实际项目开发过程中，由于使用记事本编写代码速度慢，且不容易排错，所以程序员很少用它来编写代码。为了提高程序的开发效率，大部分软件开发人员都使用集成开发环境（Integrated Development Environment，IDE）进行Java程序开发。下面就介绍一种Java常用的开发工具——Eclipse。

Eclipse是由IBM公司开发的一款功能完整且成熟的集成开发环境，它是一个开源的、基于Java的可扩展开发平台，是目前最流行的Java语言开发工具。Eclipse具有强大的代码编排功能，可以帮助程序开发人员完成语法修改、代码修正、补全文字、信息提示等工作，大大提高了程序开发效率。

微课

Eclipse 软件介绍

Eclipse的设计思想是“一切皆插件”。就其本身而言，它只是一个框架和一组服务，所有功能都是将插件、组件加入Eclipse框架中来实现的。Eclipse作为一款优秀的开发工具，其自身附带了一个标准的插件集，其中包括了Java开发工具（JDK），因此，使用Eclipse工具进行Java程序开发不需要再安装JDK以及配置Java运行环境。

Eclipse的安装非常简单，仅需要对下载后的压缩文件进行解压即可完成安装操作，下面分别从安装、启动、工作台以及透视图等方面进行详细讲解。

1. 安装 Eclipse 开发工具

Eclipse是针对Java编程的集成开发环境，读者可以登录Eclipse官网免费下载。安装Eclipse时只需将下载好的压缩包解压保存到指定目录下（如C:\eclipse）就可以使用。本书使用的Eclipse版本是Juno Service Release 2。

2. Eclipse 的启动

Eclipse的启动非常简单，直接在Eclipse安装文件中运行eclipse.exe文件即可，启动界面如图1-14所示。

Eclipse启动完成后会打开一个对话框，提示选择工作空间（Workspace），如图1-15所示。

工作空间用于保存Eclipse中创建的项目和相关设置。此处使用Eclipse提供的默认路径为工作空间，当然，也可以单击Browse按钮来更改，工作空间设置完成后，单击OK按钮即可。

图 1-14　Eclipse 启动界面

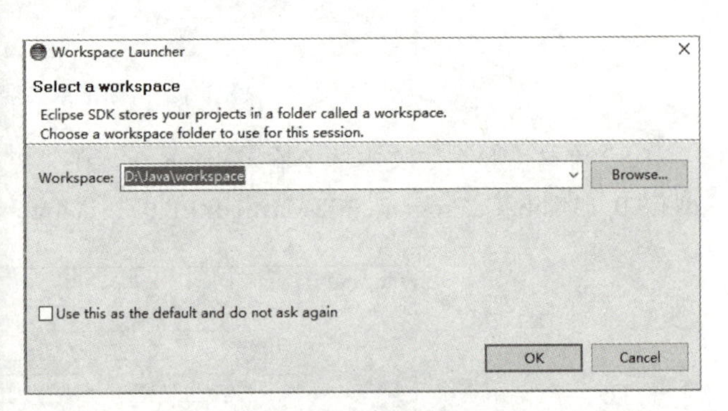

图 1-15　选择工作空间

注意： Eclipse每次启动都会出现选择工作空间的对话框，如果不想每次都选择工作空间，可以选中

Use this as the default and do not ask again复选框，这就相当于为Eclipse工具选择了默认的工作空间，再次启动时将不再出现提示对话框。

工作空间设置完成后，由于是第一次打开，会进入Eclipse的欢迎界面，如图1-16所示。

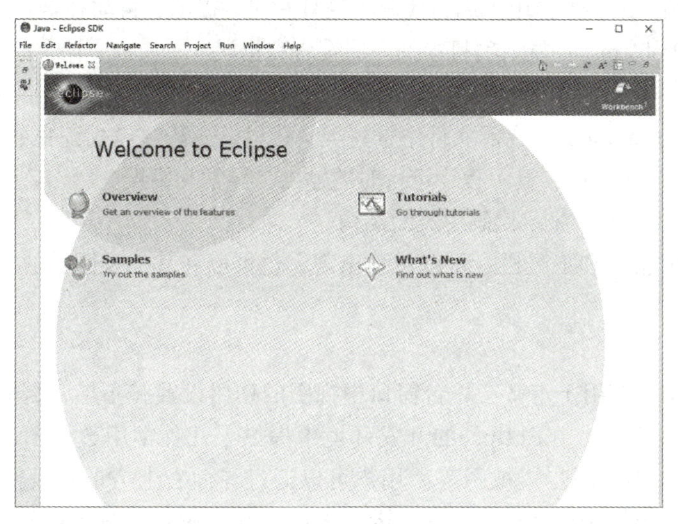

图 1-16　Eclipse 的欢迎界面

3. Eclipse 工作台

关闭Eclipse欢迎界面，就进入Eclipse工作台界面。Eclipse工作台主要由标题栏、菜单栏、工具栏、透视图等部分组成，如图1-17所示。其中透视图可以控制哪些视图显示在工作台界面上。

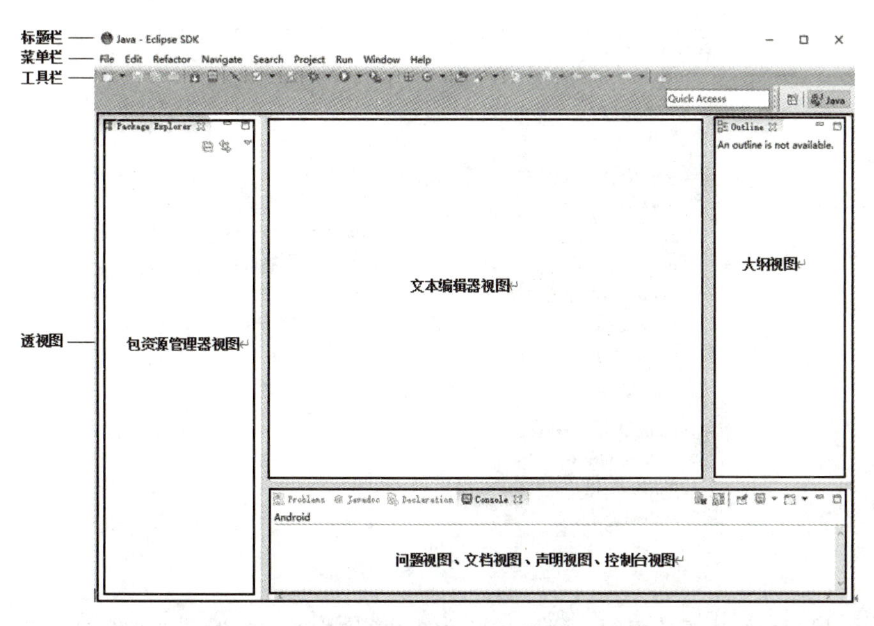

图 1-17　Eclipse 工作台界面

从图1-17可以看到，工作台界面有包资源管理视图、文本编辑器视图、问题视图、控制台视图、大纲视图等多个模块，这些视图大多都是用来显示信息的层次结构和实现代码编辑。下面介绍Eclipse工作台上几种主要视图的作用：

（1）包资源管理器视图（Package Explorer）：用来显示项目文件的组成结构。

（2）文本编辑视图（Editor）：用于编写代码，且具有代码提示、自动补全、撤销等功能。

（3）问题视图（Problems）：显示项目中的一些警告和错误。

（4）文档视图（Javadoc）：用于生成与源代码配套的API帮助文档。

（5）声明视图（Declaration）：在源文件中描述类、接口、方法、包或者变量。

（6）控制台视图（Console）：显示程序运行时的输出、异常和错误。

（7）大纲视图（Outline）：显示代码中类的结构。

视图可以有独立的菜单和工具栏，可以单独出现，也可以和其他视图叠放在一起，并且可以通过拖动随意改变布局的位置。

4. Eclipse 透视图

透视图（Perspective）用于定义工作台窗口中视图的初始设置和布局，目的在于完成特定类型的任务或使用特定类型的资源。在Eclipse的开发环境中提供了几种常用透视图，如Java透视图、资源透视图、调试透视图、小组同步透视图等。用户可以通过界面右上方的透视图按钮在不同的透视图之间切换，也可以在菜单栏中选择Window→Open Perspective→Other命令打开其他透视图，如图1-18所示。

在打开的Open Perspective对话框中选择用户要打开的透视图，如图1-19所示。同一时刻只能有一个透视图是活动的，该活动的透视图可以控制哪些视图显示在工作台界面上，并控制这些视图的大小和位置。在透视图中的设置更改并不会影响编辑器的设置。

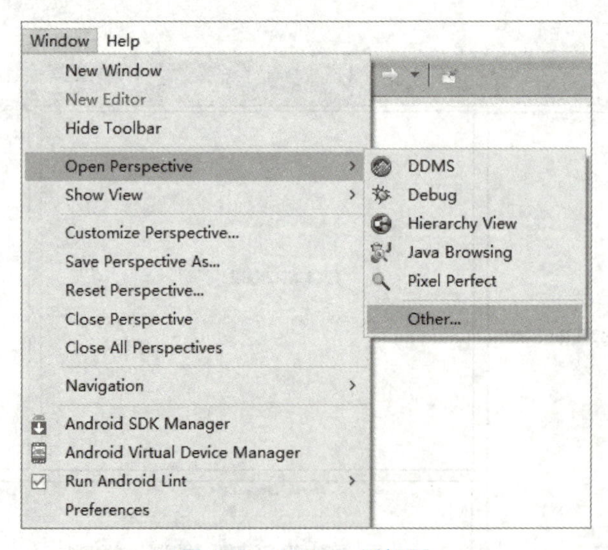

图 1-18　Eclipse 透视图

如果不小心错误地操作了透视图，例如，当关闭透视图中的包资源管理视图时，可通过Window→Show View选择视图或者通过Window→Reset Perspective命令重置透视图（见图1-20），就可以恢复到原始状态。

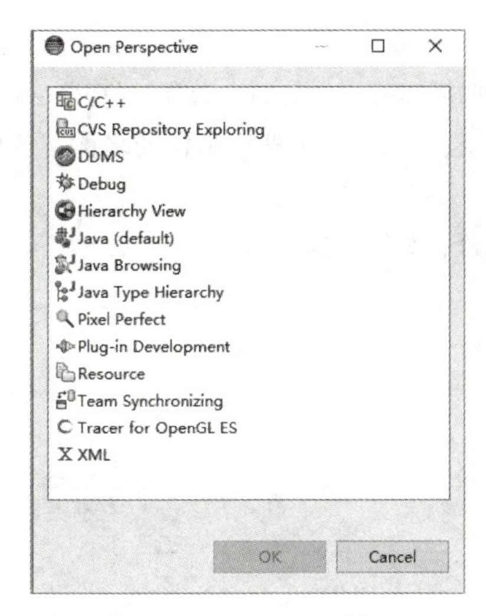

图 1-19　选择透视图

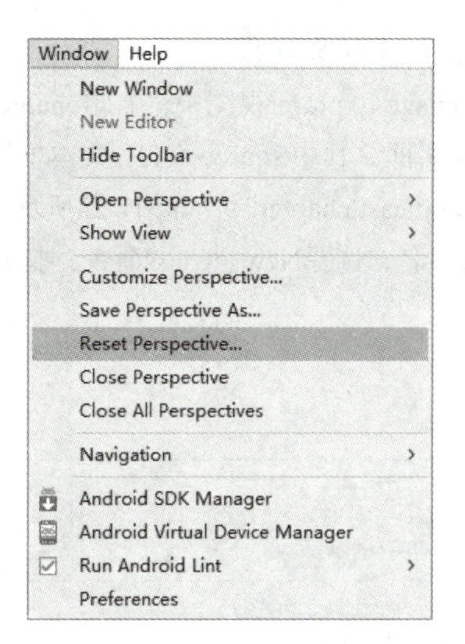

图 1-20　重置透视图

四、编写第一个 Java 程序

通过前面的学习，读者对Eclipse开发工具有了基本的认识。下面通过Eclipse创建一个Java程序，并实现在控制台上打印“Hello World!”。

微课

编写第一个 Java 程序

1. 新建项目

在Eclipse窗口中选择File→New→Java Project命令，或者右击Package Explorer视图，在弹出的快捷菜单中选择New→Java Project命令，打开New Java Project对话框，如图1-21所示。

在Project name文本框中输入chapter01，其余选项保持默认，单击Finish按钮完成项目的创建。此刻，在Package Explorer视图中出现一个名称为chapter01的Java项目，如图1-22所示。

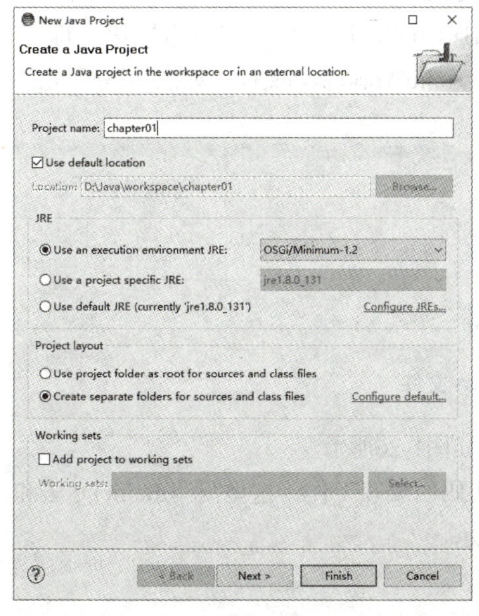

图 1-21　新建 Java 项目

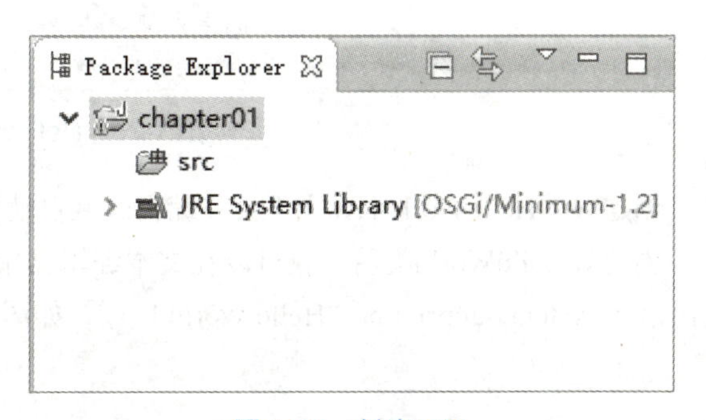

图 1-22　创建项目

2. 新建 Java 文件

在Package Explorer视图中，右击chapter01下的src文件夹，选择New → Package命令，打开New Java Package对话框，其中Source folder文本框用于设置项目所在目录，Name文本框表示包的名称，这里将包命名为cn.itcast.chapter01，如图1-23所示。

右击包名，选择New→Class命令，打开New Java Class对话框，如图1-24所示。

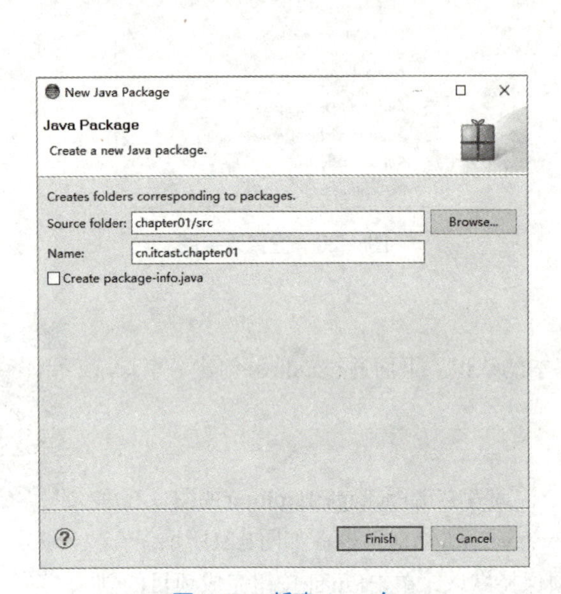

图 1-23　新建 Java 包

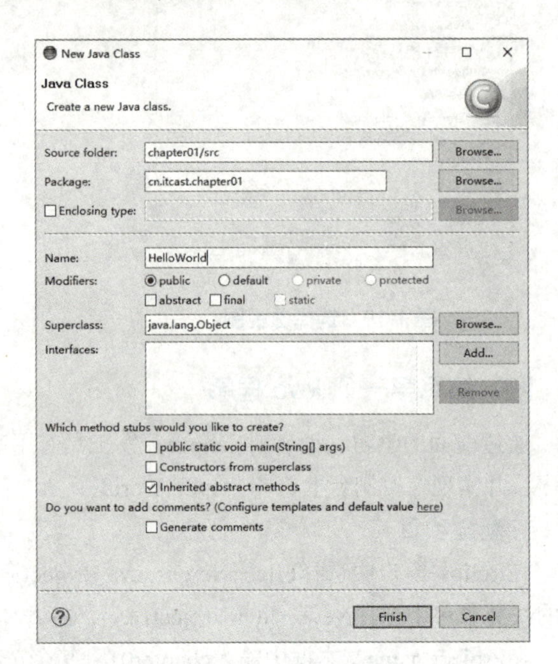

图 1-24　新建 Java 类

注意：包名和工程名一般都是小写开头，而Java类名则是大写开头。一个包中可以有多个Java类。

图1-24中的Name文本框用于设置类名，这里输入HelloWorld，单击Finish按钮，即可完成HelloWorld类的创建。在cn.itcast.chapter01包下就出现了一个HelloWorld.java文件，如图1-25所示。

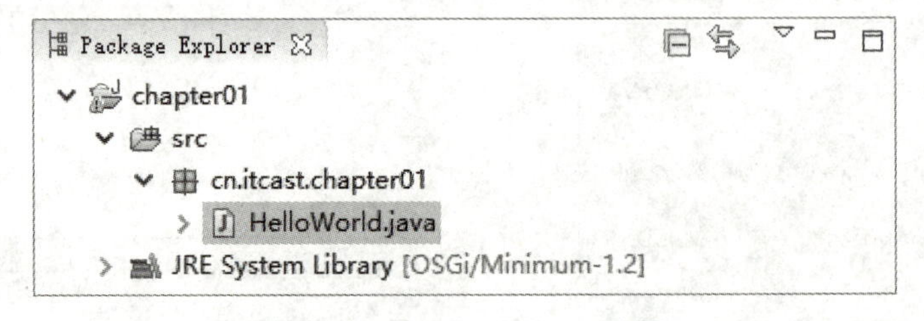

图 1-25　HelloWorld.java 文件

创建好的HelloWorld.java文件会在编辑区域自动打开，如图1-26所示。

创建好HelloWorld类后，就可以在文本编辑器中完成代码的编写工作，这里只写main()方法和一条输出语句System.out.println("Hello World !");，如图1-27所示。

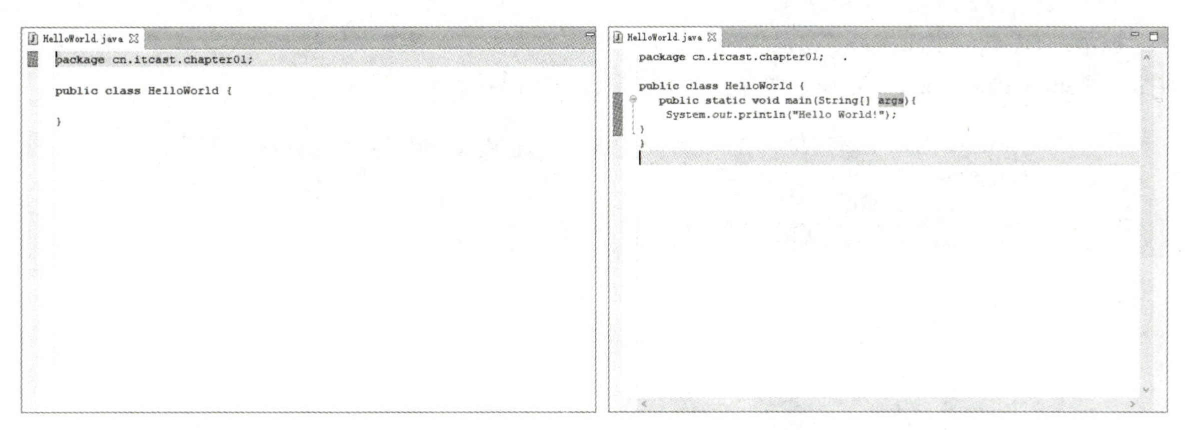

图 1-26　编辑区域　　　　图 1-27　完成代码编写

3. 运行程序

程序编辑完成之后，右击Package Explorer视图中的HelloWorld.java文件，在弹出的快捷菜单中选择Run As→Java Application命令运行程序，如图1-28所示。

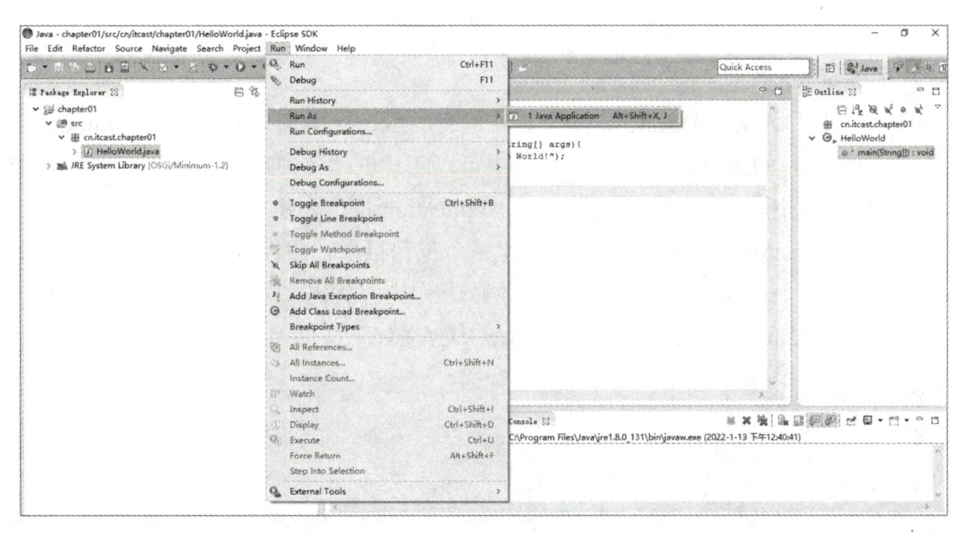

图 1-28　运行程序

也可以在选中文件后，直接单击工具栏上的 按钮运行程序。程序运行完毕后，会在Console视图中看到运行结果，如图1-29所示。

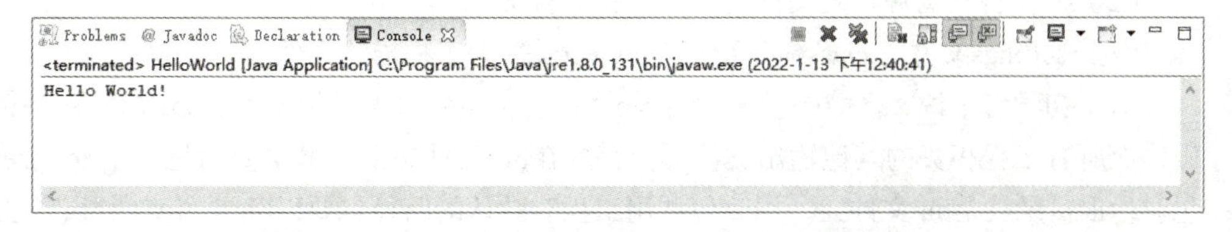

图 1-29　Console 视图中显示运行结果

至此，利用Eclipse创建Java项目、编写和运行程序就已完成。

提示：在Eclipse中还提供了显示代码行号的功能，右击文本编辑器左侧的空白处，在弹出的快捷菜单中选择Show Line Numbers命令，即可显示出行号，如图1-30所示。

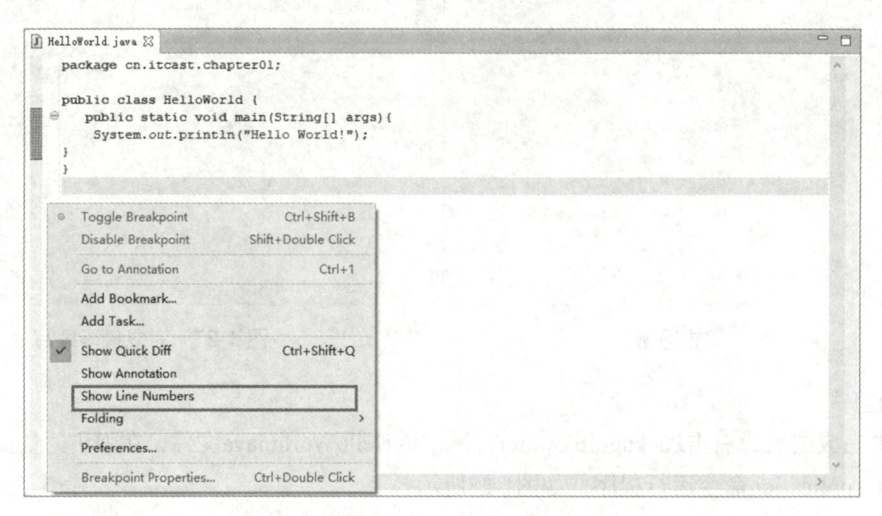

图 1-30　显示行号

4. Java 程序的结构

Eclipse的基本工程目录为workspace，每个正在运行的Eclipse实例只能对应一个workspace，也就是说，workspace是当前工作的根目录。在workspace中可以随意创建各种Java相关的工程、Java应用、Java Web应用、Web Service应用等。下面以普通的Java Application进行说明。

通常，创建一个Java Application工程，会创建一个工程目录，假设工程名称为TestProject，在当前的workspace中将创建一个目录TestProject，同时选择src作为源代码文件夹，bin作为输出路径，这样就构成了一个基本的Java Application工程。在workspace中存在如下文件夹：

拓展知识

JDK 实现程序开发

```
+workspace
  +TestProject
    -.settings
    -bin
    -src
    .classpath
    .project
```

（1）bin文件夹是工程输出路径，存放了编译生成的.class文件。

（2）src文件夹为源代码文件夹，存放的是.java文件。

（3）.settings文件、.classpath文件和.project文件为工程描述文件。

练一练

利用 JDK 实现程序开发

对于初学者来说，区分src文件夹和bin文件夹很重要。通常情况下，src文件夹只存放源代码，而所有工程相关的其他输出文件都会存放在bin文件夹下。最重要的是，用Eclipse进行打包时，根目录就是bin文件夹，用jar包调用工程时默认的路径也要以bin文件夹为准，到bin文件夹的层级数目就是最终的数目，因此可以认为bin文件夹是最重要的目录。

任务实施

本任务需要完成以下工作：

（1）下载JDK和Eclipse，部署Java开发环境。

（2）新建Java项目Student。

（3）在Student的工程目录中找到src文件夹，在其中创建Student.java文件。

（4）设计并显示系统功能菜单。

做好上述工作后，已经为设计并实现学生信息管理系统创建了软件环境，为进一步进行程序设计创造了必要条件。

任务小结

本任务介绍了Java的发展历史和语言特点以及Java拥有的一些优良特性。Java无论是在普通应用程序开发、企业级应用还是嵌入式开发上都拥有广阔的市场。通过Java开发工具和开发环境的介绍，读者学会配置开发环境，编译运行Java程序，达到能够快速开发的目的。通过Java程序示例，读者可以对Java程序有初步的认识。

自测题

任务一

自 测 题

参见“任务一”自测题。

拓展实践——部署 Java 环境

（1）下载并安装最新版JDK。

（2）下载并安装最新版Eclipse。

（3）在Eclipse中调试、运行一个简单的Java应用程序。

面试常考题

（1）JDK和JRE的区别是什么？它们各自有什么作用？

（2）简述JVM及其工作原理。

拓展阅读——职业认同感、爱岗敬业

“数字工匠”逐梦产业数智化未来

无人机航空测绘、智能焊接机器人、建筑信息模型技术、桥吊远程操控……近年来，以物联网、人工智能、虚拟现实等为代表的新兴技术不断与传统产业加速融合，在带动传统产业转型升级的同时，一大批新应用、新业态、新模式的涌现也催生出越来越多数字高技能人才。

在数字经济时代，数据成为新型生产资料，已快速融入生产、分配、交换、消费等各个环节，劳动者的工作场景、生产工具、技能需求、知识结构都与工业经济时代存在巨大差异。数字经济的快速发展衍生了大量数字化、智能化的工作岗位，使得劳动力市场中“数字工匠”的供需矛盾日益突出。《产业数字人才研究与发展报告（2023）》指出，当前我国数字人才总体缺口在2 500万至3 000万。人力资源和社会保障部发布的《中华人民共和国职业分类大典（2022年版）》中，首次标注的97个数字职业占到了职业总数的6%。2024年4月17日，《加快数字人才培育　支撑数字经济发展行动方案（2024—2026年）》发布，从产业、企业、高校等层面入手，规划了未来数字人才的“成长地图”和培育体系。按照人力资源和社会保障部计划，每年将培养培训数字技术技能人员8万人左右。

与传统技能人才不同，数字工匠是既具有现代工业技术技能水平，又掌握智能化网络化技能、善于渗透融合数字技术改造提升传统产业的复合型技能人才。其中，数据思维能力、数据分析能力与数字化应用能力是这类人才应该具备的核心数字素养与技能。

任务二　学生信息的表示

知识分布网络

任务二

任务描述

在学生信息管理系统中，首先将学生的基本信息存储到计算机中，然后对这些信息进行一些运算和处理，最后输出结果。本任务就是通过存储学生信息管理系统中的基本信息，来了解Java语言中数据的表示形式，即Java中基本数据类型的表示形式及定义方法，并掌握各种运算符的功能和表达式的计算方法。

学习导航		
	重　点	（1）Java的基本语法格式； （2）Java语言中的常量与变量的使用； （3）Java语言运算符的使用
	难　点	Java语言运算符的使用
	推荐学习路线	从学生信息管理系统的项目任务入手，理解Java的基本语法格式，掌握基本数据类型和运算符的使用
	建议学时	5学时
	推荐学习方法	（1）小组合作法：通过小组合作的方式，设计实现学生信息的表示，最终掌握Java语法格式，熟练定义变量和常量等知识技能； （2）归纳法：通过整理归纳基本数据类型的种类，能正确应用和辨识，并可以根据需要进行类型转换
	必备知识	（1）熟练定义规范的标识符； （2）了解Java语言数据类型的分类； （3）掌握各种基本数据类型及表示形式； （4）能够熟练定义变量和常量； （5）熟练掌握各种运算符的优先级和结合性

续表

学习导航	必备技能	（1）能够规范使用标识符； （2）能够正确定义变量，给出合法的变量名和类型； （3）能够理解辨识数据类型及其转换； （4）能够正确使用运算符完成相关运算
	素养目标	（1）培养职业认同、爱岗敬业精神； （2）树立科技自信和遵纪守法意识； （3）激发民族自豪感、时代使命感、历史责任感； （4）具有生态保护意识

技术概览

每一种编程语言都有一套自己的语法规范，Java语言也不例外，同样需要遵循一定的语法规范，如代码的书写、标识符的定义、关键字的应用、常量和变量的定义与使用、数据类型的定义、运算符和表达式的使用等。因此想要学好Java语言，首先需要熟悉它的基本语法。

相关知识

一、基础语言要素

1. Java 代码的基本格式

Java中的程序代码都必须放在一个类中。类用关键字class来定义，在class前面可以有一些修饰符，格式如下：

```
修饰符 class 类名{
    程序代码
}
```

在编写Java代码时，需要特别注意以下几点：

（1）Java中的程序代码可分为结构定义语句和功能执行语句。其中，结构定义语句用于声明一个类或方法；功能执行语句用于实现具体的功能。每条功能执行语句的最后都必须用英文分号（;）结束。

```
System.out.println("这是第一个Java程序！");
```

注意：在程序中不要将英文的分号（;）误写成中文的分号（；），否则编译器会报告“illegal character”（非法字符）错误信息。

（2）Java严格区分大小写。在定义类时，不能将class写成Class，否则编译会报错。另外，Computer和computer是两个完全不同的符号，在使用时务必注意。

（3）虽然Java没有严格要求用什么样的格式来编排程序代码，但是，出于可读性考虑，应该让程序代码整齐美观、层次清晰，通常可以在某些位置之间插入空格、制表符、换行符等任意的空白字符。例如，以下两种方式都可以，但是建议使用方式二。

方式一：

```
public class HelloWorld { public static void
    main(String[
```

```
]args){System.out.println("这是第一个Java程序！");}}
```

方式二：

```
public class HelloWorld{
    public static void main(String[] args){
        System.out.println("这是第一个Java程序！");
    }
}
```

（4）Java中一句连续的字符串不能分开在两行中书写。例如，下面这条语句在编译时将会出错：

```
System.out.println("这是第一个
    Java程序！");
```

如果为了便于阅读，想将一个太长的字符串分在两行中书写，可以先将这个字符串分成两个字符串，然后用加号（+）将这两个字符串连接起来，并在加号（+）后断行，上面的语句可以修改成如下的形式：

```
System.out.println("这是第一个"+
"Java程序！");
```

2. 标识符

标识符是程序员为自己定义的类、方法或者变量等起的名称，例如任务一程序中的HelloWorld和main都是标识符，其中HelloWorld是类名，main是方法名。除此之外，变量名、类型名、数组名等也是标识符。

Java语言规定，标识符由字母、数字、下画线（_）和美元符号（$）组成，但是不能以数字开头。例如，HelloWorld、Hello_World、$HelloWorld都是合法的标识符。但是如下几种就不是合法的标识符：555HelloWorld（以数字开头）；￥HelloWorld（具有非法字符￥）。

注意：标识符不能使用Java语言中的关键字。

标识符的命名要尽可能地表达出命名的含义，例如定义一个学生类，可以使用Student来命名。除此之外，根据不同类的标识符，还有一些命名习惯。

（1）包名：使用小写字母。

（2）类名和接口名：通常定义为由具有含义的单词组成，所有单词的首字母大写。

（3）方法名：通常也是由具有含义的单词组成，第一个单词首字母小写，其他单词的首字母都大写。

（4）变量名：成员变量和方法相同，局部变量全部使用小写。

（5）常量名：全部使用大写，最好使用下画线分隔单词。

3. 关键字

在Java中，程序员是不能使用关键字作为标识符的，这些关键字只能由系统来使用。关键字具有特殊的意义，Java平台会根据关键字来执行程序的相关操作。

在很多Java书中，讲解关键字时都会给出一个表格，然后告诉读者这些是关键字，一定要深刻记忆。这里，简单地给关键字分一下类并进行讲解，让大家初步了解一下关键字。

（1）访问修饰符关键字

在HelloWorld程序中出现的第一个单词就是public，它就是一个访问修饰符关键字。修饰符关键字包括如下几种：

- public：所修饰的类、方法和变量是公共的，其他类可以访问该关键字修饰的类、方法或者变量。
- protected：用于修饰方法和变量。这些方法和变量可以被同一个包中的类或者子类访问。
- private：同样修饰方法和变量。方法和变量只能由所在类进行访问。

（2）类、方法和变量修饰符关键字

- class：告诉系统后面的单词是一个类名，从而定义一个类。
- interface：告诉系统后面的单词是一个接口名，从而定义一个接口。
- implements：让类实现接口。
- extends：用于继承。
- abstract：抽象修饰符。
- static：静态修饰符。
- new：实例化对象。

还有几种并不常见的类、方法和变量修饰符，如native、strictfp、synchronized、transient和volatile等。

（3）流程控制关键字

流程控制语句包括if...else语句、switch...case...default语句、for语句、do...while语句、break语句、continue语句和ruturn语句，这都包含了流程控制关键字。还有一个流程控制关键字是instanceof，用于判断对象是否是类或者接口的实例。

（4）异常处理关键字

异常处理的基本结构是try...catch...finally，这3个单词都是关键字，异常处理中还包括throw和throws这两个关键字。assert关键字用于断言操作中，也是一个异常处理关键字。

（5）包控制关键字

包控制关键字只有两个：import和package。import关键字用于将包或者类导入到程序中；package关键字用于定义包，并将类定义到这个包中。

（6）数据类型关键字

Java语言中有8种基本数据类型，每一种基本数据类型都需要一个关键字来定义。具体包括布尔型（boolean）、字符型（char）、字节型（byte）以及数值型，其中数值型又分为short、int、long、float和double。

（7）特殊类型和方法关键字

super关键字用于引用父类，this关键字用于应用当前类对象，void关键字用于定义一般方法，该方法没有任何返回值。在HelloWorld程序中的main()方法前就有该关键字。

（8）没有使用的关键字

在关键字家族中有两个另类：const和goto。前面已经介绍，关键字是系统使用的，但是对于这两个关键字，系统并没有使用它们，这是初学者应特别注意的。

注意：所有的关键字都是小写的，如果单词中出现了大写，那就肯定不是关键字。

4. 注释

注释在代码中起着解释说明的作用，当系统运行程序时，注释会被越过而不执行。在Java语言中提供了完善的注释机制，有3种注释方式：单行注释（//）、多行注释（/*…*/）和文档注释（/**…*/）。

（1）单行注释（//）

单行注释通常用于对程序中的某一行代码进行解释说明，用符号“//”表示，“//”后面为注释内容。例如：

```
int c=10;          //定义一个整型变量
```

在Eclipse中默认快捷键是【Ctrl+/】。

（2）多行注释（/* …*/）

多行注释顾名思义就是内容有多行的注释，以符号“/*”开头，以符号“*/”结尾。例如：

```
/*  int c=10;
    int x=5;    */
```

在Eclipse中默认快捷键是【Ctrl+Shift+/】。

（3）文档注释（/** …*/）

文档注释以符号“/**”开头，以符号“*/”结尾。它是对一段代码概括性的解释说明，可以使用javadoc命令将文档注释提取出来生成帮助文档。

在Eclipse中直接输入，按【Enter】键即可自动生成文档注释。

注意：在实际工作中，可以根据需要选择不同的注释方式，具有良好的注释习惯是一个优秀程序员不可缺少的职业素质。

二、变量和常量

在正式学习Java 中的基本数据类型前，先学习一下数据类型的载体：变量和常量。

常量是指在整个程序运行过程中不会发生变化的量，例如数学中的π= 3.1415……需要设置成常量；而变量是指在程序的运行过程中可能会发生变化的量，通常用来存储中间结果，或者输出临时值。

变量的声明也指变量的创建。执行变量声明语句时，系统会根据变量的数据类型，在内存中开辟相应的存储空间并赋予变量初始值。变量有一个作用范围，超出它声明语句所在的语句块就无效。

【例2-1】计算圆面积的程序。

```
public class CircleArea{
    public static void main(String[ ] args){
        final double PI=3.14;          //定义一个表示 PI 的常量
        int r=5;                       //定义一个表示半径的变量
        double area=PI*r*r;            //计算圆的面积
        System.out.println("圆的面积等于"+area);
    }
}
```

程序运行结果：

```
圆的面积等于78.5
```

程序解析：在求圆的面积时，需要使用两个值，圆周率PI和半径r。其中，PI是一个固定的值，使用常量来表示，定义常量用final关键字，也就是该程序的第3行代码。圆的半径是可以变化的，所以用一个变量来表示。上面的代码中，常量和变量前有一个关键字double和int，用于声明数据类型。

三、数据类型及其转换

Java是一门强类型的编程语言，它对变量的数据类型有严格的限定。在定义变量时必须声明变量的类型，为变量赋值时也必须赋予和变量同一种类型的值，否则程序会报错。

Java语言的数据类型可划分为基本数据类型和引用数据类型，见表2-1。本任务主要介绍基本数据类型，引用数据类型将在后面的任务中介绍。

表 2-1　Java 中的数据类型

基本数据类型	数值型	整型（byte、short、int、long）
		浮点型（float、double）
	字符型（char）	—
	布尔型（boolean）	—
引用数据类型	类（class）	—
	接口（Interface）	—
	数组（array）	—
	枚举（enum）	—
	注解（annotation）	—

1. 整型

用来存放整数的数据类型称为整型。根据占用的内存空间位数不同，整型可以分为4种，分别是byte（字节型）、short（短整型）、int（整型）和long（长整型），默认为int类型。内存空间位数决定了数据类型的取值范围，表2-2中给出了整型的位数和取值范围的关系。

表 2-2　整型的位数和取值范围

整　型	位　数	取 值 范 围
byte	8	-2^{7}~$2^{7}-1$
short	16	-2^{15}~$2^{15}-1$
int	32	-2^{31}~$2^{31}-1$
long	64	-2^{63}~$2^{63}-1$

注意：在面试或者考试中并不会直接问某一类型的取值范围，而是问具体某一实际例子该使用什么类型，例如，表示全球人口该使用什么数据类型。

在Java中可以通过3种方法来表示整数，分别是十进制、八进制和十六进制。其中，十进制人们非常熟悉且常用；八进制是使用0~7来进行表示的，在Java中，使用八进制表示整数必须在该数的前面放置一个“0”。

【例2-2】十进制和八进制数值进行比较的程序。

```
public class Compare{
    public static void main(String[ ] args){
        int a10=12;                     //定义一个十进制数值
        int a8=012;                     //定义一个八进制数值
        System.out.println("十进制12等于"+a10);
        System.out.println("八进制12等于"+a8);
    }
}
```

程序运行结果：

```
十进制12等于12
八进制12等于10
```

程序解析：在程序中定义了两个整型的变量，值分别是“12”和“012”，如果认为这两个数值相同，那就错了。当一个数值以“0”开头时，表示该数值是一个八进制数值，从运行结果中也可以看到该值为十进制的10。

除了十进制和八进制外，整数的表示方法还有十六进制。表示十六进制数值除了0~9外，还使用a~f分别表示从10~15的数值。表示十六进制时，字母是不区分大小写的，也就是a表示10，A也表示10。十六进制同八进制一样，也有一个特殊的表示方式，那就是以0X或者0x开头。

【例2-3】使用十六进制表示整数的程序。

```
public class Hex{
    public static void main(String[ ] args){
        int a1=0X12;            //定义一个以数字表示的十六进制整数
        int a2=0xcafe;          //定义一个以字母表示的十六进制整数
        System.out.println("第一个十六进制数值等于"+a1);
        System.out.println("第二个十六进制数值等于"+a2);
    }
}
```

程序运行结果：

```
第一个十六进制数值等于18
第二个十六进制数值等于51966
```

程序解析：该程序中的0xcafe很容易让人迷惑，在一些面试中经常使用这样的程序来考程序员的细心程度。读者一定要了解它就是一个使用十六进制表示的整数。

在使用3种进制表示整数时，都被定义为int类型。这里完全可以定义为其他几种整型，但需要注意的是如果定义为long长整型，则需要在数值后面加上L或者l。例如，定义长整型的12数值，应该为12L。

2. 浮点型

浮点型是用来表示浮点数的。Java中的浮点型分为两种：单精度浮点型（float）和双精度浮点型（double）。表2-3给出了两种浮点型的取值范围。

表 2-3　浮点型

类　型	位　数	取值范围	类　型	位　数	取值范围
float	32	1.4e-45~3.4e+38	double	64	4.9e-324~1.7e+308

当使用单精度浮点型时，必须在数值后面跟上F或者f。在双精度浮点型中，可以使用D或者d为后缀，但是这不是必需的，因为Java中默认的浮点型就是双精度浮点型。

【例2-4】定义浮点型的程序。

```
public class Float{
    public static void main(String[ ] args){
        float f=1.23f;                    //定义一个单精度浮点型
        double d1=1.23;                   //定义一个不带后缀的双精度浮点型
        double d2=1.23D;                  //定义一个带后缀的双精度浮点型
        System.out.println("单精度浮点型数值等于"+f);
        System.out.println("双精度浮点型数值等于"+d1);
        System.out.println("双精度浮点型数值等于"+d2);
    }
}
```

程序运行结果：

```
单精度浮点型数值等于1.23
双精度浮点型数值等于1.23
双精度浮点型数值等于1.23
```

程序解析：在该程序中，如果将定义单精度浮点型数值后的f去掉，该程序就会发生错误。从定义的是否带D后缀的两个双精度浮点型数值结果可以看出，定义双精度浮点型时，是否有后缀对结果是没有影响的。

3. 字符型

在开发中，经常要定义一些字符，例如“A”，这时就要用到字符型char。在Java中，字符型就是用于存储字符的数据类型。在Java中，有时会使用Unicode码来表示字符。在Unicode码中定义了至今人类语言的所有字符集，Unicode码是通过“\uxxxx”来表示的，x表示的是十六进制数值。Unicode编码字符是用16位无符号整数表示的，即有216个可能值，也就是0~65 535。

【例2-5】定义字符型的程序。

```
public class Char{
    public static void main(String[ ] args){
        char a='A';
        char b='\u003a';
        System.out.println("第一个字符型的值等于"+a);
        System.out.println("第二个字符型的值等于"+b);
    }
}
```

程序运行结果：

```
第一个字符型的值等于A
```

```
第二个字符型的值等于:
```

程序解析：从程序可以看到，定义字符型数值时，可以直接定义一个字符，也可以使用Unicode码来进行定义。由于Unicode码表示的是人类语言的所有字符集，所以大部分是看不懂的。还有一些受操作系统的影响不能显示，通常会显示为一个问号，所以当显示问号时，可能该Unicode表示问号，也有可能是因为该Unicode所表示的字符不能正确显示造成的。

在运行结果中，会有一些内容不能显示，例如回车、换行等效果。在Java中为了解决这个问题，定义了转义字符。转义字符通常使用“\”开头，在表2-4中列出了Java中的部分转义字符。

表 2-4　Java 中的部分转义字符

转　义	说　明	转　义	说　明
\'	单引号（撇号）字符	\n	换行 (LF)，将当前位置移到下一行开头
\"	双引号字符	\f	换页 (FF)，将当前位置移到下页开头
\\	反斜杠字符	\t	水平制表 (HT)（跳到下一个 TAB 位置）
\r	回车 (CR)，将当前位置移到本行开头	\b	退格 (BS)，将当前位置移到前一列
\?	问号字符	\0	空字符（NULL）
\ddd	1~3 位八进制数所代表的任意字符	\xhh	1~2 位十六进制所代表的任意字符

在Java中，单引号和双引号都表示特定的作用，所以如果想在结果中输入这两个符号，需要使用转义字符。由于转义字符使用的符号是斜杠，所以如果想输出斜杠时，就需要使用双斜杠。

【例2-6】使用转义字符的程序。

```
public class Character{
    public static void main(String[ ] args){
        System.out.println("Hello \n World");
        System.out.println("Hello \\n World");
    }
}
```

程序运行结果：

```
Hello
World
Hello \n World
```

程序解析：从运行结果中可以看到，当把“\n”放到一个字符中输出时，并不是作为字符串输出，而是起到换行的作用。但是，如果想直接输出“\n”时，同样需要使用转义字符，先输出一个“\”，然后后面跟上“n”，这样就输出“\n”这个字符。

4. 布尔型

布尔型boolean是用于表示逻辑值真假的数据类型，取值只能是true或false。所有关系运算的返回值类型都是布尔型。布尔型也大量用在控制语句中。运算符和控制语句将在后面的任务中介绍。

5. 数据类型转换

Java是一门强数据类型语言，所以当遇到不同数据类型混合操作时，就需要进行数据类型转换。数据类型转换要满足一个最基础的要求，那就是数据类型要兼容。例如，将一个布尔型转换成整型是肯定不能成功的。在Java中，有两种数据类型转换方式：自动类型转换和强制类型转换。

（1）自动类型转换

在前面计算圆面积的程序中可以看到，程序定义了半径为int类型，而面积为double类型，这就用到了自动类型转换。自动类型转换除了前面讲过的数据类型要兼容外，还要从低位数的数据类型向高位数的数据类型转换。

微课

自动类型转换

低 ------------------------------------> 高

Byte, short, char → int → long → float → double

【例2-7】自动类型转换的程序。

```
public class Auto{
    public static void main(String[ ] args){
        short s=3;              //定义一个short类型变量
        int i=s;                //short自动类型转换为 int
        float f=1.0f;           //定义一个float 类型变量
        double d1=f;            //float自动类型转换为 double
        long l=234L;            //定义一个long 类型变量
        double d2=l;            //long自动类型转换为double
        System.out.println("short自动类型转换为int后的值等于"+i);
        System.out.println("float自动类型转换为double后的值等于"+d1);
        System.out.println("long自动类型转换为double后的值等于"+d2);
    }
}
```

程序运行结果：

```
short自动类型转换为int后的值等于3
float自动类型转换为double后的值等于1.0
long自动类型转换为double后的值等于234.0
```

程序解析：从该程序中可以看出，位数低的数据类型可以自动转换成位数高的数据类型。例如，short数据类型的位数为16，就可以自动转换为位数为32的int类型。同样，float数据类型的位数为32，就可以自动转换为64位的double型。

由于整型和浮点型的数据都是数值，它们之间也是可以互相转换的，从而有了long类型自动转换为double类型。需要注意的是，转换后的值虽然相同，但在表示上一定要在后面加上小数位，这样才能表示为double型。

注意：整型转换成浮点型，值可能会发生变化，这是由浮点型的本身定义决定的。计算机内部是没有浮点数的，浮点数是靠整数模拟计算出来的，例如，0.5其实就是1/2，所以这样的换算过程难免会存在一定误差。

【例2-8】整型自动转换为浮点型。

```
public class AutoFloat{
    public static void main(String[ ] args){
        int i=234234234;                //定义一个int类型变量
```

```
        float f=i;                    //int自动类型转换为float
        System.out.println("int自动类型转换为float后的值等于"+d);
    }
}
```

程序运行结果：

```
int自动类型转换为float后的值等于2.3423424E8
```

程序解析：从程序和运行结果中可以看到，程序定义的int类型为234234234，而自动转换后的float类型为2.3423424E8。

前面介绍过，char字符型占16位，而且可以使用Unicode码来表示，因此char类型也可以自动转换为int类型，从而还可以自动转换为更高位的long类型，以及float类型。

【例2-9】字符型自动类型转换为整型。

```
public class AutoInt{
    public static void main(String[ ] args){
        char c1='a';                  //定义一个char 类型
        int i1=c1;                    //char自动类型转换为 int
        System.out.println("char自动类型转换为int后的值等于"+i1);
        char c2='A';                  //定义一个char 类型
        int i2=c2+1;                  //char类型和int 类型计算
        System.out.println("char类型和int类型计算后的值等于"+i2);
}
}
```

程序运行结果：

```
char自动类型转换为int后的值等于97
char类型和int类型计算后的值等于66
```

程序解析：从程序中可以看到，字符“a”显示为整数97，这里就是进行了自动类型转换，而且字符型还可以作为数值进行计算。

（2）强制类型转换

自动类型转换是从低位数转换到高位数，反过来，高位数的数据能否转换为低位数的数据？答案是可以的，这就要用到强制类型转换。强制数据类型转换的前提条件也是转换的数据类型必须兼容。强制类型转换的固定语法格式如下：

```
(type)value
```

其中，type 就是想要强制转换后的数据类型。

【例2-10】进行强制类型转换的程序。

```
public class Force{
public static void main(String[ ] args){
int i=123;     //定义一个int 类型
byte b=(byte)i;         //强制类型转换为 byte
System.out.println( “int强制类型转换byte后值等于” +b);
}
```

```
}
```

程序运行结果：

```
int强制类型转换byte后值等于123
```

微课
例 2-11 强制类型转换

程序解析：这是一个简单的强制类型转换程序，将一个int型的数据强制转换为一个比它位数低的byte类型。由于是高位数转换为低位数，也就是大范围转换成小范围，当数值很大时，转换就可能会造成数据的丢失。例如，已知byte类型能表示的最大值为127，而定义的int类型为128，这时候强制类型转换就会发生问题。

【例2-11】强制类型转换发生问题的程序。

练一练
强制类型转换

```
public class Force2{
public static void main(String[ ] args){
int i1=128;                    //定义一个int 类型
byte b=(byte)i1;               //强制类型转换为 byte
System.out.println("int强制类型转换byte后值等于"+b);
double d=123.456;              //定义一个double 类型
int i2=(int)d;                 //强制类型转换为 int
System.out.println( "double强制类型转换int后值等于" +i2);
}
}
```

程序运行结果：

```
int强制类型转换byte后值等于-128
double强制类型转换int后值等于123
```

程序解析：在程序中发生了两种数据丢失，首先是int型强制类型转换为byte型，由于是整型，所以采用截取的方式进行转换，这是由计算机的二进制表示方法决定的，有兴趣的读者可以自己研究一下，对于Java初学者只要知道这样会丢失精度即可；第二种情况是float型强制转换为int型，这种情况下会丢失小数部分。

在学习自动类型转换时，已经知道字符型是可以自动转换为数值型的；反过来，数值型是需要强制类型转换为字符型的。

【例2-12】char型和int型的正反转换。

拓展知识
隐含强制类型转换

```
public class Transform{
    public static void main(String[ ] args){
        char c1='A';           //定义一个char 类型
        int i=c1+1;            //char类型和int 类型计算
        char c2=(char)i;       //进行强制类型转换
        System.out.println("int强制类型转后为char后的值等于"+c2);
    }
}
```

程序运行结果：

```
int强制类型转后为char后的值等于B
```

程序解析：在该程序中，将计算后所得到的int型强制类型转换为char型，从而得到结果B字符。从这里也可以看出，在Unicode码中所有的字母都是依次排列的。大写字母和小写字母是不同的，都有自己对应的Unicode码。

四、运算符和表达式

Java常用的运算符分为五类：算术运算符、赋值运算符、关系运算符、布尔逻辑运算符、位运算符。位运算符除了简单的按位操作外，还有移位操作。

表达式是由常量、变量、对象、方法调用和操作符组成的式子。表达式必须符合一定的规范，才可被系统理解、编译和运行。表达式的值就是对表达式自身运算后得到的结果。表达式可以简单地认为是数据和运算符的结合。

根据运算符的不同，表达式相应地分为以下几类：算术表达式、关系表达式、逻辑表达式、赋值表达式，这些都属于数值表达式。

1. 算术运算符和算术表达式

算术运算符包括加（+）、减（-）、乘（*）、除（/）、求余（%）等基本的运算，使用简单。这里需要特别说一下加（+）和减（-），还可以作为正数和负数的前缀符号，这和数学中的一样，而且加号（+）也可以作为字符串之间的连接符。

【例2-13】 使用加号（+）进行字符串的连接。

```
public class Connect{
    public static void main(String[ ] args) {
        String s1="Hello";              //定义两个字符串
        String s2="World";
        String s3=s1+s2;                //使用加号做连接操作
        System.out.println(s3);
    }
}
```

程序运行结果：

```
Hello World
```

程序解析：从运行结果可以看出，使用加号（+）可以将两个字符串连接到一起。这里只要了解即可，字符串的定义以及其他操作会在后面进行讲解。

自增（++）自减（--）运算符是一种特殊的算术运算符，在算术运算符中通常需要两个操作数来进行运算，而自增自减运算符是一个操作数。自增运算符（++）表示该操作数递增加1，自减运算符（--）表示该操作数递减1。

【例2-14】 使用自增自减运算符的程序。

```
public class SelfAddMinus {
    public static void main(String[ ] args){
        int a=3;                        //定义一个变量
        int b=++a;                      //进行自增运算
        int c=3;                        //定义一个变量
        int d=--c;                      //进行自减运算
        System.out.println("进行自增运算后a的值等于"+a);
```

```
        System.out.println("进行自增运算后b的值等于"+b);
        System.out.println("进行自减运算后c的值等于"+c);
        System.out.println("进行自减运算后d的值等于"+d);
    }
}
```

程序运行结果：

```
进行自增运算后a的值等于4
进行自增运算后b的值等于4
进行自减运算后c的值等于2
进行自减运算后d的值等于2
```

程序解析：a自增运算后，a的数值增加1；c自减运算后，c数值减小1。

在前面学习类型转换时，已经知道当两个不同类型的数据进行运算时，低位的数据类型会自动转换为高位的数据类型，例如一个byte类型的数据和一个int类型的数据相加，最后的结果肯定是一个int类型，但是这一点在自增自减运算中是有所不同的。

【例2-15】自增运算中的类型转换程序。

```
public class SelfAdd {
    public static void main(String[ ] args){
        byte b1=5;                  //定义一个byte 类型的变量
        byte b2=(byte)(b1+1);       //进行强制类型转换
        System.out.println("使用加运算符b2的结果是"+b2);
        byte b3=5;                  //定义一个byte 类型的变量
        byte b4=++b3;               //进行自增运算，不需要类型转换
        System.out.println(“使用自增运算符b4的结果是”+b4);
    }
}
```

程序运行结果：

```
使用加运算符b2的结果是6
使用自增运算符b4的结果是6
```

程序解析：在Java中，默认整数为int型，当对byte类型执行加1运算时，由于1为Java默认的int型，执行加运算后，结果也是int型，从而需要进行强制类型转换为byte型。而使用自增运算时，并不需要进行强制类型转换，因为自增自减运算不进行数据类型的提升，运算前数值是什么类型，运算后的数值仍然是什么类型。

自增自减运算符的位置，除了可以放在操作数的前面，也可以放在操作数的后面，运算符的位置不同，执行运算的顺序就不同。

（1）前缀方式：先进行自增或者自减运算，再进行表达式运算。

（2）后缀方式：先进行表达式运算，后进行自增或者自减运算。

【例2-16】自增运算符的前后缀位置不同，运算顺序不同。

```
public class Order{
    public static void main(String[ ] args){
        int a=5;                        //定义两个相同数值的变量
```

```
        int b=5;
        int x=2*++a;                    //自增运算符前缀
        int y=2*b++;                    //自增运算符后缀
        System.out.println("自增运算符前缀运算后 a="+a+"表达式x="+x);
        System.out.println("自增运算符后缀运算后 b="+b+"表达式y="+y);
    }
}
```

程序运行结果：

```
自增运算符前缀运算后a=6表达式x=12
自增运算符后缀运算后b=6表达式y=10
```

程序解析：从运行结果可以看到，自增运算符不管是前缀还是后缀，变量的数值都增加1，但是表达式的运算结果却完全不同。在计算x的值时，首先执行a的自增运算，值增加1变为6，再执行乘法运算，从而得到x的结果为12；而计算y的值时，先进行乘法运算，得到结果10，然后赋值给y，从而得到y的结果为10，最后才进行b的自增操作，从而得到b的值为6。

注意：自增自减运算符是比较复杂的，而且有很多需要注意的问题。所以在开发中，不是非常必要的时候，不要使用自增自减运算符。

2. 赋值运算符和赋值表达式

赋值运算符的作用就是将常量、变量或表达式的值赋给某一个变量，表2-5中列出了Java中的赋值运算符及用法。

表 2-5　赋值运算符及用法

运 算 符	说　明	范　例	结　果
=	赋值	a=3;b=2;	a=3;b=2;
+=	加等于	a=3;b=2;a+=b	a=5;b=2;
–=	减等于	a=3;b=2;a–=b	a=1;b=2;
*=	乘等于	a=3;b=2;a*=b	a=6;b=2;
/=	除等于	a=3;b=2;a/=b	a=1;b=2;
%=	模等于	a=3;b=2;a%=b	a=1;b=2;

在赋值运算符的使用中，需要注意以下几个问题：

（1）在Java中可以通过一条赋值语句对多个变量进行赋值。

```
int x,y,z;
x=y=z=5;                        //为3个变量同时赋值
int x=y=z=5;                    //这样写是错误的
```

（2）除了“=”，其他的都是特殊的赋值运算符，以“+=”为例，x += 3就相当于x = x + 3，首先会进行加法运算x+3，再将运算结果赋值给变量x。–=、*=、/=、%=赋值运算符依此类推。

（3）在为变量赋值时，当两种类型彼此不兼容，或者目标类型取值范围小于源类型时，需要进行强制类型转换。然而，在使用+=、–=、*=、/=、%= 运算符进行赋值时，强制类型转换会自动完成，程序不需要做任何显式的声明。

3. 关系运算符和关系表达式

关系运算符用于计算两个操作数之间的关系，其结果是布尔型。关系运算符包括等于（==）、不等于（!=）、大于（>）、大于等于（>=）、小于（<）和小于等于（<=）。首先讲解等于和不等于运算符，它们可用于所有的基本数据类型和引用类型，这里以基本数据类型为例进行详解。

【例2-17】关系运算符应用程序。

```
public class Relation{
    public static void main(String[ ] args){
        int i=5;                       //定义一个int 类型变量
        double d=5.0;                  //定义一个double 类型变量
        boolean b1=(i==d);             //运用关系运算符的结果
        System.out.println("b1的结果为："+b1);
        char c='a';                    //定义一个char 类型变量
        long l=97L;                    //定义一个long 类型变量
        boolean b2=(c==l);             //运用关系运算符的结果
        System.out.println("b2的结果为："+b2);
        boolean bl1=true;              //定义一个boolean 类型变量
        boolean bl2=false;             //定义一个boolean 类型变量
        boolean b3=(bl1==bl2);         //运用关系运算符的结果
        System.out.println("b3的结果为："+b3);
    }
}
```

微课

例 2-17 关系运算符

程序运行结果：

```
b1的结果为：true
b2的结果为：true
b3的结果为：false
```

程序解析：从程序和运行结果中可以看出，int型和double型之间、char型和long型之间、两个boolean型之间都可以使用关系运算符进行比较。

进行关系运算操作时，自动进行了类型转换，当类型兼容时，就可以进行比较。除等于和不等于关系运算符外，其他4种关系运算符也可以。需要注意的是，boolean型和其他类型是不能使用关系运算符操作的，只能进行boolean型之间是否相等的比较。

4. 逻辑运算符和逻辑表达式

逻辑运算符（见表2-6）用于对产生布尔型数值的表达式进行计算，结果为布尔型。逻辑运算符和位运算符很相似，只是操作数的数据类型不同。逻辑运算符可以分为两大类：短路逻辑运算符和非短路逻辑运算符。

表 2-6 逻辑运算符

运算符	运算	运算符	运算
&	与	^	异或
|	或	&&	短路与
!	非	||	短路或

（1）非短路逻辑运算符

非短路逻辑运算符包括与（&）、或（|）、非（!）和异或（^）。与（&）运算符表示当运算符两边的操作数都为ture时，结果为ture，否则都为false。或（|）运算符表示当运算符两边的操作数都为false时，结果为false，否则都为ture。非（!）运算符表示对操作数的结果取反，当操作数为true时，则结果为false；当操作数为false时，则结果为true。异或（^）运算符表示当运算符两边的操作数值相同时，异或结果为false，否则为ture。

【例2-18】使用非短路逻辑运算符的程序。

微课

例 2–18 使用非短路逻辑运算符

```
public class Logic{
    public static void main(String[ ] args){
        int a=5;                                    //定义两个变量
        int b=3;
        boolean b1=(a>4)&(b<4);                     //使用与逻辑运算符
        boolean b2=(a<4)|(b>4);                     //使用或逻辑运算符
        boolean b3=!(a>4);                          //使用非逻辑运算符
        System.out.println("使用与逻辑运算符的结果为"+b1);
        System.out.println("使用或逻辑运算符的结果为"+b2);
        System.out.println("使用非逻辑运算符的结果为"+b3);
    }
}
```

程序运行结果：

```
使用与逻辑运算符的结果为true
使用或逻辑运算符的结果为false
使用非逻辑运算符的结果为false
```

程序解析：本程序先利用关系运算符，计算出布尔值型的结果，然后使用逻辑运算符进行运算，得出最终结果，并输出显示。

（2）短路逻辑运算符

短路逻辑运算符包括短路与（&&）、短路或（||）。非短路与（&）运算在两个操作数都为true时，结果才为true，但是当得到第一个操作数为false时，其结果就必定是false，这时候用短路与（&&）就不会再判断第二个操作数。短路或（||）同理，当第一个操作数为true时，其结果就必定是true，就不会再判断第二个操作数。相比非短路逻辑运行符来说，短路逻辑运算符的效率会更高。

【例2-19】使用短路逻辑运算符（&&）的程序。

```
public class ShortLogic{
    public static void main(String[ ] args){
        int a=5;                          //定义一个int 变量
        boolean b=(a<4)&&(a++<10);  //使用逻辑运算符
        System.out.println("使用短路逻辑运算符的结果为"+b);
        System.out.println("a的结果为"+a);
    }
}
```

程序运行结果：

```
使用短路逻辑运算符的结果为false
```

```
a的结果为5
```

程序解析：在该程序中，首先判断a<4是否成立，结果为false，则b的值肯定为false，所以不再执行第二个操作 a++<10 的判断，也就是不再执行a的自增操作，从而a的结果没有变，值仍然是5。

练一练

短路逻辑运算

5. 位运算符和位表达式

在计算机中，所有的内容都是通过二进制进行保存的，即由一串0或者1数字组成，每一个数字占一个位。位运算符作用在所有的位上，按位运算。位运算符有如下4种：

- 与（&）：如果对应位都是 1，则结果为 1，否则为 0。
- 或（|）：如果对应位都是 0，则结果为 0，否则为 1。
- 异或（^）：如果对应位值相同，则结果为 0，否则为 1。
- 非（~）：将操作数的每一位按位取反。

练一练

位运算

6. 移位运算符和移位表达式

移位运算符和位运算符一样都是对二进制数的位进行操作的运算符。移位运算是通过移动位的位置来改变数值大小的，最后得到一个新数值。移位运算符包括左移运算符（<<）、右移运算符（>>）和无符号右移（>>>）。

（1）左移运算符（<<）

左移运算符用于将第一个操作数的位向左移动第二个操作数指定的位数，右边空缺的位用0来补充。

【例2-20】使用左移运算符的程序。

```
public class ShiftLeft{
    public static void main(String[ ] args){
        int i=6<<1;                //将数值6左移1 位
        System.out.println("6左移1位的值等于"+i);
    }
}
```

程序运行结果：

```
6左移1位的值等于12
```

程序解析：首先将十进制的数值6转换为二进制表示，

```
0000 0000 0000 0000 0000 0000 0000 0110
```

然后执行移位操作，向左移1位，则二进制表示为：

```
0000 0000 0000 0000 0000 0000 0000 1100
```

最后将该二进制转换为十进制，为数值12，也就是运行结果。

（2）右移运算符（>>）

右移运算符用于将第一个操作数的位向右移动第二个操作数指定的位数。在二进制中，最高位是用来表示数值的符号位，0表示正，1表示负。右移运算（>>）是带符号位的右移，如果右移运算的操作数是正数，则高位填充0；如果操作数为负数，则高位填充1，从而保证数值的正负不变。

【例2-21】使用右移运算符的程序。

```
public class ShiftRight{
    public static void main(String[ ] args){
        int i=7>>1;             //将数值7右移1位
        System.out.println("7右移1位的值等于"+i);
    }
}
```

程序运行结果：

```
7右移1位的值等于3
```

程序解析：首先将十进制的数值7转换为二进制表示。

```
0000 0000 0000 0000 0000 0000 0000 0111
```

然后执行移位操作，带符号向右移1位，因为这是一个正数，所以前面使用0填充，二进制表示为：

```
0000 0000 0000 0000 0000 0000 0000 0011
```

最后将该二进制转换为十进制，则数值为3，也就是运行结果。

（3）无符号右移运算符（>>>）

无符号右移运算和右移运算的规则是一样的，只是不带符号位的右移，也就是说，不管操作数数是正或是负，高位都用0来填充。

【例2-22】对负数使用无符号右移运算符的程序。

```
public class Unsigned{
    public static void main(String[ ] args){
        int i=-8>>>1;                   //将数值-8无符号右移1 位
        System.out.println("-8无符号右移1位的值等于"+i);
    }
}
```

程序运行结果：

```
-8无符号右移1位的值等于2147483644
```

程序解析：首先将十进制数值-8转换为二进制表示。

```
1111 1111 1111 1111 1111 1111 1111 1000
```

然后执行不带符号右移操作，向右移动1位，然后左侧使用0填充，二进制表示为：

```
0111 1111 1111 1111 1111 1111 1111 1100
```

将该二进制转换为十进制就是结果中的 2147483644。

7. 三元运算符和三元表达式

Java中有一个三元运算符，也被称为条件运算符，该运算符有3个操作数，它支持条件表达式，当需要进行条件判断时，可用它来替代if...else语句。其一般格式如下：

```
Expression ? statement1 : statement2
```

其中，expression是一个可以计算出boolean值的表达式。如果expression的值为真，则执行statement1的语句，否则执行statement2的语句。

【例2-23】求数值的绝对值的程序。

```
public class Abs{
    public static void main(String args[ ]){
        int i,k;                          //声明一系列的 int 类型变量
        i=5;
        k=(i>=0?i:-i);                    //使用三元运算符对 k 进行赋值操作
        System.out.println(i+"的绝对值是"+k);
        i=-5;
        k=(i>=0?i:-i);
        System.out.println(i+"的绝对值是"+k);
    }
}
```

微课

例 2-23 三元运算符

程序运行结果：

```
5的绝对值是5
-5的绝对值是5
```

练一练

三元运算符

程序解析：当i的值为大于等于0时，得到的是i本身；如果i的值小于0，得到的是i的负值，实现了求数值的绝对值。

8. 运算符的优先级

在一个表达式中可能含有多个运算符，它们之间是有优先级顺序的，这样才能有效地把它们组织到一起进行复杂的运算，表2-7所示为Java中运算符的优先级。

表 2-7　运算符的优先级

<table>
<tr><td>最高优先级</td><td>()</td><td>[]</td><td>.</td><td></td></tr>
<tr><td rowspan="13">↓</td><td>++</td><td>--</td><td>~</td><td>!</td></tr>
<tr><td>*</td><td>/</td><td>%</td><td></td></tr>
<tr><td>+</td><td>-</td><td></td><td></td></tr>
<tr><td>>></td><td>>>></td><td><<</td><td></td></tr>
<tr><td>></td><td>>=</td><td><</td><td><=</td></tr>
<tr><td>==</td><td>!=</td><td></td><td></td></tr>
<tr><td>&</td><td></td><td></td><td></td></tr>
<tr><td>^</td><td></td><td></td><td></td></tr>
<tr><td>|</td><td></td><td></td><td></td></tr>
<tr><td>&&</td><td></td><td></td><td></td></tr>
<tr><td>||</td><td></td><td></td><td></td></tr>
<tr><td>?:</td><td></td><td></td><td></td></tr>
<tr><td>最低优先级</td><td>=</td><td>+=</td><td>-=</td><td>*=</td></tr>
</table>

练一练

优先级

在所有的运算符中，圆括号的优先级最高，所以适当地使用圆括号可以改变表达式的含义，使得表达式读起来清晰易懂。

例如：

```
i=a+b*c;
i=(a+b)*c;
```

任务实施

输入3个学生的学号、姓名和成绩，求出总分和平均分。

实现思路

（1）学生的信息包括：学号、姓名、成绩。

（2）对学生信息的存储需要用不同名称、不同数据类型的变量来实现。

（3）学生信息需要逐条添加，每次添加之前系统会有输入提示。

（4）用键盘输入学生的信息，需要使用Scanner类，以下代码能够从键盘输入中读取一个字符串。

```
Scanner in=new Scanner(System.in);
String str=in.next();
```

（5）学生总成绩和平均成绩的计算，需要使用算术运算符。

任务小结

本任务介绍了Java的标识符、变量和常量、数据类型及其转换、运算符和表达式等相关内容，在Java语言中，标识符是赋予变量、类和方法等的名称。标识符由编程者自己指定，但需要遵循一定的语法规范，所以读者需要按照语句规范，灵活编写代码，这是编程的基础。另外，在实际运用中，表达式是非常关键的，通过表达式将各种数据合理有效地结合在一起，是使程序高效、简洁的秘诀所在。希望读者认真阅读，为以后的学习打下良好的基础。

自 测 题

自测题

任务二

参见“任务二”自测题。

拓展实践——商城库存清单程序设计

编写一个模拟商城库存清单的程序，打印出库存中每种商品的详细信息以及所有商品的汇总信息。每种商品的详细信息包括：品牌型号、尺寸、价格、配置和库存数，所有商品的汇总信息包括总库存数和库存商品总金额。

参考代码见本书配套资源StoreList.java文件。

面试常考题

（1）说说&和&&的区别。

（2）用最有效率的方法算出 2 乘以 8 等于几。

（3）请设计一个一百亿的计算器。

拓展阅读——严谨、细致

匠心独具的金牌教练

“让每位学生都成长成才，是‘教书匠’的真正意义所在。”这是长沙航空职业技术学院教授黄登红的话。在长沙航空职业技术学院，只要问起谁是国赛金牌教练，师生们便会异口同声地说出“黄登红”的名字。

“这个还可以做得更好一些”是黄登红的口头禅，他不仅以此来鞭策自己，也这么要求学生。从教二十多年以来，他用心关注每一名学生，也就练就了一双善于捕捉他人专长的“慧眼”。通过精心指导，不停地激励，不少后进生在他的帮助下找到了学习的乐趣和信心，也养成了对待工作精益求精的“狠劲”。

从业二十余载，黄登红用奋斗践行着自己对“工匠精神”的追求，用无数个日夜的坚守，书写了自己的不凡人生。

任务三　学生信息的处理

任务描述

对于学生信息管理系统中的学生信息，如果仅用简单变量是无法存储大量数据的，同时还要经常对学生的信息进行录入、查看、删除等操作。本任务就是通过数组来存储学生信息，并通过对学生信息的处理来介绍Java语言中的流程控制语句，掌握各种流程控制语句的执行过程，并且应用流程控制语句解决实际问题。

学习导航	重　点	（1）if语句； （2）switch语句； （3）循环语句（while、do...while、for）； （4）跳转语句（break、continue、return）； （5）数组（初始化、复制、多维数组、冒泡排序）

续表

学习导航	难　　点	（1）if语句嵌套； （2）switch条件语句； （3）for循环语句； （4）循环嵌套； （5）冒泡法排序
	推荐学习路线	从学生信息管理系统设计的项目任务入手，掌握学生信息的处理，包括录入、删除、修改、查看等操作，学会用流程控制语句来实现学生信息的处理
	建议学时	6学时
	推荐学习方法	（1）案例操作法：能够独自对案例进行编写运行，并实现正确的运行结果； （2）小组合作法：通过小组合作的方式，进行学生信息的处理，掌握信息的录入、删除、修改、查询等操作； （3）对比法：通过if语句与switch语句的对比、while和do...while的对比、for循环等流程控制语句的对比，寻找各个知识点的差异点与相似点，达到对相关知识点的准确掌握
	必备知识	（1）if语句、switch语句、循环语句的使用； （2）while语句和do...while语句的区别用法； （3）for循环的嵌套使用； （4）数组的初始化； （5）冒泡排序的算法
	必备技能	（1）用流程控制语句进行学生信息的处理； （2）能够用冒泡法对数组进行排序； （3）能够用switch...case语句实现对事件的选择
	素养目标	（1）深刻理解并自觉践行软件行业的职业精神和职业规范； （2）培养实事求是的学习态度，增强职业责任感； （3）培养爱岗敬业、无私奉献的职业品格和行为习惯； （4）加强爱国主义教育，将其内化为精神追求、外化为自觉行动

技术概览

Java程序的执行必须遵循一定的流程，流程是程序执行的顺序。

流程控制语句是控制程序中各语句执行顺序的语句，是程序中非常关键和基础的部分。流程控制语句可以把单个的语句组合成有意义的、能够完成一定功能的小逻辑块。程序由一系列语句组成。

尽管现实世界的问题是复杂的、千变万化的，但与之相对应的计算机算法流程，只有3种基本结构——顺序结构、选择结构、循环结构。每种结构都是单入口、单出口的；每一部分都会被执行到；没有死循环，即使创造了一个死循环，也要设置结束循环的条件。

当定义一个变量时，可以使用一个变量名表示，但是如果出现很多的变量，分别起变量名就会比较麻烦。为了解决这样的问题，可采用数组的形式表示存储，使用下标表示每个变量。数组对于每一门编程语言来说都是重要的数据结构之一，Java语言中提供的数组是用来存储固定大小的同类型元素。数组可以分为一维数组、二维数组、多维数组。

相关知识

知识分布网络

任务三

一、语句概述

Java语言中的语句可分为以下5类：

1. 方法调用语句

方法调用表达式之后接分号：

```
方法调用;
```

该表达式语句虽未保留方法调用的返回值，但方法调用会引起实际参数（简称实参）向形式参数（简称形参）传递信息和执行方法体，将使变量获得输入数据；调用输出方法使程序输出计算结果等。例如：

```
System.out.println("Hello");
```

2. 表达式语句

在赋值表达式、自增自减表达式之后加上分号即变成语句，称为表达式语句。例如，表达式“k++”，写成“k++;”就是一条表达语句。最典型的表达式语句是赋值表达式构成的语句，例如：

```
x=123;
x++;
```

赋值表达式语句在程序中经常使用，习惯上又称为赋值语句。

3. 复合语句

可以用一对大括号把一些语句括起来，构成复合语句。例如：

```
{
    x=12;
    y=34;
    System.out.println("x+y="+(x+y));
}
```

4. 流程控制语句

流程控制语句包括分支语句、循环语句、跳转语句和异常处理语句。分支语句、循环语句、跳转语句在本任务中会详细分析，异常处理语句将在后面的任务中进行详解。

另外，在流程控制语句中有一个比较特殊的语句——空语句。空语句是只有一个分号的语句，其形式为：

```
;
```

实际上，空语句是什么也不做的语句。Java语言引入空语句是出于以下实用上的考虑。例如，循环控制结构的语法需要一条语句作为循环体，当要循环执行的动作由循环控制部分完成时，就不需要有一个实际意义的循环体，这时就需要用一条空语句作为循环体。另外，Java语言引入空语句使语句序列中连续出现多个分号不再是一种错误，编译系统遇到这种情况，就认为单独的分号是空语句。

5. package 语句和 import 语句

package语句是声明包的语句；import语句是引用包的语句。例如：

```
package helloworld;
import java.io.InputStream;
```

从结构化程序设计角度出发，程序有3种结构：

（1）顺序结构：按语句在程序中的先后顺序逐条执行，没有分支，没有转移，在前面的例子中介绍的都是顺序结构程序。

（2）选择结构：根据程序中设定的不同条件，去执行不同分支中的语句，通过条件语句实现。

（3）循环结构：根据程序中设定的条件，使同一组语句重复执行多次或一次也不执行，通过循环语句实现。

二、条件语句

条件语句是指根据程序运行时产生的结果或者用户的输入条件执行相应的代码。在 Java中有两种条件语句可以使用，分别是 if语句和switch语句。

1. if 语句

（1）基本if语句

if条件语句是最简单的条件语句，作为条件分支语句，它可以控制程序在两个不同的路径中执行。if语句的一般形式如下：

```
if(条件)
{
    语句块1
}
else
{
    语句块2
}
```

条件可以是一个boolean值，也可以是一个boolean类型的变量，或者一个返回值为boolean类型的表达式。当必须执行该语句时，可以把条件设为true。当条件为真或其值为真时，执行语句块1的内容，否则执行语句块2的内容。图3-1所示为if...else语句的执行过程。

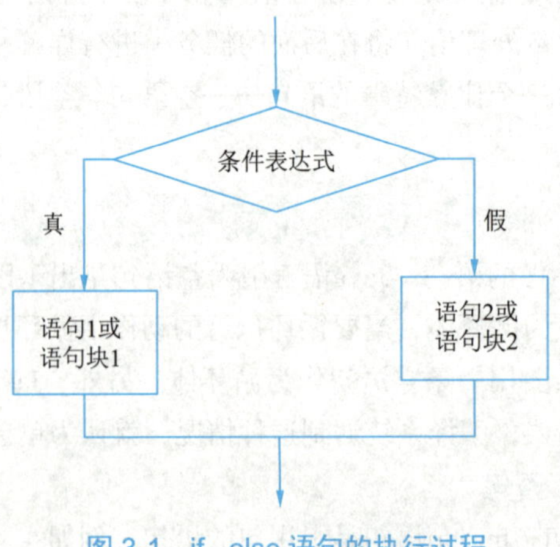

图 3-1　if...else 语句的执行过程

【例3-1】基本if语句示例TestIF1.java。

```
public class TestIF1{
    public static void main(String[] args){
    int score=65;
    if(score>=60)
        System.out.println("及格");
    else
        System.out.println("不及格");
}
}
```

程序运行结果：

```
及格
```

程序解析：首先定义一个整型变量score并赋值为65，通过if语句的执行，符合score>=60的分支执行条件，因此执行语句“System.out.println("及格");”，输出结果“及格”。

（2）嵌套if语句

当某一情况下，无法使用一次判断选择结果时，就要使用到嵌套形式进行多次判断。if条件语句可以嵌套使用，有一个原则是，else语句总是和最近的if语句相搭配，前提是这两部分必须在一个块中。使用格式如下：

拓展知识

if...else 语句可以使用三元运算符对语句进行简化

练一练

if 条件语句

```
if(条件1)
{
    语句块1
    if(条件2)
    {
        语句块2
    }
    else
    {
        语句块3
    }
}
else
{
    语句块4
}
```

当条件1值为true时，会执行其下面紧跟着的花括号内的语句块，即语句块1；如果条件1的值为false，就会直接执行语句块4。执行语句块1时会先判断条件2，然后根据条件2的真假值情况，选择执行语句块2还是语句块3。

当条件有多个运行结果时，上面的两种形式就不能满足要求，可以使用 if...else嵌套的形式进行多个条件选择。格式如下：

```
if(条件1)
{
```

```
        语句块1
    }
    else if(条件2)
    {
        语句块2
    }
    else if(条件3)
    {
        语句块3
    }
    else if(条件4)
    {
        语句块4
    }
    else
    {
        语句块5
    }
```

上面的程序执行过程：首先判断条件1的值，如果为true，执行语句块1，跳过下面的各个语句块。如果为false，执行条件2的判断，如果条件2的值为true，就会执行语句块2，跳过下面的语句……依此类推。如果前面的4个条件都不能满足，就执行语句块5的内容。

注意： if语句只执行条件为真的命令语句，其他语句都不会执行。

【例3-2】 嵌套if语句示例TestIF2.java。

```
public class TestIF2
{
    public static void main(String[ ] args)
    {

        int score=87;                   //用score表示成绩
        String str=null;                //用str存放成绩评价
        if(score <0|score>100)
            str="成绩不合法";
        else if(score<60)
            str="成绩不及格";
        else if(60<score&score<75)
            str="成绩合格";
        else if(score>=75&score<85)
            str="成绩良好";
        else
            str="成绩优秀";
        System.out.println("分数："+score +str);
    }
}
```

程序运行结果：

```
分数：87成绩优秀
```

程序解析：程序首先声明了一个int 型的变量score存放成绩，String 类型的变量str用来存放对成绩的评价，然后通过 if...else嵌套的形式来判断成绩是优秀、良好、及格还是其他，最后把成绩评定打印出来。

2. switch 语句

上面的示例使用了if...else嵌套的形式进行多路分支语句的处理，但是这样处理的过程太过复杂，Java 提供了一种简单的形式，即用switch语句来处理，格式如下：

```
switch(表达式)
{
    case value1:
        语句块1
        break;
    case value2:
        语句块2
        break;
    case value3:
        语句块3
        break;
    case value4:
        语句块4
         break;
    …
    default:
        语句块n
}
```

其中表达式必须是byte、short、int或者char类型。在case后边的value值必须是与表达式类型一致的类型或者可以兼容的类型，不能出现重复的value值。

switch语句的执行过程：首先计算表达式的值，然后根据值来匹配每个case，找到匹配的case值就执行该case的程序语句；如果没有匹配的case值，就执行default的语句块。执行完该case的语句块后，使用break语句跳出switch语句。如果没有break语句，程序会继续执行下一个case的语句块，直到碰到break语句为止。

【例3-3】使用Switch语句找出数字的汉字表达形式TestSwitch1.java。

```
public class TestSwitch1
{
    public static void main(String[ ] args)
    {
        int num=5;
        String str="num="+num+"的汉字形式是：";
        //switch语句的使用
        switch (num){
            case 1:
                str+="一";
                break;
            case 2:
```

```
                str+="二";
                break;
            case 3:
                str+="三";
                break;
            case 4:
                str+="四";
                break;
            case 5:
                str+="五";
                break;
            case 6:
                str+="六";
                break;
            case 7:
                str+="七";
                break;
            case 8:
                str+="八";
                break;
            case 9:
                str+="九";
                break;
            case 0:
                str+="零";
                break;
            default:
                str="数字超出 10";
                break;
        }
        System.out.println(str);
    }
}
```

练一练

switch 条件语句

程序运行结果：

```
num=5 的汉字形式是：五
```

程序解析：程序的功能是根据数字来判断其汉字表达形式，如果数字大于10就表示非法，执行default 语句。

注意：break语句在switch 中是十分重要的，不能省略。

在JDK8.0中，switch语句的判断条件增加了对字符串类型的支持。由于字符串的操作在编程中使用频繁，这个新特性的出现为Java编程带来了便利。

【例3-4】在switch语句中使用字符串进行匹配TestSwitch2.java。

```
public class  TestSwitch2
{
    public static void main(String[] args)
    {
        String week="Friday";
```

```
        switch(week){
            case "Sunday":
                System.out.println("星期日");
                break;
            case "Monday":
                System.out.println("星期一");
                break;
            case "Tuesday":
                System.out.println("星期二");
                break;
            case "Wednesday":
                System.out.println("星期三");
                break;
            case "Thursday":
                System.out.println("星期四");
                break;
            case "Friday":
                System.out.println("星期五");
                break;
            case "Saturday":
                System.out.println("星期六");
                break;
            default:
                System.out.println("你的输入不正确...");
        }
    }
}
```

程序运行结果：

```
星期五
```

微课

介绍 switch 语句并讲解案例

程序解析：switch语句条件表达式的值为Friday，与case条件中的字符串Friday相匹配，因此打印出“星期五”。

三、循环语句

在程序语言中，循环语句是指需要重复执行的一组语句，直到遇到让循环终止的条件为止。Java中常用的循环有3 种形式：for、while 和do...while 循环。

1. while 循环语句

各个循环语句之间的区别是不大的，但是也有本质的区别。while循环语句是Java中最基本的循环语句，格式如下：

```
while(条件)
{
    循环体
}
```

当条件为真时会一直执行循环体的内容，直到条件的值为假时停止。其中，条件可以是boolean值、boolean变量、表达式，也可以是一个能获得布尔类型结果的方法。如果条件为假，则会跳过循环体执行下面的语句。

【例3-5】While语句示例WhileTest.java。

```
public class WhileTest
{
        public static void main(String[ ] args)
        {
            int n=10;                    //定义一个int 型变量
            while(n>0)                   //使用while 循环，条件是n>0
            {
               System.out.println("n="+n);
               n--;                      //把n 的值减1
            }
        }
}
```

程序运行结果：

```
n=10
n=9
n=8
n=7
n=6
n=5
n=4
n=3
n=2
n=1
```

练一练

while 循环语句

程序解析：在程序中有一个while循环，当n 的值大于0时，它会执行循环体的内容，把当前n 的值打印出来，并对它进行自减操作，即每执行一次循环，n的值都将减1，当n 的值为0时，(n>0) 这个表达式的结果就为false，这时就不再执行循环，从而出现上面的结果。

有时程序中需要一些语句一直执行，可以把条件的值直接设为true。

2. do...while 循环语句

while语句虽然可以很好地进行循环操作，但它也是有缺陷的。如果控制while循环的条件为假，循环体就不会执行循环体的内容，但是有时候需要循环体至少执行一次，即使表达式为假也执行，这时就需要在循环末尾给出测试条件。Java 提供了另一种形式的循环，do...while 循环，它的一般格式如下：

```
do
{
   循环体
}
while(条件);
```

do...while循环首先会执行一次循环体，然后计算条件，如果该条件为真就继续执行循环体，否则就终止循环。下面用do...while 循环的形式重写例3-5的程序。

【例3-6】do...while语句示例DoWhileTest.java。

```
public class DoWhileTest
{
        public static void main(String[ ] args)
        {
                int n=10;
                //do...while 语句的使用
                do {
                        System.out.println("n="+n);
                        n--;
                } while (n>0);
        }
}
```

程序运行结果：

```
n=10
n=9
n=8
n=7
n=6
n=5
n=4
n=3
n=2
n=1
```

程序解析：程序首先执行一遍循环体，打印出n的值，然后对n进行自减操作，最后根据n的值判断是否继续进行循环操作。

do...while循环在处理简单菜单时很有用，菜单会被至少打印出一次，然后根据选择决定是否会继续使用菜单。

2. for 语句

有时在使用while循环和do...while循环时，会感觉到其功能不够强大。Java 中还提供了for循环来增强循环语句的功能。其一般格式如下：

```
for(初始化;条件;迭代运算)
{
    循环体
}
```

当执行for循环时，第一次先执行循环的初始化，通过它设置循环控制变量值，然后对循环条件进行判断，循环条件必须是一个布尔表达式，如果为真，就继续执行循环，否则跳出循环；然后执行的是迭代运算，通常情况下迭代运算是一个表达式，可以增加或者减小循环控制变量；最后，再根据计算结果判断是否执行循环体，如此往复直到条件为假为止。

一般情况下，程序控制变量只需要在控制程序时使用，没有必要在循环外声明。下面使用 for循环来计算1~100 各个整数的和，程序的具体实现如下：

微课

介绍 for 语句并讲解案例

【例3-7】计算1~100各个整数的和ForTest1.java。

```
public class ForTest1
//本程序用于计算1~100 各个整数的和
{
    public static void main(String[ ] args)
    {
        int sum=0;
        for(int n=100;n>0;n--)
        {
           sum+=n;
        }
        System.out.println( "1~100 各个整数的和:"+sum);
    }
}
```

程序运行结果：

```
1~100 各个整数的和:5050
```

程序解析：程序利用for循环，从1~100中间依次取出一个数，并与存储着总和的变量sum相加，最终得到1~100的总和，并打印出来。

在Java中支持使用多个变量来控制循环的执行，各个变量之间通过逗号隔开。可通过下面的程序来理解这种形式。

【例3-8】使用多个循环变量控制循环程序ForTest2.java。

练一练

for 循环语句

```
public class ForTest2
{
    public static void main(String[ ] args)
    {
        for(int n=20,i=0;i<n;i++,n--)      //使用多个int 变量来控制for 循环
        System.out.println("n="+n+" i="+i);
    }
}
```

程序运行结果：

```
n=20 i=0
n=19 i=1
n=18 i=2
n=17 i=3
n=16 i=4
n=15 i=5
n=14 i=6
n=13 i=7
n=12 i=8
n=11 i=9
```

程序解析：在循环中有两个循环控制变量n和i，条件是i 小于n时，在迭代的过程中i自加，n自减，自加自减是在一次迭代中执行的。

for循环由三部分控制，初始化部分、条件测试和迭代运算，所以使用起来是很灵活的。

【例3-9】几种for语句的使用示例ForTest3.java。

```
public class ForTest3
{
public static void main(String[ ] args)
{
    boolean b=true;
    System.out.println("循环1");
    for(int i=0;b;i++)                          //循环条件一直为true
    {
        if(i==5)                                //当i的值为5时
        b=false;                                //改变循环条件为false
        System.out.println("i="+i);
    }
    int i=0;
    b=true;
    System.out.println("循环2");
    for(;b;)                                    //没有起始条件
    {
        System.out.println("i="+i);
        if(i==5)
        b=false;
        i++;
    }
    System.out.println("循环3");
    for(;;)                                     //没有任何条件的for循环
    {
    }
 }
}
```

程序运行结果：

```
循环1
i=0
i=1
i=2
i=3
i=4
i=5
循环2
i=0
i=1
i=2
i=3
i=4
i=5
循环3
```

练一练

for 循环嵌套

程序解析：第一个循环中把一个boolean类型的变量作为其条件表达式；第二个循环把循环控制变量的声明放在外部，把循环迭代的语句放在了程序循环体中；第三个循环语句是空的，只有格式没有任何内容，实际上它是一个死循环，程序运行时会永远执行循环无法跳出来，直到强行终止程序，该程序才能结束。

注意：程序一直没有执行结束。

四、跳转语句

扩展知识

break 跳出大语句块

跳转语句是指打破程序的正常运行，跳转到其他部分的语句。在Java中支持3 种跳转语句：break语句、continue语句和return语句。这些语句将程序从一部分跳到程序的另一部分，这对于程序的整个流程是十分重要的。

1. break 语句

break语句主要有3种用途：第一，可以用于跳出switch语句；第二，可以用于跳出循环；第三，可以用于大语句块的跳出。

现在介绍一下如何使用break语句跳出循环，关于使用break跳出大语句块的知识，有兴趣的读者可以自行查阅资料进行学习。

使用break语句，可以强行终止循环，即使在循环条件仍然满足的情况下也会跳出循环。使用break语句跳出循环后，循环被终止，并从循环后的下一句处继续执行程序。

break循环仅用于跳出其所在的循环语句，如果该循环嵌入在另一个循环中，只是跳出一个循环，另一个循环还会继续执行。

【例3-10】break语句应用示例BreakTest.java。

```
public class BreakTest
{
    public static void main(String[ ] args)
    {
        System.out.println("使用break 的例子");
        //外循环for 语句
        for(int k=0;k<3;k++)
        {
            System.out.println("第"+(++k)+"次外循环");
            k--;
            //内循环
            for(int i=0;i<50;i++)
            {
                System.out.println("内循环: "+"i="+i);
                if(i==3)
                    break;
            }
        }
        System.out.println("循环跳出");
    }
}
```

程序运行结果：

```
使用break的例子
第1次外循环
内循环：i=0
内循环：i=1
内循环：i=2
内循环：i=3
第2次外循环
内循环：i=0
内循环：i=1
内循环：i=2
内循环：i=3
第3次外循环
内循环：i=0
内循环：i=1
内循环：i=2
内循环：i=3
循环跳出3
```

程序解析：程序中有一个for循环，它会被执行3次，在该循环中有一个嵌套循环语句，该循环会在执行第四次的时候跳出循环。

注意：为了使程序的输出结果便于理解，虽然k的值为0、1、2，但程序在输出结果中表现为1、2、3，使用的方式如下：

```
System.out.println("第"+(++k)+"次外循环");
k--;
continue语句
```

练一练

break 语句

2. continue 语句

虽然break 语句可以跳出循环，但有时要停止一次循环剩余的部分，同时还要继续执行下次循环，这就需要使用continue语句来实现。示例程序如下：

【例3-11】 continue语句应用示例ContinueTest.java。

```
public class ContinueTest
{
    public static void main(String[ ] args)
    {
        for (int i=1; i<51; i++)
        {
            System.out.print(i+" ");
            if(i%5!=0)                          //当n不能整除5的时候继续进行循环
                continue;
            else
                System.out.println("*****");
        }
    }
}
```

程序运行结果：

```
1 2 3 4 5 *****
6 7 8 9 10 *****
11 12 13 14 15 *****
16 17 18 19 20 *****
21 22 23 24 25 *****
26 27 28 29 30 *****
31 32 33 34 35 *****
36 37 38 39 40 *****
41 42 43 44 45 *****
46 47 48 49 50 *****
```

程序解析：在程序中每5个数换一行。当 i 除以5 不等于零时，继续执行下一次循环；当能整除零时则换行。

3. return 语句

获得方法的返回值，需要借助return语句。return语句只能出现在方法体中，用于一个方法显示的返回。return语句的执行将结束方法的执行，将程序的控制权返回到方法调用处，该语句在方法中经常会被用到。return语句有两种形式：

```
return; 或return表达式;
```

第一种形式只用于不返回结果的方法体中；第二种形式用于有返回结果的方法体中。执行第二种形式的return语句时，方法在返回前先计算return后的表达式，并以该表达式值作为方法返回值，带回到方法调用处继续计算。

由于现在还没有对方法的内容进行讲解，这里先举一个简单的例子来演示其应用。

【例3-12】return应用示例ReturnTest.java。

```
public class ReturnTest
{
    public static void main(String[ ] args)
    {
        for(int i=0;i<10;i++)
        {
            if(i<5)
                System.out.println("第"+i+"次循环");
            else if(i==5)
                return;
            //下面的语句永远不会执行
            else
                System.out.println("第"+i+"次循环");
        }
    }
}
```

程序运行结果：

```
第0次循环
第1次循环
第2次循环
第3次循环
第4次循环
```

程序解析：在程序中有一个循环，当循环执行5次后就执行return语句，这时当前方法结束。由于该方法是主方法，所以程序退出。

五、数组

数组保存的是一组有顺序的、具有相同类型的数据。在一个数组中，所有数据元素的数据类型都是相同的。可以通过数组下标来访问数组，数据元素根据下标的顺序，在内存中按顺序存放。

1. 数组的创建与访问

Java的数组可以看作一种特殊的对象，准确地说是把数组看作同种类型变量的集合。在同一个数组中的数据都有相同的类型，用统一的数组名，通过下标来区分数组中的各个元素。

数组在使用前需要进行声明，然后对其进行初始化，最后才可以存取元素。下面是声明数组的两种基本形式。

```
ArrayType ArrayName[ ];
ArrayType[ ] ArrayName;
```

其中，符号“[]”说明声明的是一个数组对象。这两种声明方式没有区别，但是第二种可以同时声明多个数组，使用起来比较方便，所以程序员一般习惯使用第二种形式。下面声明int类型的数组，格式如下：

```
int array1[ ];
int[ ] array2,array3;
```

在第一行中，声明了一个数组array1，它可以用来存放int类型的数据。第二行中，声明了两个数组array2和array3，效果和第一行的声明方式相同。

上面的语句只是对数组进行了声明，还没有对其分配内存，所以不可以存放数据，也不能访问它的任何元素。这时，可以用new对数组分配内存空间，格式如下：

```
array1=new int[5];
```

这时数组就有了以下5个元素：array[0]、array[1]、array[2]、array[3]、array[4]。

注意： 在Java中，数组的下标是从0开始的，而不是从1开始。这意味着最后一个索引号不是数组的长度（length），而是比数组的长度（length）小1。

数组是通过数组名和下标来访问的。例如下面的语句，把数组array1的第一个元素赋值给int型变量a。

```
int a=array1[0];
```

Java 数组下标从0开始，到length-1结束，如果下标值超出范围，小于下界或大于上界，程序也能通过编译，但是在访问时会抛出异常。下面是一个错误的示例：

```
public class ArrayException
{
    public static void main(String args[ ])
    {
        int[ ] array1=new int[5];                  //声明一个容量为5的数组
        System.out.println(array1[5]);             //访问array1[5]
    }
}
```

程序运行结果：

```
Exception in thread "main" java.lang.ArrayIndexOutOfBoundsException: 5
at ArrayException.main(ArrayException.java:4)
```

程序解析：程序首先声明了一个大小为5的int类型数组，前面已经讲到，它的下标最大只能是4。但在程序中却尝试访问array1[5]，显然是不正确的。程序会正常通过编译，但是在执行时会抛出异常。

异常是Java中一种特殊的处理程序错误的方式，在后面章节会详细讲解。读者在这里只需要知道访问数组下标越界时会产生ArrayIndexOutOfBoundsException异常即可。

2. 数组初始化

数组在声明创建以后，就可以访问其中的各个元素，这是因为在创建数组时，自动给出了相应类型的默认值，默认值根据数组类型的不同而有所不同。数组元素的默认初始化值见表3-1。

表 3-1 数组元素的默认初始化值

数据类型	默认初始化值
byte、short、int、long	0
float、double	0.0
char	一个空字符，即 '\u0000'
boolean	false
引用数据类型	null，表示变量不引用任何对象

数组元素的初始化有两种方式：一种方式是使用赋值语句来进行数组初始化。格式如下：

```
int [ ] array1 =new int[5];
array1[0]=1;
array1[1]=2;
array1[2]=3;
array1[3]=4;
array1[4]=5;
```

通过上面的语句，数组的各个元素就会获得相应的值，如果没有对所有的元素进行赋值，它会自动被初始化为某个值（如前面所述）。另一种方式是在数组声明时直接进行初始化，格式如下：

```
int [ ] array1={1,2,3,4,5};
```

该语句同上面的语句作用是一样的。在声明数组时直接对其进行赋值，按括号内的顺序赋值给数组元素，数组的大小被设置成能容纳花括号内给定值的最小整数。

Java中的数组是一种对象，它会有自己的实例变量。事实上，数组只有一个公共实例变量，也就是length变量，这个变量指的是数组的长度。例如，创建下面一个数组：

```
int [ ] array1=new int[10];
```

那么array1的length的值就为10。有了length属性，在使用for循环时就可以不用事先知道数组的大小，而写成如下形式：

```
for(int i=0;i<arrayName.length;i++)
```

【例3-13】输入一周内每天的天气情况，然后计算这一周内的平均气温，并得出哪些天高于平均温度，哪些天低于平均温度AverageTemperaturesDemo.java。

```
public class AverageTemperaturesDemo
{
    public static void main(String args[ ])
    {
        //声明用到的变量
        int count;
        double sum,average;
        sum=0;
        double [ ]temperature=new double[7];
        //创建一个Scanner类的对象，用它来获得用户的输入
        Scanner sc=new Scanner(System.in);
            System.out.println("请输入七天的温度：");
        for(count=0;count<temperature.length;count++)
        {
            temperature[count]=sc.nextDouble();   //读取用户输入
            sum+=temperature[count];
        }
        average=sum/7;
        System.out.println("平均气温为："+average);
        // 比较各天气温与平均气温
        for(count=0;count<temperature.length;count++)
        {
            if(temperature[count]<average)
                System.out.println("第"+(count+1)+"天气温低于平均气温");
            else if(temperature[count]>average)
                System.out.println("第"+(count+1)+"天气温高于平均气温");
            else
                System.out.println("第"+(count+1)+"天气温等于平均气温");
        }
    }
}
```

微课

讲解一维数组并讲解案例

练一练

一维数组的定义

程序运行结果：

请输入七天的温度：

```
32
30
28
34
27
29
35
平均气温为：30.714285714285715
第1 天气温高于平均气温
第2 天气温低于平均气温
第3 天气温低于平均气温
第4 天气温高于平均气温
第5 天气温低于平均气温
第6 天气温低于平均气温
第7 天气温高于平均气温
```

程序解析：程序声明一个double型数组来存放每天的温度，求得平均温度后，用每天的气温与平均气温比较，得到比较结果。

3. 数组的深入使用

（1）数组复制

数组复制可以直接把一个数组变量复制给另一个数组，这时数组都指向同一个数组。假如有两个数组array1和array2，执行下面语句：

```
array1=array2;
```

这时两个数组类型变量都指向同一个数组，即原来的array2所指向的数组。

【例3-14】数组应用示例ArrayCopy.java。

```
public class ArrayCopy{
    public static void main(String args[ ]){
        // 创建两个数组
        int[ ] array1={1,2,3};
        int[ ] array2={4,5,6};
        System.out.println("两个数组的初值:");                    //打印出两个数组的初值
        for(int i=0;i<array1.length;i++)
            System.out.println ("array1["+i+"]="+array1[i]);
        for(int i=0;i<array2.length;i++)
            System.out.println("array2["+i+"]="+array2[i]);
        array1=array2;                                          // 数组复制语句
        // 打印出两个数组的元素
        System.out.println("执行数组复制后两个数组的值:");
        for(int i=0;i<array1.length;i++)
            System.out.println ("array1["+i+"]="+array1[i]);
```

```
        for(int i=0;i<array2.length;i++)
            System.out.println("array2["+i+"]="+array2[i]);
        System.out.println("改变array2[0]的值");
        array2[0]=10;                                          // 改变array2的一个元素
        // 打印出改变后的元素值
        System.out.println("array1[0]="+array1[0]);
        System.out.println("array2[0]="+array2[0]);
    }
}
```

程序运行结果：

```
两个数组的初值:
array1[0]=1
array1[1]=2
array1[2]=3
array2[0]=4
array2[1]=5
array2[2]=6
执行数组复制后两个数组的值:
array1[0]=4
array1[1]=5
array1[2]=6
array2[0]=4
array2[1]=5
array2[2]=6
改变array2[0]的值
array1[0]=10
array2[0]=10
```

程序解析：该程序首先声明两个数组 array1和array2，并对它们直接进行初始化，访问它们各个元素的值。然后执行下面的语句：

```
array1=array2;
```

再访问两个数组各个元素的值，发现现在array1的值跟array2的值是一样的。执行下面的语句：

```
array2[0]=10;
```

改变array2的第一个元素的值，可以发现array1和array2的第一个元素的值都改变了。执行下面的语句：

```
array1=array2;
```

该语句会把array1和array2都指向同一个数组。

如果程序只是想把一个数组的值复制给另一个数组，显然该方法并不合适。可以使用 System类中的arraycopy()方法。其使用方式如下：

```
System.arraycopy(fromArray,fromIndex,toArray,toIndex,length)
```

从指定源数组fromArray中的位置fromIndex处开始复制若干元素，到目标数组toArray的位置toIndex处开始存储，复制 length个元素。

注意： 目标数组必须有足够的空间来存放复制的数据，如果空间不足，会抛出异常，并且不会修改该数组。

（2）冒泡排序

冒泡排序也是一种交换排序算法。冒泡排序的过程，是把数组元素中较小的看作是“较轻”的，对它进行“上浮”操作。从底部开始，反复对数组进行“上浮”操作*n*次，最后得到有序数组。

冒泡排序算法的原理如下：

- 比较相邻的元素。如果左边的元素比右边的元素大，就交换这两个元素。
- 对每一对相邻元素做同样的工作，从开始的第一对到结尾的最后一对。在这一轮排序后，最后的元素将会是最大的数。
- 针对所有的元素重复以上步骤，除了最后一个。
- 每一轮比较次数减 1，持续每一轮对越来越少的元素重复上面的步骤，直到没有任何一对数字需要比较。

首先介绍它的伪代码。

```
void sort()
// 冒泡排序，数组的长度为 n
{
    for(int i=0;i<n;i++)                    //外循环为排序次数，数组长度为n，循环n-1次
        for(int j=i;j<n;j++)                //内循环为每次比较的次数，第i次比较n-1-i次
            if(a[j]<a[i])                   //相邻元素比较，若左边元素大于右边元素，则交换
                    swap(a[i],a[j]);        //交换两个元素的操作
}
```

【例3-15】 冒泡排序BubbleSort.java。

```
public class BubbleSort{
    public static void main(String args[ ]){
        int[ ]intArray={ 12,11,45,6,8,43,40,57,3,20};
        System.out.println("排序前的数组:");
        for(int i=0;i<intArray.length;i++)
            System.out.print(intArray[i]+" ");
        System.out.println();
        int temp;
        for(int i=0;i<intArray.length-1;i++)
        {
            for(int j=0;j<intArray.length-1-i;j++)
            {
                if(intArray[j]>intArray[j+1])
                {
                    temp=intArray[j];
                    intArray[j]=intArray[j+1];
                    intArray[j+1]=temp;
```

```
                }
            }
        }
        System.out.println("排序后的数组:");
        for(int i=0;i<intArray.length;i++)
            System.out.print(intArray[i]+"");
    }
}
```

程序首先声明了一个数组，输出其排序前的内容。然后，对数组进行冒泡排序，再输出排序后的数组内容。

程序运行结果：

```
排序前的数组:
12    11    45    6    8    43    40    57    3    20
排序后的数组:
3     6     8     11   12   20    40    43    45   57
```

练一练

数组排序

程序解析：本程序首先定义一个数组intArray并赋初始值，然后利用内外两层for循环，将所有相邻元素进行逐条比较，因题目要求升序排列，因此intArray[j]<intArray[i]时，交换二者的位置，循环结束即完成排序。

拓展知识

其他排序算法

4. 多维数组

（1）多维数组基础

多维数组用多个索引来访问数组元素，适用于表示表或其他更复杂的内容。

声明多维数组时需要一组方括号来制定它的下标。下面的语句是声明一个名为twoD的int型二维数组：

```
int [ ][ ]twoD=new int[5][5];
```

上面的语句声明了一个5行5列的二维数组，数组的初始化有以下两种方法。例如，一维数组直接赋值的方法：

```
twoD={
    {1,2,3,4,5},
    {6,7,8,9,10},
    {11,12,13,14,15},
    {16,17,18,19,20},
    {21,22,23,24,25}
};
```

也可以使用循环访问数组的每个元素的方法对数组元素进行赋值。

```
for(int i=0;i<twoD2.length;i++)
  for(int j=0;j<twoD2[i].length;j++)
    twoD2[i][j]=k++;
```

在上面的两个for循环中，twoD2.length表示的是数组的行数，而twoD2[i].length表示的则是数组的列数。

（2）内存中的多维数组

在Java中实际上只有一维数组，多维数组可看作是数组的数组。例如，声明如下一个二维数组。

```
int [ ][ ]twoD=new int[5][6];
```

二维数组twoD的实现是数组类型变量指向一个一维数组，这个数组有5个元素，而这5个元素都是一个有 6个整型数的数组。

twoD[i]表示指向第i个子数组，它也是一个数组类型，甚至可以将它赋值给另一个相同大小、相同类型的数组。

【例3-16】多维数组应用示例TwoD.java。

```
public class TwoD{
    public static void main(String args[ ]){
        // 创建一个二维数组
        int[ ][ ] twoD1={
            {1,2,3,4,5},
            {6,7,8,9,10},
            {11,12,13,14,15},
            {16,17,18,19,20},
            {21,22,23,24,25}
        };
        int[ ]array1=new int[5];           //创建一个一维数组作为中间变量
        array1=twoD1[0];                   //把twoD 的第一行赋值给 array1
        //交换二维数组的两行
        twoD1[0]=twoD1[4];
        twoD1[4]=array1;
        System.out.println("得到的一维数组array1");
        for(int i=0;i<array1.length;i++)
            System.out.print(array1[i]+"  ");
        System.out.println();
        System.out.println("交换后的二维数组twoD1");
        // 使用双重循环访问数组
        for(int i=0;i<twoD1.length;i++)
        {
            for(int j=0;j<twoD1[i].length;j++)
                System.out.print(twoD1[i][j]+"  ");
            System.out.println();
        }
    }
}
```

程序运行结果：

```
得到的一维数组 array1
1       2       3       4       5
交换后的二维数组 twoD1
```

```
21      22      23      24      25
6       7       8       9       10
11      12      13      14      15
16      17      18      19      20
1       2       3       4       5
```

程序解析：本程序首先声明了一个二维数组twoD1，然后把这个二维数组的第一行赋值给另一个数组array1，并且交换这个二维数组twoD1的第一行和最后一行。

（3）用二维数组来表示银行账单

使用二维数组可以表示银行账单，见表3-2，需要首先有一个一维数组来记录各种不同的利率，初始化第一年相同的金额为1 000，然后计算不同年份的额度。

表 3-2　各种利率投资增长

年　数	5.00%	5.05%	6.00%	6.05%
1	1 050	1 055	1 060	1 065
2	1 103	1 113	1 124	1 134
…	…	…	…	…

【例3-17】用二维数组表示银行账单示例BankBalance.java。

```
public class BankBalance{
    public static void main(String args[ ]){
        // 用一个一维数组来表示利率
        double rate[ ]={5.00/100, 5.05/100,6.00/100,6.05/100};
        int[ ][ ] balance=new int[10][4];          // 表示账单的二维数组
        for(int i=0;i<balance[0].length;i++)
            balance[0][i]=1000;
        // 计算账单的值
        for(int i=1;i<balance.length;i++)
            for(int j=0;j<rate.length;j++)
            {
                double inc=balance[i-1][j]*rate[j];
                balance[i][j]=(int)(balance[i-1][j]+inc);
            }
        // 打印出结果
        System.out.print("years"+"  ");
        System.out.println("5.00%"+"  "+ "5.05%"+"  "+"6.00%"+"  "+"6.05%");
        for(int i=0;i<balance.length;i++)
        {
            System.out.print(i+"  ");
            for(int j=0;j<balance[i].length;j++)
                System.out.print(balance[i][j]+" ");
            System.out.println();
        }
```

```
    }
}
```

程序运行结果：

```
years    5.00%    5.05%    6.00%    6.05%
0        1000     1000     1000     1000
1        1050     1050     1060     1060
2        1102     1103     1123     1124
3        1157     1158     1190     1192
4        1214     1216     1261     1264
5        1274     1277     1336     1340
6        1337     1341     1416     1421
7        1403     1408     1500     1506
8        1473     1479     1590     1597
9        1546     1553     1685     1693
```

程序解析：程序首先定义了一个一维的double型数组rate，用来存储不同的利率，然后定义了一个描述10行4列账单用的数组，再把该数组的第一行初始化为1000，表示本金。计算每年在不同的利率下本金利息总额，并且放入相应的数组位置中存储，最后取出数组输出。

（4）For...Each循环语句

For...Each循环是for循环的一种缩略形式，通过它可以简化复杂的for循环结构。For...Each循环主要用在集合（如数组）中，按照严格的方式，从开始到结束循环，使用非常方便。

在前面获取数组中的所有元素时，通常使用 for 循环来获取，在新版本的Java中就可以使用For...Each循环来进行获取，其相对简单得多。For...Each循环的一般格式如下：

```
for( 数据类型  变量：集合)
语句块
```

在for关键字后面的括号里先是集合的数据类型，接着是一个元素用于进行操作，它代表了当前访问的集合元素，然后是一个冒号，最后是要访问的集合。

【例3-18】For...Each应用示例ForEach.java。

```
public class ForEach
{
    public static void main(String[ ] args)
    {
        int sum=0;
        int [ ]nums={1,2,3,4,5,6,7,8,9,0};
        for(int i:nums)
        {
            System.out.println("数组元素:"+i);
            sum+=i;
        }
        System.out.println("数组元素和:"+sum);
    }
}
```

程序运行结果：

```
数组元素:1
数组元素:2
数组元素:3
数组元素:4
数组元素:5
数组元素:6
数组元素:7
数组元素:8
数组元素:9
数组元素:0
数组元素和:45
```

程序解析：本程序利用For...Each循环语句将数组nums中的元素一一取出，并求出数组元素的总和。

任务实施

实现思路

（1）学生的信息包括：学号、姓名、性别、成绩。对学生信息的处理包括：录入、删除、修改、查看等操作。

（2）对学生信息的存储需要用数组来实现。

（3）学生信息的逐条访问和条件判断需要使用循环语句和条件语句来实现。

（4）用键盘输入学生的信息，需要使用Scanner类。以下代码能够从键盘输入中读取一个字符串：

```
Scanner in=new Scanner(System.in);
String str=in.next();
```

（5）为了便于功能的区分，将具有增、删、改、查功能的代码分别书写到不同的条件中，将完整独立的功能分离出来，在实现项目时只需要判断用户选择的编号即可。

任务小结

本任务介绍了Java的数组和流程控制语句，数组是Java中非常重要的数据结构，流程控制语句是程序语言的灵魂，灵活地使用流程控制语句可使程序清晰地按照要求来执行。所以，读者需要认真体会各种语句的使用方法，灵活使用数组，这是编程的基础。

自测题

参见“任务三”自测题。

自测题

任务三

拓展实践——随机点名器

编写一个随机点名的程序，使其能够在全班同学中随即点中某一名同学的名字。随机点名器具备3个功能，包括存储全班同学的姓名、总览全班同学姓名和随机点取其中一人姓名。例如，随机点名器首先分别向班级存入张飞、刘备和关羽这3位同学的名字，然后总览全班同学的姓名，打印出这3位同学的名字，最后在这3位同学中随机选择一位，并打印出该同学的名字，至此随机点名成功。

参考代码见本书配套资源CallName.java文件。

面试常考题

（1）switch语句能否作用在byte上？能否作用在long上？能否作用在String上？

（2）“short s1=1; s1=s1+1;”正确吗？“short s1=1; s1+=1;”正确吗？

（3）char类型变量中能否存储一个中文汉字？为什么？

拓展阅读——数字素养

什么是“数字素养”

数字素养与技能是指数字社会公民学习工作生活应具备的数字获取、制作、使用、评价、交互、分享、创新、安全保障、伦理道德等一系列素质与能力的集合。

具体来看，数字素养包括：数字意识、计算思维、数字化学习与创新、数字社会责任。其中，数字意识包括：内化的数字敏感性、数字的真伪和价值，主动发现和利用真实的、准确的数字的动机，在协同学习和工作中分享真实、科学、有效的数据，主动维护数据的安全。

计算思维包括：分析问题和解决问题时，主动抽象问题、分解问题、构造解决问题的模型和算法，善用迭代和优化，并形成高效解决同类问题的范式。

数字化学习与创新包括：在学习和生活中，积极利用丰富的数字化资源、广泛的数字化工具和泛在的数字化平台，开展探索和创新。它要求不仅将数字化资源、工具和平台用来提升学习的效率和生活的幸福感，还要将它们作为探索和创新的基础，不断养成探索和创新的思维习惯与工作习惯，确立探索和创新的目标、设计探索和创新的路线、完成实践探索和创新的过程、交流探索和创新的成果，从而逐步形成探索和创新的意识，积累探索和创新的动力，储备探索和创新的能力，同时也形成团队精神。

数字社会责任包括：形成正确的价值观、道德观、法治观，遵循数字伦理规范。在数字环境中，保持对国家的热爱、对法律的敬畏、对民族文化的认同、对科学的追求和热爱，主动维护国家安全和民族尊严，在各种数字场景中不伤害他人和社会，积极维护数字经济的健康发展秩序和生态。

项目实现

通过前面3个任务所学的知识，完成学生信息管理系统中的所有功能。

（1）通过Scanner类的使用，实现获取键盘输入的操作。

（2）定义并初始化变量maxcount，用以规定能够存储的记录上限。同时，定义并初始化变量n，用以对当前已存储的记录条数进行计数。

（3）定义数组number、name、sex、score，用以存储学生的信息，如学号、姓名、性别、成绩。数组的长度由maxcount变量的值来规定。

（4）通过System.out.println();语句，实现学生信息管理系统主界面的显示。

（5）编写程序，实现录入学生信息的功能。

（6）编写程序，实现删除学生信息的功能。

（7）编写程序，实现显示学生信息的功能。

（8）编写程序，实现修改学生信息的功能。

（9）编写程序，实现查找学生信息的功能。

（10）编写程序，实现退出学生信息管理系统的功能。

项目参考代码见本书配套资源“学生信息管理系统.java”文件。

项目总结

通过本项目的学习，学生能够对Java语言以及相关特性有概念上的认识，掌握Java程序的基本语法、格式以及变量和运算符的使用；能够掌握流程控制语句的使用方式，数组的声明、初始化和使用等知识。

项目二 汽车租赁管理系统

技能目标

- 能熟练设计和定义类的属性和方法。
- 能熟练使用类的特性编写实用程序。
- 具备面向对象程序设计的思想和能力。

知识目标

- 了解面向对象的概念与三大特点。
- 熟悉类、对象的概念及定义方式。
- 熟练掌握类的继承机制。
- 掌握数据类型、运算符和表达式。
- 掌握抽象类和接口的使用方法。
- 掌握包的引入机制。
- 掌握访问修饰符的使用。

项目功能

这是一个基于控制台的汽车租赁管理系统，目的是通过本项目的设计与实现过程，使学生掌握面向对象的基本知识。

在本系统中，为了简便，汽车租赁管理系统的信息包括车型、日期、车牌号码、型号、座位号，也可以根据需要增加其他信息。

系统的主要实现功能包括：建立汽车父类和子类、创建汽车业务类、汽车租赁管理类、根据用户的租车条件查找相应车辆，找到符合用户条件的车辆后返回。

任务四 创建汽车类

任务描述

在本任务中，要求创建租车系统中提供的各种型号的汽车类，根据提供的车型不同而定义不同的汽车类，其中每个汽车类中要求包括汽车品牌、日租金、车牌号3个成员属性，包括一个无参数的构造方法和一个有汽车品牌、日租金、车牌号3个参数的构造方法，还包括一个根据用户租车的天数计算租金的方法，最后要求在控制台打印输出不同车型所需要的租车金额。

学习导航	重　点	（1）面向对象的3大特征； （2）类的定义与对象的创建； （3）类的封装； （4）方法的定义与重载； （5）构造方法； （6）this关键字； （7）static关键字
	难　点	（1）成员变量和成员方法； （2）构造方法的重载； （3）类的封装； （4）this关键字； （5）static关键字
	推荐学习路线	通过选取生活中的具体案例而自然地引入类和对象的概念，并以生活中使用的对象为例来介绍对象的特征和方法，从而达到由具体到抽象的过渡，读者比较容易掌握抽象程序的设计方法。
	建议学时	7学时
	推荐学习方法	（1）类比法：通过类比现实世界中的事物，从而理解类和对象的概念； （2）小组探究法：通过教师的讲解，小组讨论探究类和对象的相关知识点
	必备知识	（1）类的定义与对象的创建； （2）类的封装； （3）方法的定义与重载； （4）构造方法； （5）this关键字； （6）static关键字
	必备技能	（1）了解面向对象的三大特征； （2）掌握类和对象的创建与使用； （3）掌握类的封装特性； （4）掌握构造方法的定义和重载； （5）掌握this和static关键字的使用
	素养目标	（1）养成实事求是、严谨认真的工作态度； （2）树立科技自信、守正创新、技术强国意识； （3）树立信息安全意识与规则意识； （4）培养民族自豪感、集体荣誉感

技术概览

面向对象是目前最为流行的一种程序设计方法，几乎所有应用都以面向对象为主，最早的面向对象的概念实际上是由IBM提出的，在20世纪70年代的Smaltalk语言之中进行了应用，随着网络的发展和技术的改进，各种编程语言随之产生，Java 语言就是其中之一。Java产生的时间并不长，其发展史要追溯到1991年，源于James Gosling领导的绿色计划。Java 语言的诞生解决了网络程序的安全、健壮、平台无关、可移植等很多难题。

知识分布网络

任务四

相关知识

一、面向对象编程概述

与面向过程的语言相比，面向对象程序设计语言使得目前的软件开发工作变得更加简单快捷。类和对象是面向对象程序设计语言的灵魂，也是学习Java语言的核心内容之一。

1. 面向对象的基本概念

面向对象是一种符合人类思维习惯的编程思想，其本质是从现实世界出发，以实际生活中的各种具体事物为中心来认识问题、思考问题，并将事物的本质抽象为对象，使对象具备属性和行为。把一系列具有共同属性和行为的对象划归为一类。属性代表类的特征，行为代表由类完成的操作。

例如，汽车类定义了汽车必须有的属性，如汽车型号、品牌、颜色等；类的行为包括汽车启动、行驶、转弯、停止等。

2. 面向对象的编程思想

在面向对象设计之前，广泛采用的是面向过程。面向过程是一种以事件为中心的编程思想，以程序的基本功能实现为主，不考虑修改的可能性；而面向对象，是一种以事物为中心的编程思想，更多的是要进行模块化的设计，每一个模块都需要单独存在，并且可以被重复利用，所以，面向对象的开发更像是一个具备标准的开发模式。下面以一个例子来说明两种不同的编程思想。

“面向过程”就是汽车启动是一个事件，汽车停止是另一个事件。在编程序时人们所关心的是某一个事件，而不是汽车本身。

“面向对象”需要建立一个汽车的实体，由实体引发事件。人们关心的是由汽车类抽象成的对象，这个对象有自己的属性，如车型、颜色等；同时该对象还有自己的方法，如启动、行驶等行为。使用时需要建立一个汽车对象，然后调用方法应用。

3. 面向对象的基本特性

面向对象的基本特性概括为封装性、继承性和多态性，下面对这3种特性进行简单介绍。

（1）封装性

封装是面向对象的核心思想，将对象的属性和行为封装起来，不需要让外界知道具体实现的细节，这就是封装的思想。例如，用户开汽车，只需要手握转向盘、挂好挡位、脚踩加速踏板就可以，无须知道汽车内部发动机如何工作。即使用户知道汽车的驾驶原理，在使用时，也并不完全依赖汽车工作原理等相关细节。

（2）继承性

继承性主要描述的是类与类之间的关系，通过继承，可以在无须重新编写原有类的情况下，对原有类的功能进行扩展。例如，一个汽车类，在该类中描述了汽车的普通特性和功能，而轿车的类中不仅应该包含汽车的特性和功能，还应该增加轿车特有的功能，这时，可以让轿车类继承汽车类，在轿车类中单独添加轿车特性的方法即可。继承不仅增强了代码复用性，提高了开发效率，而且为程序的修改补充提供了便利。

（3）多态性

多态性指的是在程序中允许出现重名现象，在一个类中定义的属性和方法被其他类继承后，它们可以具有不同的数据类型或表现出不同的行为，这使得同一个属性和方法在不同的类中具有不同的语义。例如，听到Cut这个单词，理发师的行为是剪发，演员的行为是停止表演，不同的对象，所表现的行为是不一样的。

二、类

1. 类的定义

在面向对象的思想中最核心的就是对象，为了在程序中创建对象，首先需要定义一个类。类是对象的抽象，它用于描述一组对象的共同特征和行为。因此，一个类的定义包括两部分：定义类中所有对象共有的属性，定义类中所有对象共同的行为。下面通过一个案例学习如何定义一个类。

【例4-1】定义类Vehicle.java。

```
public class Vehicle{
    String name;        //定义一个string类型的变量name来表示车名
    //定义一个run()方法
    void run(){
        System.out.println("这是一辆全新的"+name+"车。");
    }
}
```

由例4-1可以看出类的定义分为两部分：类的声明和类的主体，类的声明基本格式如下：

```
[访问修饰符]  class  类名                    //类的声明
{
    成员变量的定义                            //类的主体
    成员方法的定义
}
```

其中，用[]括起来的内容不是必需项，可以根据具体要求填写。定义类的基本要求如下：

（1）class是关键字，定义类的标志，注意关键字是小写。

（2）类名是该类的名字，是Java的标识符，需要遵循标识符的命名规则，即应由字母、数字、下画线组成，且首字母一般大写。

（3）访问修饰符需要放在class关键字之前，类定义的访问修饰符包括public、private、protected、default四种，具体访问修饰符的知识点会在后面访问控制权限部分介绍。

2. 成员变量

在例4-1中，Vehicle是类名，name是成员变量。成员变量用于描述对象的特征，如车名、型号、颜色等，也称为属性。声明成员变量的一般格式如下：

```
[修饰符] 数据类型 成员变量名[=初始值]
```

（1）修饰符用[]括起来，这说明在成员变量定义时是可选项。

（2）数据类型可以是简单的数据类型，也可以是类、字符串等引用类型，它表明成员变量的数据类型。

（3）成员变量的命名规则要符合标识符的定义要求。

下面声明汽车类的成员变量，汽车对象共有的属性有车名、车的颜色、车的型号、车的价格等。

【例4-2】声明成员变量示例VehicleVariable.java。

```
public class VehicleVariable{
    //以下声明成员变量（属性）
    String name;                //定义一个String类型的变量name来表示车名
    String color;               //定义一个String类型的变量color来表示车的颜色
    String model;               //定义一个String类型的变量model来表示车的型号
    double price;               //定义一个double类型的变量price来表示车的价格
    //以下定义成员方法（行为）
    //…
}
```

扩展知识

局部变量成员变量

在上面成员变量的声明中，除了车的价格被定义成double类型外，其他的成员变量均为字符串类型。

3. 成员方法

在例4-1中，Vehicle是类名，run()是成员方法。成员方法用于描述对象的行为，如车能跑、拉货、载人等，也称为方法。

方法从返回类型上可分为有返回值和无返回值两类。当不需要返回值时把方法用关键字void 修饰，表示该方法无返回值。如果有返回值，方法的类型定义必须和方法的返回值相同。

在Java中，声明一个方法的具体语法格式如下：

```
[修饰符]  返回值类型 方法名(参数类型 参数1,参数类型 参数2…){
//方法体
[return [返回值];]
}
```

对于上面的语法格式具体说明如下：

（1）修饰符：此处修饰符也包含两类，一类用来指明成员变量的访问权限，此类修饰符有public、protected、private；另一类用来指明成员变量非访问权限，此类修饰符有static、final等，这些修饰符在后面学习过程中会逐步介绍。

（2）返回值类型：用于限定方法返回值的数据类型。

（3）参数类型：用于限定调用方法时传入参数的数据类型。

（4）参数名：是一个变量，用于接收调用方法时传入的数据。

（5）return关键字：用于结束方法以及方法指定类型的值。

（6）返回值：方法的返回值必须为方法声明的返回值类型，如果方法中没有返回值，返回值类型要声明为void，此时，方法中return语句可以省略。

例如，想要方法返回一个字符串类型，就要有如下声明：

```
public String returnString(){
//方法体
```

```
    return "a String";
    }
```

如果方法需要返回一个int型，方法的类型也必须为int型，否则程序编译会报错。

在定义方法时，方法中“参数类型 参数1，参数类型 参数2”被称作参数列表，或称为形参，通常形参以变量或对象的形式给出，用来接收值；调用方法时，方法名后面括号内的参数称为实参，通常实参是以常量、变量（对象）或表达式的形式给出，用来传递值。

在调用方法时，是将实参的值传递给对应的形参，因此实参与形参在个数、类型和顺序上必须保持一致。如果方法不需要接收任何参数，则参数列表为空，即括号内不写任何内容。

下面通过一个案例来演示方法的定义及调用过程。

【例4-3】方法的定义及调用示例Method.java。

```
public class Method{
    //定义一个求两个整数和的方法
    public static int sum(int a,int b){
        int sum=0;
        return sum=a+b;
    }
    //在main()方法中调用sum()方法
    public static void main(String[] args){
        int c=sum(3,5);
        System.out.println("c="+c);
    }
}
```

程序运行结果：

```
Console
<terminated> Method [Java Application] D:\programs\Java\jdk1.7.0_51\bin\javaw.exe (
c=8
```

程序解析：在Method类中定义了一个求两个整数和的方法sum()，参数列表int a、int b分别为形式参数，用来接收传进的值。在main()中调用该方法，调用时向该方法中传入两个整数3和5，也称为实际参数，从运行结果可以看出，打印输出的方法中返回值也为整数。

注意：在成员方法中，根据方法是否被static修饰而分为静态方法（类方法）和实例方法两种。类方法可以直接通过类名来访问，而实例方法必须通过实例来访问，不能通过类名直接访问。具体关于静态方法和实例方法的访问会在后面对象小节中详细介绍static关键字和对象的使用。

练一练：定义一个学生类，要求类名为Student，在学生类中包含姓名和年龄的成员变量和一个表示说话行为的方法，该方法实现的功能是输出学生的姓名和年龄。

练一练

定义学生类

拓展知识

类的主方法

4. 类的封装

例如，在定义一个卡车类时，类中包括价格属性，如果在对价格属性赋值时，将其赋值为负数，这在程序中不会有任何问题，但在现实生活中明显是不合理的。为了解决类似的问题，在设计一个类时，应该对成员变量的访问做出一些限定，不允许外界随意访问，这就需要实现类的封装。

类的封装是指在定义一个类时，将类中的属性私有化，即使用private关键字来修饰。私有属性只能在它所在类中被访问，如果外界想要访问私有属性，需要提供一些使用public修饰的公有方法，其中包括用于获取属性值的getXxx()方法和设置属性值的setXxx()方法。

接下来通过一个案例来实现类的封装。

微课

例 4-4 类的封装示例

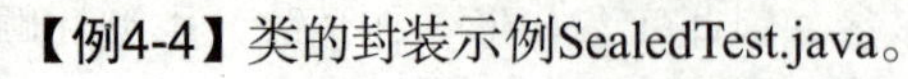

【例4-4】类的封装示例SealedTest.java。

```
class Truck{
    //品牌、日租金、车牌号
    private String brand;
    private int perRent;
    private String vehicleId;
    public String getBrand(){
        return brand;
    }
    public void setBrand(String brand){
        this.brand=brand;
    }
    public int getPerRent(){
        return perRent;
    }
   public void setPerRent(int perRent){
        //下面是对传入的参数进行检查
        if(perRent<=0)
        {
            System.out.println("日租金不合法");
        }
        else{
            this.perRent=perRent;
        }
    }
    public String getVehicleId(){
        return vehicleId;
    }
    public void setVehicleId(String vehicleId){
        this.vehicleId=vehicleId;
    }
}
public class SealedTest{
    public static void main(String[] args){
        Truck  v1=new Truck ();
        v1.setPerRent(-200);
    }
}
```

程序运行结果：

```
Console ⊠
<terminated> SealedTest [Java Application] D:\programs\Java\jdk1.7.0_51\bin\javaw.exe
日租金不合法
```

程序解析：在该例中，使用private关键字将属性brand、perRent和vehicleId声明为私有，对外界提供了几个公有的方法，其中getBrand()方法用于获取brand属性的值，setBrand()方法用于设置brand属性的值，同理，getPerRent()和setPerRent()方法用于获取和设置perRent属性值，getVehicleId()和setVehicleId()方法用于获取和设置vehicleId属性值。若在SealedTest 类的main()方法中创建了一个Truck对象，并调用setPerRent()方法传入一个负数-200，在setPerRent()方法中对参数perRent的值进行检查，由于当前传入的值小于0，因此在运行程序后会打印“日租金不合法”的信息，perRent属性没有被赋值，仍为默认初始值0。

练一练

类的封装

练一练：定义一个学生类，类中包括姓名和年龄属性，表示学生说话行为的方法，其中要对年龄属性进行封装。如果用户输入值为负数，则给出提示“设置的年龄不合法”，再编写一个测试类，将年龄属性的值设为负数，通过调用封装的属性显示运行结果。

5. 方法重载

在Java中支持有两个或多个同名的方法，但是它们的参数个数和类型必须有差别。这种情况就是方法重载（Overloading），重载是Java实现多态的方式之一。

当调用这些同名的方法时，Java根据参数类型和参数的数目来确定到底调用哪一个方法，注意返回值类型并不起到区别方法的作用。下面通过一个示例实现方法的重载。

【例4-5】方法重载示例Overloading.java。

```java
public class Overloading{
    public static float fun(float s){
        return s*s;
    }
    public static float fun(float x,int y){
    return x*x+y*y;
    }
    public static float fun(int x,float y){
        return x*x+y*y;
    }
    public static float fun(float x,float y){
    return x*x+y*y;
    }
}
```

通过例4-5可以看到，类Overloading的4个fun()方法或因参数个数不同，或因参数的类型及顺序不同，是典型的重载方法。

编译器将根据方法调用时的参数个数和参数类型及顺序确定调用的是哪一个方法。例如，调用方法fun()时，如果提供一个 float 参数，则调用第一个fun()方法；如果参数有两个，且第一个是 float 参数，第二个是int参数，则调用第二个fun()方法。方法参数的名称不能用来区分重载方法。

三、对象

1. 对象的创建

对象是类的一个实例，创建对象的过程也称为类的实例化。对象是以类为模板来创建的，要想使用一个对象，需要首先创建它。创建一个对象实际上分两步来完成。

首先，声明一个该类类型的变量，这个变量并不是对象本身，而是通过它可以引用一个实际的对象。然后，获得类的一个实例对象把它赋值给该变量，这个过程是通过new运算符和类的构造方法完成的。new运算符完成的实际工作是为对象分配内存。

在Java程序中，上面的两个过程如下所示，例如，要创建Car类的一个对象，假设一辆车c1，创建一个对象存放该车的信息。

```
Car  c1
c1=new Car();
```

第一行声明一个Car类的变量c1，第二行通过new运算符获得一个对象实例并为其分配内存。获得对象实例赋值给c1，创建对象时，系统会自动调用相应的构造方法。上面的过程可以合并为一条语句。

```
Car  c1=new Car();
```

由此可见，对象的创建格式如下：

```
类名 对象名;
对象名=new 类名([实参表]);
```

或

```
类名 对象名=new 类名([实参表]);
```

在创建对象时，通过new关键字来获取新对象的地址，创建对象后，系统将自动调用类的构造方法（和类同名的方法）初始化新对象。

微课

例 4-6 对象的创建与使用示例

2. 对象的使用

对象的使用通过“.”运算符实现，对象可以实现成员变量的访问和对成员方法的调用。具体实现格式如下：

```
对象名.成员变量名
对象名.方法名([参数列表])
```

下面以一个简单的程序演示对象的创建以及使用。

【例4-6】对象的声明及使用示例ObjectTest.java。

```
class Car{
    String brand;
    String type;
    String addr;
    public void run(){
    System.out.println("轿车可以行驶。");
    }
}
public class ObjectTest{
```

```
    public static void main(String[] args){
        Car c1=new Car();                //创建一个对象
        c1.brand="红旗";                  //对对象的实例变量赋值
        c1.type="轿车";
        c1.addr="长春";
        System.out.println("车名: "+c1.brand);
        System.out.println("型号: "+c1.type);
        System.out.println("产地: "+c1.addr);
        c1.run();
        }
}
```

程序运行结果：

```
Console
<terminated> ObjectTest [Java Application] D:\programs\Java\jdk1.7.0_51\bin\javaw.exe
车名: 红旗
型号: 轿车
产地: 长春
轿车可以行驶。
```

程序解析：在Car类中定义了3个属性：品牌、车的型号及产地，接着定义了一个无参数的run()方法，该方法是为了在控制台打印输出“轿车可以行驶”这句话；在测试类的main()函数中声明一个Car类的变量c1并通过new运算符获得一个对象实例并为其分配内存，获得对象实例赋值给c1，这样获得的对象就包含3个实例变量来描述这个对象的信息，在调用run()方法时通过“.”运算符实现。该语句的执行结果是在控制台打印出“车可以行驶”。

3. 构造方法

（1）构造方法的定义

在上面创建对象时，使用的语句为：Car c1=new Car();

实际上在实例化对象时调用了一个方法，这个方法是系统自带的方法，用来构造对象，所以将其称为构造方法。构造方法的作用是生成对象的同时给对象的属性赋值。系统自带的默认构造方法所有的数值变量设为0，把所有的boolean型变量设为false，把所有的对象变量都设为null。

构造方法的定义格式如下：

```
[public]  类名([形式参数列表]){
    //方法体
}
```

需要注意的是，使用构造方法时需要注意以下几点：

- 构造方法名与类名相同。
- 构造方法没有返回值类型的声明，也没有返回值，也不能使用 return 语句返回一个值。
- 构造方法的调用与普通成员方法不同，它是在创建对象时由系统自动调用的，不需要显式的直接调用。
- 如果类的定义中没有提供任何形式的构造方法，那么系统会为类提供一个默认的构造方法。此构造方法没有参数，方法体中也不包含任何操作。当新建一个类的对象时，系统会自动调用该方法完成新对象的初始化操作，下面程序中 Bus 类的两种写法效果是完全一致的。

第一种写法：

```
class Bus
{
}
```

第二种写法：

```
class Bus
{
    public Bus(){
    }
}
```

对于第一种写法，类中虽然没有声明构造方法，但仍然可以用new关键字来创建Bus类的实例对象，与第二种写法具有相同的功能。下面通过例4-7的程序进行验证。

【例4-7】构造方法应用示例ConstructionMethod.java。

```
class Car01{
    String brand;
    String type;
    String addr;
    public void run(){
    System.out.println("车可以行驶。");
    }
}
public class ConstructionMethod{
    public static void main(String[] args){
        Car01 c1=new Car01();//创建一个Car01类的对象c1
        //打印出c1的属性的默认值
        System.out.println("车名默认值: "+c1.brand);
        System.out.println("车型默认值: "+c1.type);
        System.out.println("产地默认值: "+c1.addr);
        }
}
```

程序运行结果：

```
Console
<terminated> ConstructionMethod [Java Application] D:\programs\Java\jdk1.7.0_51\bin\javaw
车名默认值：null
车型默认值：null
产地默认值：null
```

程序解析：在实例化Car01类的对象时，调用了系统自动创建的构造方法，Car01类中属性brand、type、addr都为String类型，系统自动将所有的对象属性都设为默认值null。

构造方法的主要作用是用来给对象属性赋值，但是系统提供的构造方法往往不能满足需求。如果不想让对象的属性初始化为默认值，就需要自己编写构造方法，通过有参数的构造方法可以把值传递给对象的变量。需要注意的是，一旦为类定义了构造方法，系统就不再提供默认的构造方法。接下来在例4-7的Car01类中定义一个有参的构造方法。

【例4-8】定义有参的构造方法示例ConstructionMethodNew.java。

```
class Car01{
    String brand;
    String type;
    String addr;
public Car01(String cBrand,String cType,String cAddr){
    brand=cBrand;
    type=cType;
    addr=cAddr;
    }
public void run(){
System.out.println("车名为："+brand+",车型为："+type+",产地为："+addr+",车可以行驶。");
}
}
public class ConstructionMethodNew{
    public static void main(String[] args){
        Car01 c1=new Car01("金杯", "客车", "沈阳");//实例化Car01对象
        c1.run();
    }
}
```

程序运行结果：

Console
<terminated> ConstructionMethodNew [Java Application] D:\programs\Java\jdk1.7.0_51\bin\javaw.exe
车名为：金杯,车型为：客车,产地为：沈阳,车可以行驶。

程序解析：例4-8中类Car01中定义了有参的构造方法Car01(String cBrand,String cType,String cAddr)，在该例中实例化对象的同时调用了有参的构造方法，并传入了参数"金杯", "客车", "沈阳"。在构造方法中，将这些参数赋值给对象的属性brand、type、addr，通过运行结果可以看出，Car01类对象在调用run()方法时，其属性已经被赋值。

（2）构造方法的重载

与成员方法一样，构造方法也可以重载，在一个类中可以定义多个构造方法，只要每个构造方法的参数类型或参数个数不同即可。在创建对象时，可以通过调用不同的构造方法为不同的属性赋值。接下来通过一个案例来学习构造方法的重载。

微课

例 4-9 构造方法的重载示例

【例4-9】构造方法的重载示例ConstructionMethodOverloading.java。

```
class MotorVehicle{
    String brand;
    String type;
    String addr;
    public MotorVehicle(String cBrand){
        brand=cBrand;                    //为brand属性赋值
```

```
    }
    public MotorVehicle(String cBrand,String cType,String cAddr){
        brand=cBrand;                  //为brand属性赋值
        type=cType;                    //为type属性赋值
        addr=cAddr;                    //为addr属性赋值
      }
    public void run(){
    System.out.println("车名为："+brand+",车型为："+type+",产地为："+addr+",车可以行驶。");
  }
  }
  public class ConstructionMethodOverloading{
    public static void main(String[] args){
        MotorVehicle c1=new MotorVehicle("红旗");
        MotorVehicle c2=new MotorVehicle("长城", "轿车", "重庆");
        c1.run();
        c2.run();
    }
  }
```

程序运行结果：

```
Console
<terminated> ConstructionMethodOverloading [Java Application] D:\programs\Java\jdk1.7.0_51\bin\javaw.e
车名为：红旗,车型为：null,产地为：null,车可以行驶。
车名为：长城,车型为：轿车,产地为：重庆,车可以行驶。
```

练一练

构造方法的重载

程序解析：在该例中MotorVehicle类中定义了两个构造方法，它们构成了方法的重载。在创建c1对象和c2对象时，根据传入参数的不同，分别调用不同的构造方法。从程序的运行结果可以看出，两个构造方法对属性赋值的情况是不同的，其中c1调用的构造方法只针对brand属性进行赋值，这时type属性和addr属性为默认值null，而c2调用的构造方法对所有的属性进行了赋值。

练一练：定义一个Student类，要求该类中包含3个重载的构造方法，包括无参的构造方法，定义一个接收一个String类型参数的构造方法，用来给学生姓名属性赋值，再定义一个接收String类型和int类型两个参数的构造方法，用来给姓名和年龄赋值。编写一个测试类，在main()方法中，分别使用3个重载的构造方法创建3个Student对象。

微课

例 4-10 this 关键字访问成员变量用法示例

4. this 关键字

在例4-9中使用变量表示车名，构造方法中用的是cBrand，成员变量使用的是brand，这样的程序可读性很差。这时需要将一个类中表示车名的变量进行统一命名，例如都用brand来声明。但是这样做又会产生新的问题，那就是会让成员变量和局部变量的名称冲突，在方法中将无法访问成员变量。为了解决这个问题，Java中提供了一个关键字this，用于在方法中访问对象的其他成员。下面学习this关键字在程序中的3种常见用法。

（1）通过this关键字可以明确地去访问一个类的成员变量，解决与局部变量名称冲突的问题。

【例4-10】this关键字应用示例ThisTest.java。

```
  class CompactCar{
```

```
//定义3个成员变量
    String brand;
    String type;
    String addr;
    public CompactCar(String brand){            //参数列表定义同名的局部变量
        this.brand=brand;                       //局部变量brand为成员变量brand赋
                                                //值,通过this关键字实现
        System.out.println("这是一辆"+this.brand+"车");  //通过this关键字调
                                                         //用brand成员变量
    }
    public CompactCar(String brand,String type,String addr){
                                        //参数列表定义同名的局部变量
         this.brand=brand;      //通过this关键字为成员变量brand赋值
         this.type=type;        //通过this关键字为成员变量type赋值
         this.addr=addr;        //通过this关键字为成员变量addr赋值
        System.out.println("这是一辆"+this.brand+"车"+",型号是: "+this.type+",产地
为: "+this.addr);               //调用brand成员变量
         }
    }
public class ThisTest{
    public static void main(String[] args){
        CompactCar c1=new CompactCar("红旗");        //实例化CompactCar对象,
                                                    //调用一个参数的构造方法
         CompactCar c2=new CompactCar("雪佛兰","科鲁兹","上海");//实例化CompactCar
                                                            //对象, 调用3个参数的构造方法
    }
}
```

程序运行结果：

```
Console
<terminated> ThisTest [Java Application] D:\programs\Java\jdk1.7.0_51\bin\javaw.exe (2022-
这是一辆红旗车
这是一辆雪佛兰车,型号是：科鲁兹,产地为：上海
```

程序解析：在上面的代码中，在类CompactCar中还定义了3个成员变量，名称是brand、type、addr。该类两个构造方法的参数也被定义为brand、type、addr，这些都是局部变量。在构造方法中如果使用brand则是访问局部变量，但如果使用this.brand，则是访问成员变量，可见使用this关键字可以解决局部变量与成员变量名称冲突的问题。

（2）除了可以访问成员变量之外，this关键字还可以调用成员方法，将例4-10代码进行修改，具体示例代码如例4-11所示。

【例4-11】通过this关键字调用成员方法示例ThisMethod.java。

```
class CompactCar01{
    String brand;
    String type;
    String addr;
```

```
    public CompactCar01(String brand){
        this.brand=brand;  //为brand属性赋值
        System.out.println("这是一辆"+this.brand+"车");//调用brand成员变量
    }
    public CompactCar01(String brand,String type,String addr){
        this.brand=brand; //为brand属性赋值
        this.type=type;   //为type属性赋值
        this.addr=addr;   //为addr属性赋值
    }
    public void run(){
        System.out.println("车名为："+brand+",车型为："+type+",产地为："+addr+",车
可以行驶。");
      }
    public void check(){
        this.run();
        System.out.println( “汽车需要定期保养维护");
        }
}
public class ThisMethod{
    public static void main(String[] args){
        CompactCar01 c1=new CompactCar01( “红旗","家庭轿车","长春");
        //实例化CompactCar01对象，调用3个参数的构造方法
        c1.check();
    }
}
```

程序运行结果：

```
Console
<terminated> ThisMethod [Java Application] D:\programs\Java\jdk1.7.0_51\bin\javaw.exe
车名为：红旗,车型为：家庭轿车,产地为：长春,车可以行驶。
汽车需要定期保养维护
```

程序解析：在上面的check()方法中，使用this关键字调用run()方法。注意，此处的this关键字可以不写，也就是说上面的this.run()这行代码写成run()，效果是完全一样的。

（3）构造方法是在实例化对象时被Java虚拟机自动调用的，在程序中不能像调用其他方法一样去调用构造方法，但可以在一个构造方法中使用this([参数1，参数2...])的形式来调用其他的构造方法。接下来通过一个案例来演示这种形式构造方法的调用。

【例4-12】使用this调用构造方法示例ThisConMed.java。

```
class Taxi{
    public Taxi(){
        System.out.println( “无参的构造方法被调用了。");
    }
    public Taxi(String name){
        this();//使用this关键字调用无参的构造方法
        System.out.println( “这是一辆"+name+"牌出租车。");
    }
```

```
}
public class ThisConMed{
    public static void main(String[] args){
        Taxi t1=new Taxi("现代");
    }
}
```

程序运行结果：

```
Console
<terminated> ThisConMed [Java Application] D:\programs\Java\jdk1.7.0_51\bin\javaw.exe
无参的构造方法被调用了。
这是一辆现代牌出租车。
```

程序解析：在上面的Taxi类中，第二个有参数的构造方法使用了this关键字调用第一个无参的构造方法，因此运行结果中显示两个构造方法都被调用。

在使用this调用类的构造方法时，应注意以下几点：

- 只能在构造方法中使用 this 调用其他的构造方法，不能在成员方法中使用。
- 在构造方法中，使用 this 调用构造方法的语句必须位于第一行，且只能出现一次。
- 不能在一个类的两个构造方法中使用 this 相互调用。

练一练：定义一个Student类创建多个重载的构造方法，包括无参的构造方法和一个参数的构造方法，以及两个参数的构造方法。在一个参数的构造方法中使用this关键字调用无参构造方法，在两个参数的构造方法中调用一个参数的构造方法。编写测试类，在main()方法中，调用两个参数的构造方法创建对象，演示构造方法的执行顺序。

练一练

this 关键字的使用

5. static 关键字

在Java中，定义了一个static关键字，它用于修饰类的成员，如成员变量、成员方法以及代码块等，被static修饰的成员具备一些特殊性，下面对static关键字的特性逐一进行说明。

（1）静态变量

在定义一个类时，只是在描述某类事物的特征和行为，并没有产生具体的数据。只有通过new关键字创建类的实例对象后，系统才会为每个对象分配空间，存储各自的数据。有时候，我们希望某些特定的数据在内存中只有一份，而且能够被一个类的所有实例对象共享。例如，一个汽车生产公司所有的汽车共享同一个产地，此时不必在每辆汽车对象所占用的内存空间都定义一个变量来表示汽车产地，而可以在对象以外的空间定义一个表示产地的变量让所有的对象共享。

在一个Java类中，可以使用static关键字来修饰成员变量，该变量称为静态变量。静态变量被所有实例共享，可以使用“类名.变量名”的形式来访问。

【例4-13】静态变量应用示例StaticVariable.java。

```
class Bus{
    public static String addr="厦门金龙联合汽车工业有限公司";
}
public class StaticVariable {
    public static void main(String[] args) {
```

```
        Bus b1=new Bus();
        Bus b2=new Bus();
        System.out.println("金杯城市之光的产地是: "+b1.addr);
         System.out.println("金杯捷冠的产地是: "+b2.addr);
    }
}
```

程序运行结果：

```
Console ☒
<terminated> StaticVariable [Java Application] D:\programs\Java\jdk1.7.0_51\bin\javaw.exe (202
金龙城市之光的产地是：厦门金龙联合汽车工业有限公司
金龙捷冠的产地是：厦门金龙联合汽车工业有限公司
```

程序解析：在上述程序中Bus中定义了一个静态变量addr，用于表示汽车生产地，它被所有的实例共享。由于addr是静态变量，因此可以直接使用Bus.addr的方式调用，也可以通过Bus类的实例对象进行调用，如b1.addr。在Bus类中将变量addr赋值为“上海通用汽车生产基地”，通过上面运行结果可以看出，Bus对象b1和b2的addr属性均为“厦门金龙联合汽车工业有限公司”。

练一练：

定义一个Student类，并在类中定义name和className属性。编写一个测试类，在main()方法中创建3个学生对象，并分别为这些对象的name和className属性赋值，然后输出这些对象的name和className值。

对Student类进行修改，将className定义为静态变量。修改测试类，在main()方法中使用Student.className =“三年级二班”语句为静态变量className进行赋值，然后输出这些对象的name和className值。

练一练

静态变量

（2）静态方法

有时候我们希望在不创建对象的情况下就可以调用某个方法，换句话说也就是使该方法不必和对象绑在一起。要实现这样的效果，只需要在类中定义的方法前面加上static关键字即可，称这种方法为静态方法。同静态变量一样，静态方法可以使用“类名.方法名”的方式来访问，也可以通过类的实例对象来访问。下面通过案例来学习静态方法的使用。

【例4-14】 静态方法应用示例StaticMethod.java。

```
public class StaticMethod{
    //定义一个静态方法，用来求两个整数的和
    public static int sum(int x,int y){
        int s=x+y;
        return s;
    }
    public static void main(String[] args){
        int s=0;
        s=sum(4,5);
        System.out.println("两个整数的和是: "+s);
    }
}
```

程序运行结果：

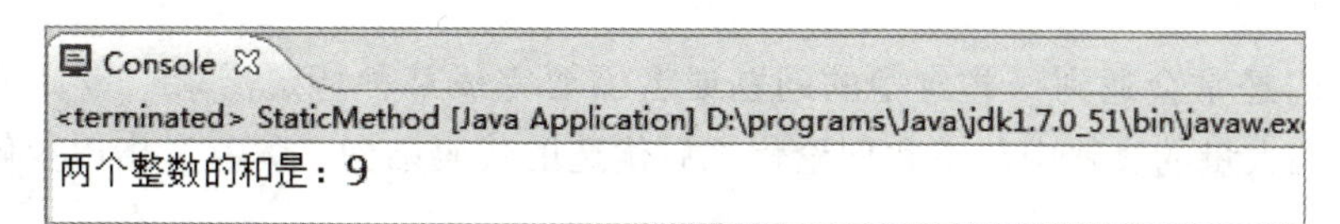

程序解析：在上述程序中定义了一个静态方法sum(int x,int y)，在main()方法中可以直接调用该静态方法，通过上面的运行结果可以看出，静态方法不需要创建对象就可以调用。

注意：静态方法内部不能直接访问外部非静态成员，在静态方法内部，只能通过创建该类的对象来访问外部的非static的方法。在静态方法中，不能使用this关键字。

（3）静态代码块

在Java中，使用一对大括号包围起来的若干行代码称为一个代码块，用static关键字修饰的代码块称为静态代码块。当类被加载时，静态代码块会执行，由于类只加载一次，因此静态代码块只执行一次。在程序中，通常会使用静态代码块来对类的成员变量进行初始化。下面通过一个案例学习静态代码块的使用。

【例4-15】静态代码块应用示例StaticModule.java。

```
class Coach{
    //下面是一个静态代码块
    static{
        System.out.println("Coach类中的静态代码块在执行。");
    }
}
public class StaticModule{
    //静态代码块
    static{
    System.out.println("测试类的静态代码块在执行。");
        }
    public static void main(String[] args){
    Coach c1=new Coach();
    Coach c2=new Coach();
    }
}
```

程序运行结果：

```
Console
<terminated> StaticModule [Java Application] D:\programs\Java\jdk1.7.0_51\bin\javaw.exe (2
测试类的静态代码块在执行。
Coach类中的静态代码块在执行。
```

程序解析：从程序的运行结果可以看出，程序中的两段静态代码块都执行了，使用Eclipe运行该程序后，Java虚拟机首先会加载类StaticModule，在加载类的同时就会执行该类的静态代码块，紧接着会调用main()方法。在main()方法中实例化了两个Coach对象，但在两次实例化对象过程中，静态代码块中的内容只输出了一次，这说明静态代码块在类的第一次使用时才会被加载，并且只能加载一次。

（4）单例模式

在编写程序时经常会遇到一些典型的问题或者需要完成某种特定需求，设计模式就是针对这些问题和需求，在大量的实践中总结和理论化之后优选的代码结构、编程风格以及解决问题的思考方式。

单例模式是Java中的一种设计模式，它是指在设计一个类时，需要保证在整个程序运行期间针对该类只存在一个实例对象。下面通过编写一个Single类实现单例模式，具体代码如下：

```
public class Single{
//创建一个该类的实例对象
    private static Single INSTANCE=new Single();
    private Single(){}     //私有化构造方法
        public static Single getInstance(){ //提供返回该对象的静态方法
            return INSTANCE;
        }
    }
```

上面Single类就实现了单例模式，它具备如下特点：

- 在类的内部创建一个该类的实例对象，并使用静态变量 INSTANCE 引用该对象，由于变量应用禁止外界直接访问，因此使用 private 修饰，声明为私有成员。
- 类的构造方法使用 private 修饰，声明为私有，这样就不能在类的外部使用 new 关键字来创建实例对象。
- 为了让类的外部能够获得类的实例对象，需要定义一个静态方法 getInstance()，用于返回该类实例 INSTANCE。由于方法是静态的，外界可以通过“类名 . 方法名”的方式来访问。

下面通过一个案例对Single类进行测试。

【例4-16】Single类测试程序SingleTest.java。

微课

例 4–16 单例模式示例

```
class Single{
//自己创建一个对象
    private static Single INSTANCE=new Single();
    private Single(){} //私有化构造方法
        public static Single getInstance(){ //提供返回该对象的静态方法
            return INSTANCE;
        }
    }
public class SingleTest{
    public static void main(String[] args){
        Single s1=Single.getInstance();//实例化Single对象
        Single s2=Single.getInstance();//实例化Single对象
        System.out.println(s1==s2);
    }
}
```

程序运行结果：

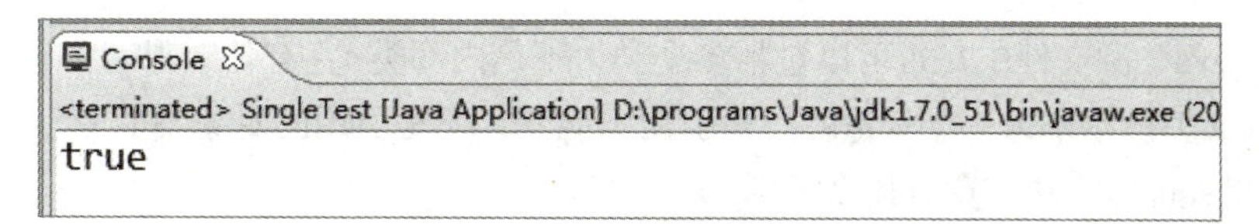

程序解析：从运行结果可以看出，变量s1和s2的值相等，这说明变量s1和s2引用同一个对象。也就是说，两次调用getInstance()方法获得的是同一个对象，而getInstance()方法是获得Single类实例对象的唯一途径，因此Single类是一个单例的类。

任务实施

实现思路

（1）创建Vehicle类，该类中包括品牌、日租金、车牌号3个属性，并且对其属性进行封装，其中要求对日租金值为正数，且传入小于零参数时提示参数有误。

（2）Vehicle类中定义两个构造方法，其中一个为无参的构造方法，一个为有品牌、日租金、车牌号3个参数的构造方法。

（3）在Vehicle类中定义2个针对不同类车的计算租金的方法，要求根据用户租车的天数计算租金。

（4）在main()函数中实例化不同车型的对象，并调用计算租金方法，分别在控制台打印输出不同车型的租车金额。

任务小结

本任务通过介绍面向对象的3个特征、类和对象的创建与使用、类的封装特性、构造方法的定义和重载、this和static关键字的使用。通过本任务的学习，旨在让学生了解面向对象的编程思想，并且让学生掌握面向对象中的基本知识，这是后续进行Java编程的基础。

自 测 题

自测题

任务四

参见“任务四”自测题。

拓展实践——超市购物程序设计

超市购物是人们日常生活的重要事情之一。在超市中出售各种各样的日常用品，如水果、蔬菜、零食、洗发水、护发素等。

现要求使用所学知识编写一个超市购物程序，实现超市购物功能。如果购物者需要的商品在超市中有库存，则提示购物者可以购买该商品；如果购物者所需的商品缺货，则提示稍后再来购物。

参考代码见本书配套资源SupermarketShopping文件夹。

面试常考题

（1）一个“.java”源文件中是否可以包括多个类（不是内部类）？有什么限制？

（2）使用 final 关键字修饰一个变量时，是引用不能变，还是引用的对象不能变？

（3）“==”和 equals 方法究竟有什么区别？

拓展阅读——实事求是

坚持一切从实际出发

“实事求是”出自东汉·班固《汉书·河间献王传》，本指古人治学时注重事实，以求得出正确的见解或结论。后多指依据实际情况进行思考或表达，如实、正确地对待和处理问题。它既是一种关于思维或认识的方法论原则，也是一种做人的基本态度或伦理操守。其基本理念是求真、务实或诚实。

作为大学生，无论未来处在什么工作岗位，无论面对什么情况，都要坚持实事求是的品格和担当。深入研究新情况，不断解决新问题，从我们正在做的事情出发，注重实际、实事求是，敢于坚持真理，善于独立思考，坚持求真务实。

任务五　实现汽车的租赁

任务描述

根据用户不同的租车要求，需要创建汽车类的子类，包括轿车类和客车类，其中父类中计算租金的方法需要定义成抽象类，根据不同的子类重写父类计算租金方法；创建汽车业务类，定义存储车信息数组，轿车包括品牌、日租金、车牌号、型号信息，客车包括品牌、日租金、车牌号、座位数信息；定义提供租赁服务的方法，根据用户的租车条件去查找相应车辆，并返回相应车辆，其中用户的租车条件品牌、车型、座位是方法的参数；定义测试类汽车租赁管理类，根据用户输入不同的租车条件，调用提供租赁服务的方法，分别在控制台打印输出不同车型、不同天数的租车金额。

技术概览

继承是从已有的类中派生出新的类，Java继承是使用已存在的类作为基础来建立新类的技术。新类的定义可以增加新的数据或新的功能，也可以用父类的功能。这种技术使得复用以前的代码非常容易，能够大大缩短开发周期，降低开发成本。

继承避免了对一般类和特殊类之间共同特征进行重复描述。同时，通过继承可以清晰地表达每一项共同特征所应用的范围——在一般类中定义的属性和方法适用于这个类本身以及其下的每一个子类的全部对象。运用继承原则使得系统模型更简练、更清晰。

学习导航	重　　点	（1）继承的概念； （2）子类的创建； （3）成员变量的隐藏与方法的重写； （4）构造方法的继承； （5）final关键字； （6）super关键字； （7）抽象类的定义与实现； （8）接口的实现； （9）匿名内部类； （10）包； （11）访问控制权限
	难　　点	（1）成员变量隐藏与方法的重写； （2）final关键字； （3）抽象类的定义与实现； （4）接口的实现； （5）匿名内部类
	推荐学习路线	通过选取生活中的具体案例而自然地引入继承、抽象类和接口的概念，通过自主探究、小组协作，利用微课、动画等信息化教学资源，有效突破重点难点
	建议学时	8学时
	推荐学习方法	（1）任务驱动法：围绕任务展开学习，以任务的完成结果检验和总结学习过程； （2）小组探究法：通过教师的讲解，小组讨论、探究、学习相关知识点
	必备知识	（1）继承的概念； （2）子类的创建； （3）成员变量的隐藏与方法的重写； （4）构造方法的继承； （5）final关键字； （6）super关键字； （7）抽象类的定义与实现； （8）接口的实现； （9）匿名内部类； （10）包； （11）访问控制权限
	必备技能	（1）掌握父类和子类的创建方法； （2）掌握子类方法的重写； （3）掌握final关键字和super关键字的使用方法； （4）掌握抽象类的定义与实现； （5）掌握接口的实现方式； （6）能够定义匿名内部类； （7）掌握包的定义方式
	素养目标	（1）树立家国情怀，培养守正创新精神； （2）树立科技自信、开放共享意识； （3）树立绿色环保、可持续发展意识； （4）树立规则意识和正确的科学伦理观

相关知识

一、继承

•知识分布网络

任务五

面向对象语言的一个重要特性就是继承。继承是指声明一些类，可以再进一步声明这些类的子类，而子类具有父类已经拥有的一些属性和方法，这跟现实中的父子关系十分相似，所以面向对象把这种机制称为继承，子类也称为派生类。例如，轿车和客车都属于汽车，在程序中可以描述为轿车和客车继承自汽车。同理，红旗轿车和别克轿车继承自轿车，而金杯客车和大宇客车继承自客车。这些车之间就会形成一个继承体系，如图5-1所示。

1. 子类的创建

在Java中，类的继承是指在一个现有类的基础上去构建一个新的类，构建出来的新类称作子类，现有的类被称作父类，子类会自动拥有父类所有可继承的属性和方法。在程序中，如果想声明一个类继承另一个类，需要使用extends关键字，继承的语法格式如下：

```
[访问修饰符] class <SubClass> extends <SuperClass>{
…
}
```

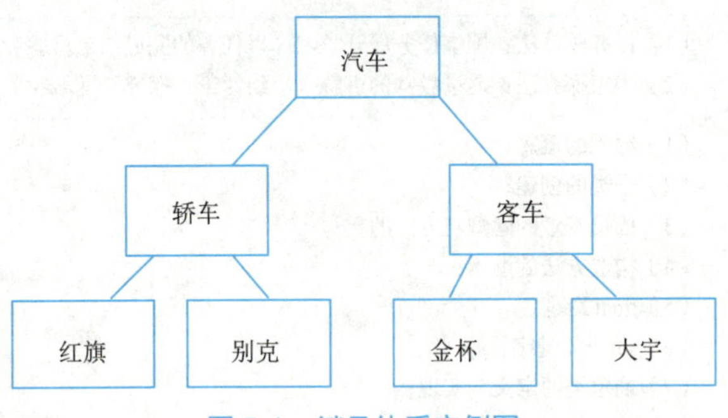

图 5-1　继承体系实例图

在Java中，继承通过extends关键字实现，其中SubClass称为子类，SuperClass称为父类或基类。子类可以从父类中继承以下内容：

（1）可以继承public和protected修饰的属性和方法，不论子类和父类是否在同一个包里。

（2）可以继承默认访问修饰符修饰的属性和方法，但是子类和父类必须在同一个包里。

（3）无法继承父类的构造方法。

下面通过一个案例学习子类的创建过程。

【例5-1】子类创建示例SubclassVehicle.java。

```
//定义一个父类Vehicle
class Vehicle{
  String brand;
  void printBrand(){
       System.out.println("这是一辆汽车");
  }
```

```
}
//定义一个Bus类继承自Vehicle类
class Bus extends Vehicle{
public void printName(){
    System.out.println("name="+brand);
}
}
//定义一个测试类
public class SubclassVehicle{
    public static void main(String[] args){
        Bus b1=new Bus ();   //创建一个子类对象
        b1.brand="金杯";
        b1.printName();
        b1.printBrand();
    }
}
```

程序运行结果：

```
Console
<terminated> SubclassVehicle [Java Application] D:\programs\Java\jdk1.7.0_51\bin\
name=金杯
这是一辆汽车
```

程序解析：在例5-1中，Bus类通过extends关键字继承了Vehicle类的子类。从运行结果不难看出，子类虽然没有定义brand属性和run()方法，但是却能访问这两个成员。这就说明，子类在继承父类时，会自动拥有父类所有的成员。

在类的继承中，需要注意一些问题，具体如下：

练一练

类的继承

（1）在Java中，类只支持单继承，不允许多重继承，也就是说一个类只能有一个直接父类，好比现实生活中每个人只有一个父亲一样，下面这种情况是不合法的。

```
class A{}
class B{}
class C extends A,B{}          //C类不可以同时继承A类和B类
```

（2）多个类可以继承一个父类，例如下面这种情况是允许的。

```
class A{}
class B extends A{}
class C extends A{}            //类B和类C可以同时继承类A
```

（3）在Java中，多层继承是可以的，即一个类的父类可以再去继承另外的父类，例如C类继承自B类，而B类又可以去继承A类，这时，C类也可称作A类的子类。下面的情况是允许的：

```
class A{}
class B extends A{}    //类B继承类A，类B是类A的子类
class C extends B{}    //类C继承类B，类C是类B的子类，同时也是类A的子类
```

（4）在Java中，子类和父类是一种相对概念，也就是说一个类是某个类父类的同时，也可以是另一

个类的子类。例如上面的示例中，B类是A类的子类，同时又是C类的父类。

2. 成员变量的隐藏和方法的重写

（1）成员变量的隐藏

当父类和子类有相同的成员变量时，即定义了与父类相同的成员变量，就会发生子类对父类变量的隐藏。对于子类的对象来说，父类中的同名成员变量被隐藏起来，子类会优先使用自己的成员变量，具体代码如下：

```
class A{
    String name;
}
class B extends A{
    String name;
}
```

在上面代码中，类B继承类A，类B是类A的子类，A类和B类中都定义了相同名字的成员变量name，B类中的name将会覆盖从A类继承而来的name。

（2）方法的重写

微课

例5-2 方法的重写示例

在继承关系中，子类会自动继承父类中定义的方法，但有时在子类中需要对继承的方法进行一些修改，当子类的方法与父类的方法具有相同的名字、参数列表、返回值类型时，子类的方法就叫作重写（override）父类的方法（也叫作方法的覆盖）。

在例5-1中，Bus类从Vehicle类继承了printBrand()方法，该方法在被调用时会打印“这是一辆汽车”，这明显不能描述具体是哪种车，Bus类对象表示客车类，可以是金杯品牌客车，也可以是大宇品牌客车。为了解决这个问题，可以在Bus类中重写父类Vehicle中的printBrand()方法，具体代码如例5-2所示。

【例5-2】重写父类中的方法示例OverrideMethod.java。

```
//定义一个父类
class Vehicle01{
    String brand;
    public void printBrand(){
      System.out.println(“这是一辆车");
     }
}
//定义一个Bus01类继承自Vehicle01类
class Bus01 extends Vehicle01{
    public void printBrand(){
        System.out.println("这是一辆"+brand+"客车");
}
    public void run(){
        System.out.println("这辆"+brand+"客车行驶起来的平均速度是100km/h");
}
}
//定义一个测试类
public class OverrideMethod{
    public static void main(String[] args){
```

```
        Bus01 b1=new Bus01();
        b1.brand="金龙";
        b1.printBrand();
        b1.run();
    }
}
```

程序运行结果：

```
Console ⌧
<terminated> OverrideMethod [Java Application] D:\programs\Java\jdk1.7.0_51\bin\javaw.exe (2
这是一辆金杯客车
这辆金杯客车行驶起来的平均速度是100km/h
```

程序解析：在该例中，定义了Bus01类并且继承自Vehicle01类。在子类Bus01中定义了一个printBrand()方法对父类的方法进行了重写。从运行结果可以看出，在调用Bus01类对象的printBrand()方法时，只会调用子类重写的方法，并不会调用父类的printBrand()方法。

那么在子类中如何才能访问到被隐藏的父类方法呢？如果想使用父类中被隐藏的成员变量或被重写的成员方法就要使用super关键字。

使用super关键字调用父类的成员变量和成员方法，具体格式如下：

```
super.成员变量
super.成员方法([参数1，参数2…])
```

【例5-3】使用Super调用父类成员变量和成员方法示例SuperTest.java。

```
//定义一个父类
class Car {
    String brand="轿车";
    public void printBrand(){
        System.out.println("这是一辆轿车");
     }
}
//定义一个CompactCar类继承自Car类
class CompactCar  extends Car{
    String brand="红旗";
    public void printBrand(){
        super.printBrand();            //访问父类的成员方法
}
    public void run(){
        System.out.println("这是一辆"+super.brand+"行驶");  //访问父类的成员变量
}
}
//定义测试类
public class SuperTest{
    public static void main(String[] args){
        CompactCar c1=new CompactCar();
        c1.printBrand();
```

```
        c1.run();
    }
}
```

程序运行结果：

Console ☒
<terminated> SuperTest [Java Application] D:\programs\Java\jdk1.7.0_51\bin\javaw.exe (2
这是一辆轿车
这是一辆轿车行驶

程序解析：在该例中，定义了一个CompactCar类继承Car类，并重写了Car类的printBrand()方法，在子类CompactCar类的printBrand()方法中使用super. printBrand()调用了父类被重写的方法，在run()方法中使用super.brand访问父类的成员变量。从运行结果可以看出，子类通过super关键字可以成功地访问父类成员变量和成员方法。

练一练

super 访问父类成员方法

3. 构造方法的继承

在继承关系下，在子类中调用父类的构造方法有两种途径：

（1）在子类构造方法中显式地通过super关键字调用父类的构造方法。具体格式如下：

```
super([参数1，参数2…])
```

【例5-4】调用父类构造方法示例ExtendsSuperConsMtd.java。

```
//定义一个父类
class Motor{
    //定义父类有参的构造方法
    public Motor (String brand){
        System.out.println("这是一辆"+brand);
    }
}
//定义子类Taxi类继承父类
class Taxi extends Motor{
    public Taxi(){
        super("现代出租车");            //调用父类有参的构造方法
    }
}
//定义测试类
public class ExtendsSuperConsMtd{
    public static void main(String[] args){
        Taxi t1=new Taxi();           //实例化子类Taxi对象
    }
}
```

程序运行结果：

Console ☒
<terminated> ExtendsSuperConsMtd [Java Application] D:\programs\Java\jdk1.7.0_51\bin\
这是一辆现代出租车

程序解析：根据前面所学的知识，在实例化Taxi对象时一定会调用Taxi类的构造方法。从运行结果可以看出，Taxi类的构造方法被调用时父类的构造方法也被调用了。需要注意的是，通过super关键字调用父类构造方法的代码必须位于子类构造方法的第一行，并且只能出现一次。

（2）不需要通过super关键字来实现子类调用父类的构造方法。可以在父类中定义无参的构造方法，子类在实例化对象时，会自动调用父类无参的构造方法，现将例5-4中的Motor类进行修改，如例5-5所示。

【例5-5】不通过super调用父类构造方法示例ExtendsrConsMtd.java。

```
//定义一个父类
class Motor{
//定义父类有参的构造方法
    public Motor(String brand){
        System.out.println("这是一辆"+brand);
    }
    //定义父类无参的构造方法
        public Motor(){
        System.out.println("这是一辆出租车");
        }
}
//定义子类Taxi类继承父类
class Taxi extends Motor{
    public Taxi(){
    //方法体中无代码
    }
}
public class ExtendsrConsMtd{
    public static void main(String[] args){
        Taxi t1=new Taxi();          //实例化子类Taxi对象
    }
}
```

程序运行结果：

```
Console ☒
<terminated> ExtendsrConsMtd [Java Application] D:\programs\Java\jdk1.7.0_51\bin\javaw.e
这是一辆出租车
```

程序解析：从运行结果可以看出，子类在实例化时默认调用了父类无参的构造方法。通过该例可以得出一个结论，在定义一个类时，如果没有特殊需求，尽量在类中定义一个无参的构造方法，避免被继承时出现错误。

拓展知识

子类继承父类构造方法的调用规则

4. final 关键字

final关键字可以用来修饰类、变量和方法，它的含义是“这是无法改变的”或者“最终”，因此被final修饰的类、变量和方法将具有以下特性：

（1）final修饰的类不能被继承。

（2）final修饰的方法不能被子类重写。

（3）final修饰的变量（成员变量和局部变量）是常量，只能赋值一次。

下面对final的特性进行逐一讲解。

（1）final关键字修饰类

如果希望一个类不允许任何类继承，并且不允许其他人对这个类进行任何改动，可以将这个类使用final关键字来修饰。final修饰类的语法如下：

```
final 类名{}
```

【例5-6】final关键字修饰类应用示例FinalClassTest.java。

```
//使用final关键字修饰类
final class MotorVehicle{
    //方法体为空
}
//Truck类继承MotorVehicle类
class Bus extends MotorVehicle{
    //方法体为空
}
//定义测试类
public class FinalClassTest{
    public static void main(String[] args){
        Bus b1=new Bus();
    }
}
```

程序运行结果：

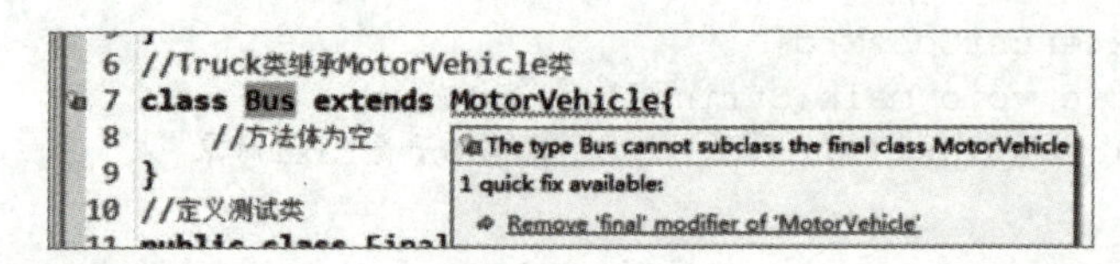

程序解析：程序编译报错，在例5-6中，由于MotorVehicle类被final关键字所修饰，因此，当Bus类关键字继承MotorVehicle类时，编译出现了“无法从final类MotorVehicle进行继承”的错误。由此可见，被final关键字修饰的类为最终类，不能被其他类继承。

（2）final关键字修饰方法

当一个类的方法被final关键字修饰后，这个类的子类将不能重写该方法。

【例5-7】final关键字修饰方法应用示例FinalMethodTest.java。

```
//使用final关键字修饰类
class Vehicle{
    //使用final关键字修饰run()方法
    public final void run(){
        //程序代码
    }
}
//Truck类继承Vehicle类
class Truck extends Vehicle{
```

```
    //重写Vehicle类的run()方法
    public void run(){
        //程序代码
    }
}
//定义测试类
public class FinalMethodTest{
    public static void main(String[] args){
        Truck t1=new Truck();
    }
}
```

程序运行结果：

```
12      //重写Vehicle类的run()方法
13⊖         public void run(){
14              //程序代码   Cannot override the final method from Vehicle
15          }                1 quick fix available:
16  }                        Remove 'final' modifier of 'Vehicle.run'(..)
17  //定义测试类                                       Press 'F2' for focus
18  public class FinalMe
```

程序解析：程序编译报错，在Vehicle类中的run()被final关键字修饰后，子类Truck将不能重写该方法。

（3）final关键字修饰变量

Java中被final修饰的变量为常量，它只能被赋值一次，也就是说final修饰的变量一旦被赋值，其值不能改变。如果再次对该变量进行赋值，则程序会在编译时报错。

【例5-8】final关键字修饰变量应用示例FinalVariableTest.java。

```
public class FinalVariableTest{
    public static void main(String[] args){
        final int num=2;
        num=4;
    }
}
```

程序运行结果：

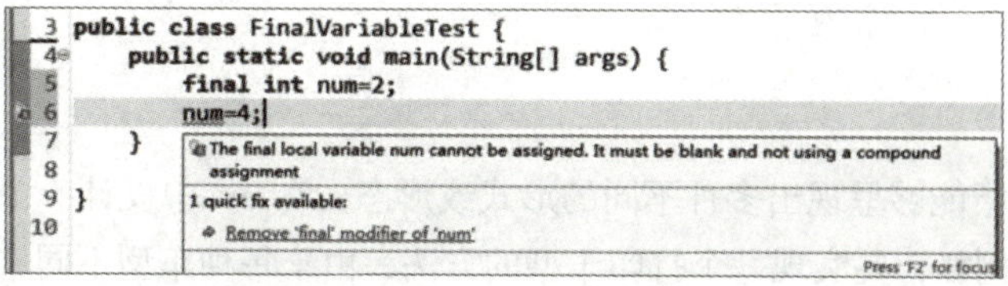

```
 3  public class FinalVariableTest {
 4⊖     public static void main(String[] args) {
 5          final int num=2;
 6          num=4;
 7      }   The final local variable num cannot be assigned. It must be blank and not using a compound
 8          assignment
 9  }       1 quick fix available:
10          Remove 'final' modifier of 'num'
                                                   Press 'F2' for focus
```

程序解析：在例5-8中，针对num=4这行代码，对num赋值时，编译报错。原因在于变量num被final修饰。由此可见，被final修饰的变量为常量，它只能被赋值一次，其值不可改变。

在例5-8中，被final关键字修饰的变量为局部变量。下面通过一个案例来演示final修饰成员变量的情况。

【例5-9】final修饰成员变量示例FinalGlobalVariableTest.java。

```
//定义一个Car类
class Car{
    final String brand;       //使用final关键字修饰brand属性
    //定义print()方法，打印汽车信息
    public void print(){
        System.out.println("这是一辆"+brand+"轿车");
    }
}
//定义测试类
public class FinalGlobalVariableTest{
    public static void main(String[] args){
        Car c1=new Car();
        c1.print();
    }
}
```

程序运行结果：

```
3 class Car{
4     fi  The blank final field brand may not have been initialized  brand属性
5     //                                        Press 'F2' for focus
6     public void print(){
7     System.out.println("这是一辆"+brand+"轿车");
8     }
```

练一练

final 修饰成员变量

程序解析：例5-9中出现了编译错误，提示变量brand没有初始化。这是因为使用final关键字修饰成员变量时，虚拟机不会对其进行初始化。因此，使用final修饰成员变量时，需要在定义变量的同时赋予一个初始值，下面对例5-9中第3行代码进行修改：

```
final String brand="红旗";              //为final关键字修饰的brand属性赋值
```

再次编译程序，程序将不会发生错误。

程序运行结果：

```
Console
<terminated> FinalGlobalVariableTest [Java Application] D:\programs\Java\jdk1.7.0_51\bin\javaw.exe
这是一辆红旗轿车
```

5. 多态

（1）多态的概念

多态通常的含义是指能够呈现出多种不同的形式或形态。在Java中设计一个方法时，通常希望该方法具备一定的通用性。例如，要实现一个打印车型的方法，由于每种车型不同，因此可以在方法中接收一个车型的参数，当传入轿车对象时打印的就是轿车车型，传入客车车型时就打印出客车的车型。在同一个方法中，这种由于参数类型的不同而导致执行效果各异的现象称为多态。

（2）对象的类型转换

Java中为了实现多态，允许使用一个父类类型的变量来引用不同子类类型的对象，根据被引用子类对象特征的不同，响应不同的操作。将子类对象当作父类对象使用时不需要任何显式的声明，这种转换

称为向上转型。向上转型的语法格式如下：

```
父类 引用变量名=new 子类();
```

下面通过一个案例进行演示。

微课

例5–10 向上转型示例

【例5-10】对象的类型转换示例MultipleStatesTest.java。

```
//定义一个父类Vehicle
class Vehicle {
    //定义Vehicle类的无参的构造方法
    public Vehicle(){
    }
    public void printBrand(){
        System.out.println("这是一辆车");
    }
}
//定义Bus类继承Vehicle类
class Bus extends Vehicle{
    //定义Bus类无参的构造方法
    public Bus(){
        //方法体中无代码
    }
    public void printBrand(){
        System.out.println("这是一辆客车");
    }
}
//定义Car类继承Vehicle类
class Car extends Vehicle{
    //定义Car类无参的构造方法
        public Car(){
         //方法体中无代码
        }
    public void printBrand(){
        System.out.println("这是一辆小轿车");
    }
}
//定义一个多态测试类
public class MultipleStatesTest {
    public static void main(String[] args) {
        Vehicle v1=new Vehicle();     //实例化父类Vehicle对象
        v1.printBrand();              //调用父类Vehicle的printBrand()方法
        v1=new Bus();                 //实例化子类Bus对象并将其赋值给父类对象v1
        v1.printBrand();              //调用子类Bus的printBrand()方法
        v1=new Car();                 //实例化子类Car对象并将其赋值给父类对象v1
        v1.printBrand();              //调用子类Car的printBrand()方法
    }
}
```

程序运行结果：

```
Console ⊠
<terminated> MultipleStatesTest [Java Application] D:\programs\Java\jdk1.7.0_51\bin\javaw.exe (
这是一辆车
这是一辆客车
这是一辆小轿车
```

程序解析：在该例中，v1=new Bus ();和v1=new Car (); 这两行代码实例化子类对象并将其赋值给父类对象，即实现了向上转型，当引用不同子类对象后，分别调用的是子类中重写的printBrand()方法，所以结果打印出来的是客车和小轿车。由此可见，多态不仅解决了方法同名的问题，而且还使程序变得更加灵活，从而有效地提高程序的可扩展性和可维护性。

需要注意的是，有时不能通过父类变量去调用子类中的某些方法。下面通过例5-11来进行说明。

【例5-11】进行强制类型转换示例MulStaChangeTest.java。

练一练

多态的作用

微课

例 5–11 向下转型示例

```
//定义父类MotorVehicle
class MotorVehicle{
    //定义Vehicle类的无参的构造方法
    public MotorVehicle(){
      System.out.println("这是一辆车");
    }
  //定义MotorVehicle类的有参的构造方法
    public MotorVehicle(String brand){
        System.out.println("这是一辆"+brand);
    }
    public void  printBrand(){
        System.out.println("这是一辆车");
    }
}
//定义Truck类继承MotorVehicle类
class Truck extends MotorVehicle{
    //定义Truck类无参的构造方法
    public Truck(){
        //方法体中无代码
    }
    public void printBrand(){
        System.out.println("这是一辆卡车");
    }
    public void run(){
        System.out.println("卡车在行驶");
    }
}
//定义一个测试类
public class MulStaChangeTest {
    public static void main(String[] args) {
        Truck t1=new Truck();
        vehicleRun(t1);
    }
```

```
    public static void vehicleRun(MotorVehicle v1){
    v1.printBrand();
    v1.run();
    }
}
```

程序运行结果：

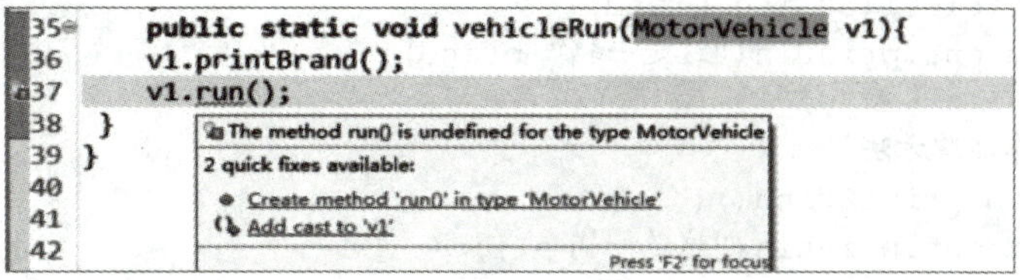

```
35    public static void vehicleRun(MotorVehicle v1){
36    v1.printBrand();
37    v1.run();
38  }     The method run() is undefined for the type MotorVehicle
39 }      2 quick fixes available:
40         Create method 'run()' in type 'MotorVehicle'
41         Add cast to 'v1'
42                                          Press 'F2' for focus
```

程序解析：在该例测试类的main()方法中，调用vehicleRun()方法时传入了Truck类型的对象t1，而方法的参数类型为MotorVehicle类型，这便将Truck对象当作父类MotorVehicle类型使用。当编译器检查到“v1.run();”这行代码时，发现MotorVehicle类中并没有定义run()方法，从而出现了运行结果的错误信息，指出找不到run()方法。

由于传入的对象是Truck类型，在Truck类中定义了run()方法，通过Truck类型的对象调用run()方法是可行的，因此可以在vehicleRun()方法中将MotorVehicle类型的变量强转为Truck类型。这种把父类类型转换为子类类型的转换称为向下转型，此时必须进行强制类型转换。将例5-11中的vehicleRun()方法进行修改，具体代码如下：

```
public class MulStaChangeTest{
    public static void main(String[] args){
        Truck t1=new Truck();
        vehicleRun(t1);
    }
    public static void vehicleRun(MotorVehicle v1){
    Truck t1=(Truck)v1;
    t1.printBrand();
    t1.run();
    }
}
```

程序运行结果：

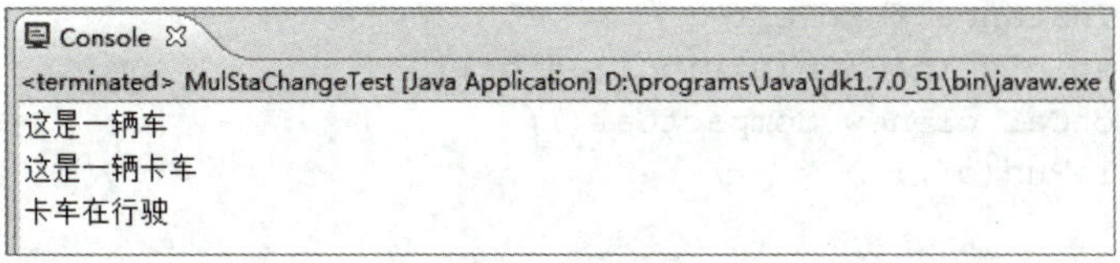

```
Console
<terminated> MulStaChangeTest [Java Application] D:\programs\Java\jdk1.7.0_51\bin\javaw.exe
这是一辆车
这是一辆卡车
卡车在行驶
```

程序解析：修改后再次编译，程序没有报错，通过运行结果可以看出，将传入的对象由MotorVehicle类型转为Truck类型后，程序可以成功调用printBrand()方法和run()方法。需要注意的是，在进行类型转换时也可能出现错误，如例5-12所示。

【例5-12】强制类型转出错示例InstanceofKwdTest.java。

```
//定义父类
class Vehicle01{
    //定义Vehicle01类的无参的构造方法
    public Vehicle01(){
        //System.out.println("这是一辆车");
    }
   //定义Vehicle01类的有参的构造方法
    public Vehicle01(String brand){
        System.out.println("这是一辆"+brand);
    }
    //定义输出车品牌方法
    public void printBrand(){
        System.out.println("这是一辆车");
    }
}
//定义子类Taxi类继承自父类
class Taxi extends Vehicle01{
    //定义Taxi类无参的构造方法
    public Taxi(){
        //方法体中无Vehicle01类代码
    }
    //子类重写父类输出车品牌方法
    public void printBrand(){
        System.out.println("这是一辆出租车");
    }
    //定义一个run()方法
    public void run(){
        System.out.println("出租车在行驶");
    }
}
//定义CompactCar类继承Vehicle01类
class CompactCar extends Vehicle01{
    //子类重写父类输出车品牌方法
    public void printBrand(){
        System.out.println("这是一辆小轿车");
    }
}
//定义一个测试类
public class InstanceofKwdTest {
    public static void main(String[] args){
        CompactCar c1=new CompactCar();
        vehicleRun(c1);
    }
    public static void vehicleRun(Vehicle01 v1){
        Taxi t1=(Taxi)v1;
        t1.printBrand();
        t1.run();
    }
}
```

程序运行结果：

```
Console
<terminated> InstanceofKwdTest [Java Application] D:\programs\Java\jdk1.7.0_51\bin\javaw.exe (2022-1-25 上午7:21:54)
in thread "main" java.lang.ClassCastException: polymorphic.CompactCar cannot be cast to polymorphic.Taxi
 polymorphic.InstanceofKwdTest.vehicleRun(InstanceofKwdTest.java:46)
 polymorphic.InstanceofKwdTest.main(InstanceofKwdTest.java:43)
```

程序解析：程序运行时出错，提示CompactCar类型不能转换成Taxi类型。出错的原因是，在调用vehicleRun()方法时，传入一个CompactCar对象，在强制类型转换时，Vehicle01类型的变量无法强转为CompactCar类型。

针对这种情况，Java中提供了一个关键字instanceof，它可以判断一个对象是否为某个类的实例或者子类实例。语法格式如下：

```
对象（或者对象引用变量）instanceof 类（接口）
```

下面对例5-12的vehicleRun()方法进行修改，具体代码如下：

```
public class InstanceofKwdTest{
    public static void main(String[] args){
        CompactCar c1=new CompactCar();
        vehicleRun(c1);
    }
    public static void vehicleRun(Vehicle01 v1){
        if(v1 instanceof Taxi){
        Taxi t1=(Taxi)v1;
        t1.printBrand();
        t1.run();
         }
        else{
            System.out.println("这款车不是出租车。");
        }
    }
}
```

程序运行结果：

```
Console
<terminated> InstanceofKwdTest [Java Application] D:\programs\Java\jdk1.7.0_51\bin\javaw.exe (
这款车不是出租车。
```

练一练

对象的类型转换

程序解析：在对例5-12修改的代码中，用instanceof关键字判断vehicleRun()方法中传入的对象是否为Taxi类型，如果是Taxi类型就进行强制转换，否则就打印输出“这款车不是出租车。”，在该例中，由于传入的对象为CompactCar类型，因此出现该运行结果。

二、抽象类和接口

1. 抽象方法和抽象类

当定义一个类时，常常需要定义一些方法来描述该类的行为特征，但有时这些方法的实现方式是无法确定的。例如，前面在定义Vehicle类时，printBrand()方法用于输出车型，但是针对不同的车型，输出的车型名称也不同，因此在printBrand()方法中无法准确地描述出各种类型的车。

（1）抽象方法

针对上面描述的情况，Java中允许在定义方法时不写方法体，不包含方法体的方法称为抽象方法。抽象方法必须使用abstract关键字来修饰，定义抽象方法的语法格式如下：

```
abstract 返回值类型 方法名 ([参数列表])
```

普通方法和抽象方法相比，主要有下列两点区别。

- 抽象方法需要用修饰符abstract修饰，普通方法不需要。
- 普通方法有方法体，抽象方法没有方法体。

下面定义了一个抽象方法printBrand()，该方法满足了抽象方法的特征。

例5-13 抽象方法的实现示例

```
abstract void printBrand();    //定义抽象方法printBrand()
```

（2）抽象类

当一个类中包含了抽象方法时，该类必须使用abstract关键字来修饰，使用abstract关键字修饰的类称为抽象类。定义抽象类的语法格式如下：

```
abstract class 类名{}
```

普通类和抽象类相比，主要有下列两点区别：

- 抽象类需要用修饰符abstract修饰，普通类不需要。
- 普通类可以实例化，抽象类不能实例化。

定义抽象类的具体示例如下：

```
//定义抽象类Vehilce
abstract class Vehicle{
    //定义抽象方法printBrand()
    abstract void printBrand();
}
```

在定义抽象类时需要注意，包含抽象方法的类必须声明为抽象类，但抽象类可以不包含任何抽象方法，只需要使用abstract关键字来修饰即可。另外，抽象类是不可以被实例化的，因为抽象类中有可能包含抽象方法，抽象方法是没有方法体的，不可以被调用。如果想调用抽象类定义的方法，则需要创建一个子类，在子类中实现抽象类中的抽象方法。接下来通过一个案例学习如何实现抽象类中的方法。

【例5-13】实现抽象类中的方法示例AbstractTest.java。

```
//定义一个抽象类Vehicle
abstract class Vehicle{
    //定义抽象方法printBrand
    abstract void printBrand();
}
//定义Car类继承抽象类Vehicle
class Car extends Vehicle{
    //实现抽象方法printBrand
    public void printBrand(){
        System.out.println("这是一辆红旗轿车");
```

```
        }
    }
    //定义一个测试类
    public class AbstractTest{
        public static void main(String[] args){
            Car c1=new Car ();
            c1.printBrand();
        }
    }
```

程序运行结果：

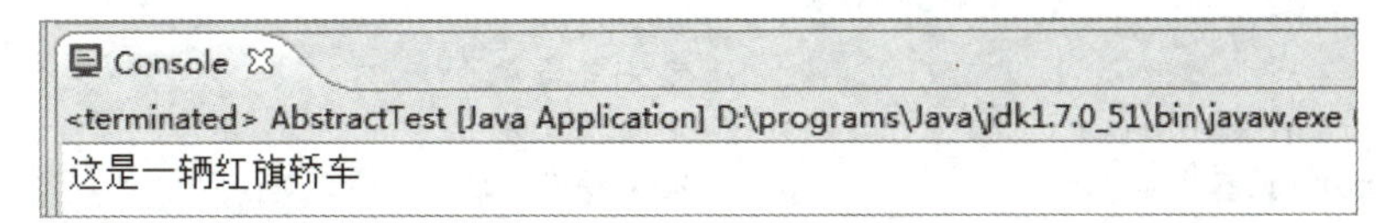

程序解析：从运行结果可以看出，子类实现父类的抽象方法后，可以正常进行实例化，并通过实例化对象调用方法。

通过上面的案例，进一步了解抽象类的语法特征：

- 抽象类不能直接被实例化。抽象类中可以包含抽象方法，而抽象方法是没有方法体的。因此，如果将一个抽象类进行实例化，然后调用其中的抽象方法，会是一种无意义的方法调用。所以，为了避免这种无意义的方法调用，在语法上抽象类是不能被直接实例化的。
- 抽象类的子类必须实现抽象方法（除非这个子类也是抽象类）。抽象类是以父类的形式出现的，是对子类的规约，要求子类必须实现抽象父类的抽象方法。例如，抽象类 Vehicle 就通过定义抽象方法的形式，规定了子类必须实现 printBrand() 方法。
- 抽象类中可以有普通方法，也可以有抽象方法，但是有抽象方法的类必须是抽象类。

2. 接口

如果一个抽象类中所有的方法都是抽象的，则可以将这个类用另外一种方式来定义，即接口。与抽象类不同，接口中所有方法只有声明，没有方法体。接口定义的仅是实现某一特定功能的对外接口和规范，并没有真正实现这一功能，真正实现是在继承这个接口的各个类中完成的，因此通常把接口功能的继承称为实现。

（1）接口的定义

与类的结构类似，接口也分为接口声明和接口体两部分。在定义接口时，需要使用interface关键字来声明，具体定义格式如下：

```
interface 接口名{
//常量数据成员的声明
数据类型 常量名=常数值;
...
//抽象方法的声明
返回值类型 方法名([参数列表]);
...
}
```

在上面的接口定义中，有以下几点需要进行说明：

- 接口的访问限定只有 public 和默认。
- interface 是声明接口的关键字，与 class 类似。
- 接口的命名必须符合标识符的规定，并且接口名必须与文件名相同。
- 允许接口的多重继承，通过“extends 父接口”可以继承多个接口。
- 对接口体中定义的常量，系统默认是“public static final”修饰的；对接口中声明的方法，系统默认是用 public abstrac t 修饰的，不需要指定。

下面定义一个接口，具体示例如下：

```
interface Vehicle{
    int ID=1;                          //定义全局常量
    void printBrand();                 //定义抽象方法
    void run();                        //定义抽象方法
}
```

在上面这段代码中，Vehicle即为一个接口。从示例中会发现抽象方法printBrand()和run()并没有用abstract关键字来修饰，这是因为接口中定义的方法和变量都包含一些默认的修饰符。接口中定义的方法默认使用public abstract来修饰，即抽象方法。接口中的变量默认使用public static final来修饰，即全局常量。

（2）接口的实现

由于接口中的方法都是抽象方法，因此不能通过实例化对象的方式来调用接口中的方法。接口的实现是在实现接口的类中重写接口中给出的所有方法，书写方法体代码，完成方法规定的功能。此时需要定义一个类，并使用implements关键字实现接口中所有的方法。接口的实现一般格式如下：

微课

例 5-14 接口的实现示例

```
class 类名 implements 接口名{
    [类的成员变量声明]              //属性说明
    [类的构造方法定义]
    [类的成员方法定义]              //行为定义
    /*重写接口方法*/
    接口方法定义                    //实现接口方法
}
```

下面通过案例例5-14学习如何实现接口中的方法。

【例5-14】实现接口中的方法案例InterfaceRealizeTest.java

```
//定义一个接口
interface Vehicle{
    int ID=1;//定义全局常量
    void printBrand();//定义抽象方法
    void run();//定义抽象方法
}
//Car类实现了Vehicle接口
class Car implements Vehicle{
    //实现printBrand ()方法
    public void printBrand(){
        System.out.println("这是一辆红旗轿车");
```

```
    }
    //实现run()方法
    public void run(){
        System.out.println("红旗轿车在行驶");
    }
}
//定义一个测试类
public class InterfaceRealizeTest {
    public static void main(String[] args) {
        Car c1=new Car();
        c1.printBrand();
        c1.run();
    }
}
```

程序运行结果：

```
Console ☒
<terminated> InterfaceRealizeTest [Java Application] D:\programs\Java\jdk1.7.0_51\bin\javaw.ex
这是一辆红旗轿车
红旗轿车在行驶
```

程序解析：从运行结果可以看出，类Car在实现了Vehicle接口后是可以被实例化的。

在例5-14中演示的是类与接口之间的实现关系，在程序中，还可以定义一个接口使用extends关键字去继承另一个接口，下面通过案例演示接口之间的继承关系。

【例5-15】接口之间的继承示例InterfaceExtendsTest.java。

```
//定义一个接口
interface MotorVehicle{
    int ID=1;//定义全局常量
    void printBrand();                          //定义抽象方法
    void run();                                 //定义抽象方法
}
//定义Bus接口，并继承了MotorVehicle接口
interface Bus extends MotorVehicle{             //接口继承接口
    void carry();                               //定义抽象方法
}
//KingLong类实现了Bus接口
class KingLong implements Bus{
    //实现printName()方法
    public void printBrand(){
        System.out.println("这是一辆金龙客车");
    }
    //实现run()方法
    public void run(){
        System.out.println("金龙客车在行驶");
    }
```

```
    //实现carry()方法
    public void carry(){
        System.out.println("金龙客车可以载客");
    }
}
//定义测试类
public class InterfaceExtendsTest{
    public static void main(String[] args){
        KingLong b1=new KingLong();
        b1.printBrand();
        b1.run();
         b1.carry();
    }
}
```

程序运行结果：

练一练

接口的实现

Console ☒

<terminated> InterfaceExtendsTest [Java Application] D:\programs\Java\jdk1.7.0_51\bin\javaw.exe

这是一辆金龙客车
金龙客车在行驶
金龙客车可以载客

程序解析：在该例中定义了两个接口，其中Bus接口继承MotorVehicle接口，因此Bus接口包含了3个抽象方法。当KingLong类实现Bus类接口后，需要实现两个接口中定义的3个方法。从运行结果可以看出，程序针对KingLong类实例化对象并调用类中的方法。

为了加深初学者对接口的认识，接下来对接口的特点进行归纳，具体如下：

- 接口中的方法都是抽象的，不能实例化对象。
- 当一个类实现接口时，如果这个类是抽象类，则实现接口中的部分方法即可，否则需要实现接口中所有的方法。
- 一个类通过 implements 关键字实现接口时，可以实现多个接口，被实现的多个接口之间要用逗号隔开。具体示例如下：

```
interface Run{
    //程序代码...
}
interface Carry{
    //程序代码...
}
class Car implements Run,Carry{
    //程序代码...
}
```

- 一个接口可以通过 extends 关键字继承多个接口，接口之间用逗号隔开。具体示例如下：

```
interface Run{
    //程序代码...
}
```

```
interface Carry{
    //程序代码...
}
interface Car extends Run,Carry{
    //程序代码...
}
```

- 一个类在继承另一个类的同时还可以实现接口，此时，extends 关键字必须位于 implements 关键字之前。具体示例如下：

```
class Hongqi extends Car implements Vehicle{   //先继承，再实现
    //程序代码...
}
```

3. 匿名内部类

在前面的讲解中，如果方法中的参数被定义为一个接口类型，那么就需要定义一个类来实现接口，并根据该类进行对象的实例化。除此之外，还可以使用匿名内部类来实现接口。所谓匿名内部类就是没有名字的内部类，表面上看起来它似乎有名字，实际上并不是它的名字。当程序中使用匿名内部类时，在定义匿名内部类的地方往往直接创建该类的一个对象。

【例5-16】通过内部类实现接口示例InnerClassTest.java。

```
//定义一个接口
interface Vehilce{
    void run();
}
public class InnerClassTest{
    public static void main(String[] args){
        //定义一个内部类Car实现Vehicle接口
        class Car implements Vehilce{
        //实现run()方法
        public void run(){
            System.out.println("一辆轿车在行驶");
            }
        }
        vehicleRun(new Car());          //调用vehicleRun()方法并传入Car对象
        }
    //定义静态方法vehicleRun()
        public static void vehicleRun(Vehilce v1){
            v1.run();                   //调用传入对象v1的run()方法
        }
}
```

程序运行结果：

```
Console ☒
<terminated> InnerClassTest [Java Application] D:\programs\Java\jdk1.7.0_51\bin\javaw.exe
一辆轿车在行驶
```

程序解析：在该例中，内部类Car实现了Vehicle接口，在调用vehicleRun()方法时，将Car类的实例对象作为参数传入。

下面通过匿名内部类的方式实现例5-16中的效果。匿名内部类的格式如下：

```
new 父类(参数列表)或父接口(){
    //匿名内部类实现部分
}
```

【例5-17】通过匿名内部类实现接口示例AnonymousClaTest.java。

```
//定义MotorVehilce接口
interface MotorVehilce{
    void run();
}
//定义测试类
public class AnonymousClaTest{
    public static void main(String[] args){
        //定义匿名内部类作为参数传递给vehicleRun()方法
            vehicleRun(new MotorVehilce(){
                //实现run()方法
                public void run(){
                    System.out.println("一辆汽车在行驶");
                }
            });
        }
        //定义静态方法vehicleRun()
            public static void vehicleRun(MotorVehilce v1){
                v1.run();   //调用传入对象v1的run()方法
            }
}
```

程序运行结果：

```
Console
<terminated> AnonymousClaTest [Java Application] D:\programs\Java\jdk1.7.0_51\bin\javaw.exe
一辆汽车在行驶
```

程序解析：在例5-17中使用匿名内部类实现了MotorVehilce接口。总结一下匿名内部类可以分两步来实现，具体如下：

- 在调用 vehicleRun() 方法时，在方法的参数位置写上 new MotorVehilce (){}，这相当于创建了一个实例对象，并将对象作为参数传给 vehicleRun() 方法。在 new MotorVehilce () 后面有一对大括号，表示创建的对象为 MotorVehilce 的子类实例，该子类是匿名类。具体代码如下：

```
vehicleRun(new MotorVehilce(){});
```

- 在大括号中编写匿名子类的实现代码，具体如下：

```
vehicleRun(new MotorVehilce(){
```

```
        public void run(){
            System.out.println("一辆汽车在行驶);
        }
    });
```

练一练
5-7 匿名内部类

至此便完成了匿名内部类的编写。匿名内部类是实现接口的一种简便写法，在程序中不一定非要使用匿名内部类。对于初学者不要求完全掌握这种写法，只需要尽量理解语法即可。

三、包

1. 概述

包机制是Java中管理类的重要手段。包是类、接口和其他包的集合，就像在计算机硬盘上将各种文件分门别类地保存到不同的目录中一样，可以将类、接口和包按类别放在不同的包中。

引入包的目的是解决类和接口的命名冲突问题，也可以实现对类的有效管理。本书前面的部分案例中由于没有指定包名，系统默认是无名包。例如，当无名包中有多个Vehicle类时，也会造成类名冲突问题，可以将其改名为Vehicle01、Vehicle02等名字来解决类名冲突。对于简单程序，是否使用包名也许没有太多影响，但是对于一个复杂的应用程序，如果不使用包来管理类，将会对程序的开发造成很大的混乱。包涉及以下几点需要注意的地方：

（1）包可以含有类、接口及其他包。

（2）类或接口名前加上包名，称为全限定名（Full Qualified Name）。

（3）包与文件目录具有严格的一对一的关系，可以理解为包是Java源文件所在目录在程序中的反映。

（4）同文件目录结构一样，包与包之间也形成树状结构。

2. 包的声明

将自己编写的类按功能放入相应的包中，以便在其他的应用程序中引用，这是对面向对象程序设计者最基本的要求。可以使用package语句将编写的类放入一个指定的包中。

包的创建是在类或接口源文件的第一行加入如下语句：

```
package 包名;
```

需要说明的是：

（1）此语句必须放在整个源程序第一条语句的位置（注释行和空行除外）。

（2）包名应符合标识符的命名规则，习惯上，包名使用小写字母书写。可以使用多级结构的包名，如java.util、java.sql等。实际上，创建包就是在当前文件夹下创建一个以包名命名的子文件夹并存放类的字节码文件。如果使用多级结构的包名，就相当于以包名中的“.”为文件夹分隔符，在当前的文件夹下创建多级结构的子文件夹并将类的字节码文件存放在最后的文件夹下。下面举例说明包的声明。

这里以Vehicle为例，分步骤讲解如何使用包机制管理Java的类文件。

（1）需要在当前程序目录下，创建一个名为vehiclemessage的包，在该包下创建名为Vehicle的类，编写Vehicle类，在类名之前声明当前类所在的包为vehiclemessage，如例5-18所示。

【例5-18】声明当类所在的包示例Vehicle.java。

```
package vehiclemessage; //定义该类在vehiclemessage包下
```

```
public class Vehicle {
    public static void main(String[] args){
        System.out.println("这是一辆汽车。");
    }
}
```

（2）要编译运行这个程序，推荐的做法是首先退到当前目录（见图5-2所示的src目录），再执行javac vehiclemessage\Vehicle.java命令编译源文件，如图5-3所示。

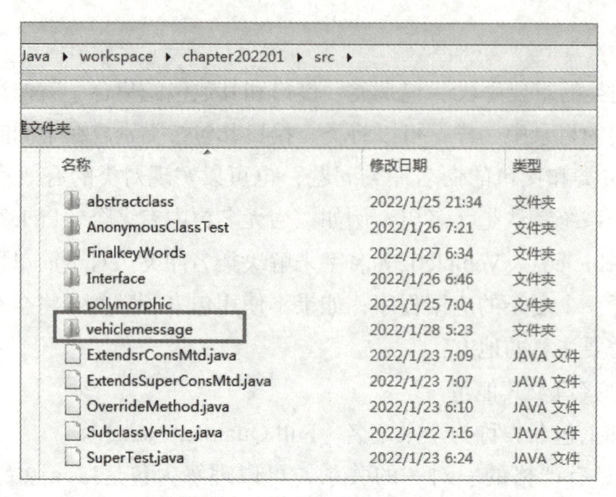

图 5-2　程序所在包目录

图 5-3　编译包下程序

按【Enter】键，在当前目录下查看包名vehiclemessage文件夹，发现该目录下存放了Vehicle.class文件，如图5-4所示。

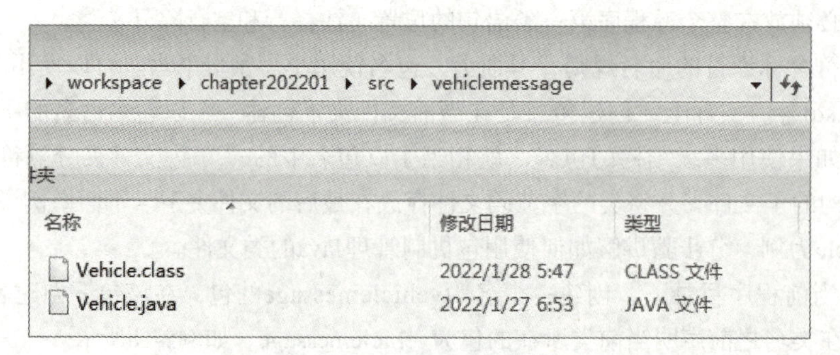

图 5-4　查看包名文件夹

（3）使用java vehiclemessage. Vehicle命令运行图5-4所示的.class文件，需要注意的是，在运行.class

文件时，需要跟上包名。

程序运行结果：

```
D:\programs\Java\workspace\chapter202201\src>java vehiclemessage.Vehicle
这是一辆汽车。
```

程序解析：由此可见，包机制的引入，可以对.class文件进行集中管理。如果没有显示地声明package语句，类则处于默认包下。

在程序开发中，位于不同包中的类经常需要互相调用。例如，分别在目录D:\programs\Java\workspace\chapter202201\src\vehiclemessage下定义一个源文件Car.java，在目录D:\programs\Java\workspace\chapter202201\src\packagetest定义一个源文件PackageDemo.java，如例5-19和例5-20所示。

【例5-19】定义源文件Car.java。

```
package vehiclemessage;
public class Car{
    public void run(){
        System.out.println("轿车可以行驶");
    }
}
```

【例5-20】定义源文件PackageDemo.java。

```
package packagetest;
public class PackageDemo{
    public static void main(String[] args){
        Car c1=new Car();
        c1.run();
    }
}
```

首先需要使用javac vehiclemessage\Car.java编译Car类，编译通过后会产生Car.class文件，如图5-5所示。

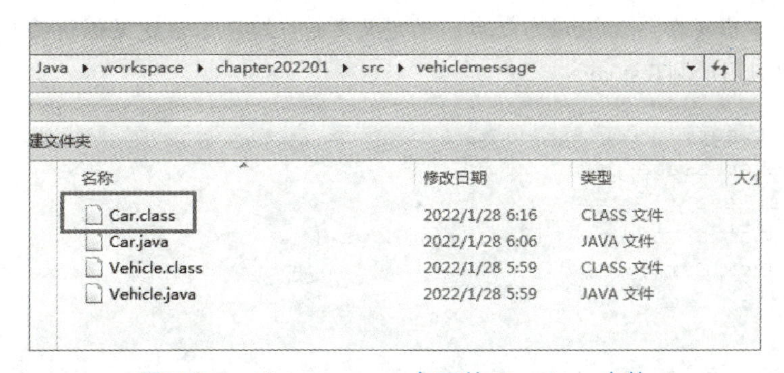

图 5-5　vehiclemessage 包下的 Car.class 文件

接下来使用javac packagetest\PackageDemo.java命令编译PackageDemo.java源文件，这时会编译出错。

程序运行结果：

```
D:\programs\Java\workspace\chapter202201\src>javac packagetest\PackageDemo.java
packagetest\PackageDemo.java:5: 错误: 找不到符号
                Car c1=new Car();
                ^
  符号:   类 Car
  位置: 类 PackageDemo
packagetest\PackageDemo.java:5: 错误: 找不到符号
                Car c1=new Car();
```

程序解析：从报错信息中找不到类Car。这时因为类Car位于vehiclemessage包下，而PackageDemo类位于packagetest包下，两者处于不同的包下，因此，若要在PackageDemo类中访问Car类就需要使用该类的完整类名vehiclemessaget.Car，即包名加上类名。为了解决上例的编译错误，将例5-20中的Car c1=new Car();这行代码进行修改，修改后的代码如下：

```
vehiclemessage.Car c1=new vehiclemessage.Car();
```

重新编译运行PackageDemo类，这时编译通过。

程序运行结果：

```
D:\programs\Java\workspace\chapter202201\src>javac packagetest\PackageDemo.java

D:\programs\Java\workspace\chapter202201\src>java packagetest.PackageDemo
轿车可以行驶
```

程序解析：通过运行结果可以看出，在PackageDemo类中实例化Car类对象时，使用该类的完整类名vehiclemessage.Car，即包名加上类名，编译才能通过。

3. 包的引用

在实际开发中，定义的类都是含有包名，而且还有可能定义很长的包名。为了简化代码，Java中提供了import关键字，使用import关键字可以在程序中一次导入某个包下的类，这样就不必在每次用到该类时都书写完整的类名。具体格式如下：

```
import 包名.*;                    //可以使用包中的所有类
import 包名.类名;                 //只装入包中类名指定的类
```

注意：import通常出现在package语句之后、类定义之前。接下来通过案例说明包的引用。

【例5-21】 包的引用示例Test.java。

```
package cn.itcast;
import vehiclemessage.Car;
public class Test {
    public static void main(String[] args){
     Car c1=new Car();
     c1.run();
    }
}
```

编译运行通过。

程序运行结果：

```
D:\programs\Java\workspace\chapter202201\src>javac packagetest\PackageDemo.java

D:\programs\Java\workspace\chapter202201\src>java packagetest.PackageDemo
轿车可以行驶
```

程序解析：

该例中使用import语句导入了vehiclemessage包中的Car类，这时使用Car类就无须使用包名.类名的方式。如果有时候需要用到一个包中的许多类，则可以使用“import 包名.*;”来导入该包下所有的类。

四、访问控制权限

了解了包的概念，就可以系统地介绍Java中的访问控制级别。在Java中，针对类、成员方法和属性提供了4种访问级别，分别是public、default、protected和private，其中default表示没有修饰符（默认值）。这4个访问修饰符是互斥的，即只能用其中一个，控制级别由大到小依次为：

```
public      default      protected      private
```

1. 对类的访问控制

对于类而言，能使用的访问权限修饰符只有public和default（内部类例外）。如果使用public修饰某个类，则表示该类在任何地方都能被访问。对于public类，应该注意：public类的类名必须与源文件名完全一致；一个源文件中，最多只能有一个public类，否则出现编译错误。如果不写访问权限修饰符，则默认为default类，该类只能在本包中使用。

2. 对类成员的访问控制

对于类的成员（属性和方法）而言，4种访问权限修饰符都可以使用，下面按照权限从大到小的顺序分别进行介绍。

（1）public权限

public权限为公共访问级别权限，这是一个最宽松的访问控制级别，如果类的成员被public访问控制符修饰，那么类的成员能被所有的类访问，不管访问类与被访问类是否在同一个包里。

（2）default权限

default访问权限是指包访问级别，如果类的成员不能使用任何访问控制符修饰，则称为默认访问控制级别，类的成员只能被本包中的类访问。

（3）protected权限

protected是介于public 和 private 之间的一种访问修饰符，一般称为“保护访问权限”。被其修饰的属性及方法能被类本身的方法及同一包下的其他类访问。如果有不同包中的类想调用它们，那么这个类必须是这些成员所属类的子类。

（4）private权限

Java语言中对访问权限限制的最小的修饰符，一般称为“私有的”。被其修饰的属性及方法只能被该类的对象访问，其子类不能访问，更不能允许跨包访问。类的良好封装就是通过private关键字来实现的。

在程序中，假设将类、成员变量和成员方法一律定义为public，则失去了封装的意义；反之都定义成private，数据得到了保护，但是无法使用，这个类就没有存在的意义；若将所有的成员变量定义为私有，则需要通过公有的方法（接口）才能访问这些变量，也比较麻烦。在实际开发中根据实际情况采取适当的访问控制权限。

任务实施

实现思路

（1）改写任务四中的Vehicle类重命名为MotoVehicle，将其定义成抽象类，其中包括品牌、日租金、车牌号码3个属性，对其3个属性进行封装；定义两个构造方法，一个为无参构造方法，另一个为带有品牌、日租金、车牌号3个参数的构造方法；定义一个计算租金的抽象方法。

（2）创建MotoVehicle类的子类：Bus类和Car类，且定义子类构造方法时相比较于父类构造方法多一个统计座位的属性，根据子类的不同重写父类计算租金方法。

（3）创建汽车业务类，实例化Vehicle对象，定义存储车信息数组，轿车包括品牌、日租金、车牌号、型号信息，客车包括品牌、日租金、车牌号、座位数信息；定义提供租赁服务的方法，该方法的参数为品牌、车型、座位，根据用户的租车需求去查找相应车辆，并返回相应车辆信息。

（4）定义测试类汽车租赁管理类，在该类的main()函数中根据用户输入不同的租车条件，调用提供租赁服务的方法，分别在控制台打印输出不同车型、不同天数的租车金额。

任务小结

本任务介绍了继承、多态、抽象类和接口，包的概念和使用，访问控制符等内容。通过本任务的学习，旨在让学生深入理解面向对象的编程思想，并掌握面向对象的核心内容。

自 测 题

任务五

参见“任务五”自测题。

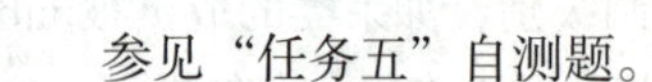

拓展实践——模拟物流快递系统程序设计

网购已成为人们生活的重要组成部分，当人们在网购网站上下订单后，订单中的货物就会在经过一系列的流程后，送到客户的手中。而在送货期间，物流管理人员可以在系统中查看所有物品的物流信息。编写一个模拟物流快递系统的程序，模拟后台系统处理货物的过程。

参考代码见本书配套资源LogisticsExpress文件夹。

面试常考题

（1）简述静态变量和实例变量的区别。

（2）是否可以从一个 static 方法内部发出对非 static 方法的调用?

（3）Overload 和 Override有何区别？ Overloaded 的方法是否可以改变返回值的类型?

（4）接口是否可继承接口?抽象类是否可实现(implements)接口?抽象类是否可继承具体类(concrete class)?抽象类中是否可以有静态的main()方法?

拓展阅读——绿色共享

北京：铸就“双奥之城”

冬奥歌曲《我们北京见》与2008年创作的《北京欢迎你》遥相呼应，不仅唤起了人们关于奥运的温暖记忆，更唱出了北京作为“双奥之城”的荣耀和自信。熊熊燃烧的“鸟巢”主火炬塔再度点亮古都北京，点亮奥林匹克历史上首个“双奥之城”。

北京2022年冬奥会筹办的过程中坚持做“简”法，勤俭节约，充分利用现有条件，最大限度减少浪费。不搞大规模建设，充分利用2008年奥运场馆，既要满足赛会要求，又着眼赛后利用，真正做到简约而不简单。

“国家体育场‘鸟巢’成为唯一举办‘双奥’开幕式和闭幕式的场馆，充分彰显了北京冬奥会可持续发展理念。”同样遵循“‘简’法”理念，北京赛区大部分场馆，都是在现有场馆基础上改造而成，如“冰立方”就是“水立方”创造性变身而来。国家游泳中心冰壶赛场（冰立方）设计总负责人郑方与“水立方”同事一起组建科研团队，采用钢框架结构+预制砼板作为场地基层，“水立方”实现“水冰转换”，中国方案获得成功。

北京冬奥会已成为世界上首个“碳中和”奥运会：充分改造利用“鸟巢”、“水立方”、五棵松等原有奥运场馆；新增场地从设计源头减少对环境的影响；国家速滑馆“冰丝带”等场馆采用二氧化碳跨临界直冷系统制冰，碳排放趋近于零……从申办到筹办，再到如今的成功举办，北京冬奥会始终坚持低碳、可持续的原则，绿色成为最美的底色。

项目实现

通过前面2个任务所学的知识，完成汽车租赁管理系统中的所有功能。

（1）编写Vehicle类，并创建一个测试类，在其main()函数中实例化不同车型的对象，并调用计算租金的方法，分别在控制台打印输出不同车型、不同天数的租车金额。

（2）改写步骤（1）中的Vehicle类重命名为MotoVehicle，将其定义成抽象类，其中包括品牌、日租金、车牌号码3个属性，对其3个属性进行封装；定义两个构造方法，一个为无参构造方法，另一个为带有品牌、日租金、车牌号3个参数的构造方法；定义一个计算租金的抽象方法。

（3）创建MotoVehicle类的子类：Bus类和Car类，且定义子类构造方法时相比较于父类构造方法多一个统计座位的属性，根据子类不同重写父类计算租金的方法。

（4）创建汽车业务类，实例化Vehicle对象，定义存储车信息数组，轿车包括品牌、日租金、车牌号、型号信息，客车包括品牌、日租金、车牌号、座位数信息；定义提供租车服务的方法，该方法的参数为品牌、车型、座位，根据用户的租车条件去查找相应的车辆，并返回相应车辆信息。

（5）定义测试类汽车租赁管理类，在该类的main()函数中根据用户输入不同的租车条件，调用提供租赁服务的方法，分别在控制台打印输出不同车型、不同天数的租车金额。

项目参考代码见本书配套资源“项目二汽车租赁管理系统实现源码java文件”文件夹。

项目总结

通过本项目的学习，学生能够对Java面向对象的思想、类与对象之间的关系及类的封装及使用、构造方法的定义与重载、static关键字的使用及内部类的定义及应用场景、继承、多态、抽象类和接口、包和jar文件的概念和使用、访问控制符等知识点有了深入了解，这是学习Java语言的精髓所在。深入理解面向对象的思想，对以后实际开发大有裨益。

项目三 停车场管理系统

技能目标

- 能熟练使用Java API查阅和使用常用类。
- 具备良好的异常处理能力。

知识目标

- 了解Java API。
- 熟悉Java中常用类的使用方法。
- 了解Java异常及异常处理机制。
- 掌握try...catch...finally语句的用法。
- 掌握throws、throw语句的用法。
- 掌握自定义异常类的创建及使用方法。

项目功能

本项目要搭建一个停车场管理系统，目的是通过本项目的设计与实现，使读者能够利用Java API查阅常用类，理解Java编程中的异常处理机制，能够正确处理Java程序中的异常。

在本系统中，为了便于理解，仅实现停车场管理的一些基本功能，主要包括车辆的进场和出场、查询车在停车场的停放信息、查询车位使用情况、查询便道车位停车情况等。

任务六 利用Java API查阅常用类

任务描述

停车场管理系统中会用到车辆的车牌号信息，而车牌号会包含汉字、大写字母和数字，如果仅用简单变量是无法用一个变量存储多种数据类型的数据，该如何解决呢？此外，对于停车场的基本功能，如车辆进出场、查询停车场车位使用情况等，应该怎样用程序代码来实现？本任务将通过使用Java提供的常用类来解决实际问题，通过对停车场管理系统中信息的存取及基本功能的实现，介绍Java API中常用类的使用方法。

<table>
<tr><td rowspan="8">学习导航</td><td>重　点</td><td>（1）String类的初始化和常见操作；
（2）StringBuffer类；
（3）Math类和Random类；
（4）包装类；
（5）日期相关的类</td></tr>
<tr><td>难　点</td><td>（1）String类和StringBuffer类的用法；
（2）Random类的用法；
（3）包装类的拆箱和装箱过程</td></tr>
<tr><td>推荐学习路线</td><td>从停车场管理系统项目入手，逐步学习Java中提供的常用类的用法，并且学会通过Java API手册查阅常用类并正确使用</td></tr>
<tr><td>建议学时</td><td>4学时</td></tr>
<tr><td>推荐学习方法</td><td>（1）合作探究：通过小组合作的方式，进行停车场管理系统项目的学习与设计，探究Java中常用类的用法，达到对相关知识点的准确掌握；
（2）类比法：包装类的使用方法都是类似的，通过学习Interger类理解拆箱、装箱的原理，进而掌握所有包装类的用法</td></tr>
<tr><td>必备知识</td><td>（1）熟练掌握字符串类、Math类和Random类的使用方法；
（2）了解包装类的概念和使用方法；
（3）熟悉日期相关的类的使用方法</td></tr>
<tr><td>必备技能</td><td>（1）熟练使用Java API查阅常用类；
（2）正确使用Java中提供的类解决项目中的实际问题</td></tr>
<tr><td>素养目标</td><td>（1）养成严谨规范、务实笃行、精益求精的职业态度；
（2）牢固树立规则意识，养成遵守社会秩序和社会规范的良好习惯；
（3）培养有效利用资源的职业素养，建立节约高效的绿色发展理念</td></tr>
</table>

技术概览

Java语言中提供了大量的类库供程序开发者使用，很多程序中要实现的功能和要解决的问题都可以在类库中找到相应的方法，了解类库的结构可以帮助开发者节省大量的编程时间，而且能够使编写的程序更加简单实用。Java中丰富的类库资源也是Java语言的一大特色，是Java程序设计的基础。

相关知识

一、类库概述

知识分布网络

任务六

Java API（Java Application Programming Interface，Java应用程序接口）是Java语言提供的组织成包结构的类和接口的集合，提供了很多类、方法和变量的解释，利用这些类库可以方便快速地实现程序中的各种功能。简单地讲，Java API就是一个帮助文档，让开发者快速了解Java类的属性、方法。如果开发者对要使用的类不熟悉，想查看类中的变量或者方法，就可以打开Java API文档进行查阅。

Java API包含在JDK中，只要安装了JDK运行环境就可以使用，可以快速提高开发人员的编程能力。Java API提供了各种功能的Java类，这些类根据功能划分为不同的集合，每个集合组成一个包。下面介绍一些常用类的用法。

二、字符串类

在应用程序中经常会用到字符串，所谓字符串就是由零个或多个字符组成的序列，必须用双引号括起来，可以包含任意字符。例如，“我正在学习Java程序设计”“鲁F58888”等。Java语言提供了两个处理字符串的类：String类和StringBuffer类，并提供了一系列操作字符串的方法，它们都位于java.lang包中，可以直接使用。

1. String 类的初始化

在Java语言中字符串是当作对象来看待的，如同一般的用类声明和创建对象一样，可以用String类声明和创建字符串。字符串对象必须赋初值以后才能使用，称为String类的初始化，Java语言提供了多种方法对String类进行初始化。

（1）使用字符串常量直接初始化一个String对象。例如：

```
String str1 =null;                              //初始化为null
String str2 ="";                                //初始化为空字符串
String name= "Jack";                            //初始化为abc，其中abc为字符串常量
```

由于String类比较常用，所以在Java中提供了这种简化的语法格式。

（2）使用String类的构造函数初始化字符串对象，语法格式为：

```
String 变量名=new String(字符串) ;
```

Sting类中定义了多个构造函数，其中最常用的是以下3种不同参数类型的构造函数：String()、String(String value)和String(char[] value)。用法示例如下：

- String str1 =new String();　　　　// 使用无参数构造方法
- String str2 =new String("abc");　　　　// 使用字符串作为参数的构造方法
- String str3 =new String(new char[3]);　　　　// 使用字符数组作为参数的构造方法

微课

String 类及其初始化

下面通过一个示例加深对String类初始化方法的理解。

【例6-1】String类初始化示例TestString.java。

```
public class TestString{
    public static void main(String[] args){
        String str1= "abc";                     /直接使用字符串常量初始化
        String str2=null;                       //直接赋值为null
        String str3=" ";                        //用空字符串初始化
        String str4=new String();               //使用无参构造函数初始化
        String str5=new String("abcd");         //使用字符串作为参数初始化
        char charArray[]={ 'A','B','C'};
        String str6=new String(charArray); //使用字符数组作为参数初始化
        System.out.println(str1);
        System.out.println(str2);
        System.out.println(str3);
        System.out.println('a'+str4+'b');
        System.out.println(str5);
```

```
        System.out.println(str6);
    }
}
```

程序运行结果：

```
Problems @ Javadoc Declaration Console
<terminated> TestString [Java Application] C:\Program Files\Java\jre1.8.0_131\bin\javaw.exe
abc
null

ab
abcd
ABC
```

程序解析：程序中分别对几种不同的字符串对象初始化方法给出了示例。其中，第3~5行代码直接使用字符串常量、null、空字符串进行初始化；第6行使用无参构造方法创建的是一个空字符串，所以第一条输出语句中的str1为空（""），当使用连字符“+”连接a和b后，输出的结果为ab。第7行代码使用参数类型为String的构造方法创建了一个内容为abc的字符串，第8、9行代码使用参数类型为字符数组的构造方法创建了一个内容为字符数据的字符串。从运行结果中可以看到，它们最后的输出结果就是存储在字符串对象中的内容。

扩展知识

String 类的常用方法

2. String 类的常见操作

Java语言为字符串提供了非常丰富的操作，String类对每一个操作都提供了对应的方法，这些方法可以通过查阅Java API手册获得，读者可以扫描左侧二维码查看String类的常用方法。这里仅介绍一些常用操作。

（1）获取字符串的长度

使用length()方法可以获取一个字符串的长度。例如：

```
String str="12345";
int len=str. length();          //len的值为5
```

【例6-2】length()方法应用示例Testlength.java。

```
public class Testlength{
    public static void main(String[ ] args){
        String str1="我是学生";        //初始化字符串
        int len=str1. length();
        String str2="abcdefg";
        System.out.println("字符串1的长度为: "+len);
        System.out.println("字符串2的长度为: "+str2.length());
    }
}
```

程序运行结果：

```
Problems @ Javadoc Declaration Console
<terminated> Testlength [Java Application] C:\Program Files\Java\jre1.8.0_131\bin\javaw.exe
字符串1的长度为: 4
字符串2的长度为: 7
```

程序解析：程序的功能是调用length()方法来计算字符串的长度，可以定义一个变量来存储这个值，也可以在输出语句中直接调用，结果是一样的。

（2）连接字符串

字符串的连接有两种方法，可以使用连接运算符“+”，格式为String1+ String2；也可以使用连接方法concat()，格式为String1.concat(String2)。

【例6-3】连接字符串应用示例Testconcat.java。

```
public class Testconcat{
    public static void main(String[ ] args)
    {
        String str1="ABCD";
        String str2="EFG";
        System.out.println(str1+str2);
        str1=str1.concat(str2);
        System.out.println(str1);
    }
}
```

程序运行结果：

```
Problems  @ Javadoc  Declaration  Console
<terminated> Testconcat [Java Application] C:\Program Files\Java\jre1.8.0_131\bin\javaw.exe
ABCDEFG
ABCDEFG
```

程序解析：程序使用两种方法实现了字符串连接，先定义两个字符串进行初始化赋值，然后使用连接运算符“+”和连接方法concat()来实现字符串连接，最后使用输出语句输出结果。

（3）字符串的检索

在程序中经常会遇到获取指定位置的字符串或者查询某个字符在字符串中的位置等操作，String类中同样也提供了实现方法，这里列举几个常用的检索方法。

- charAt() 方法：用于按照索引值获取字符串中的指定字符，语法格式为

```
str. charAt(int index)
```

例如：

```
String str="abc";
char c=str. charAt(1);              //c的值为'b'
```

- indexOf() 方法：用于查找特定字符在当前字符串中第一次出现的位置，没有则返回 -1。语法格式为：

```
str.indexOf(substring,startindex)。
```

例如：

```
String str="abcded";
int index=str. indexOf('d');        //3
int index=str. indexOf('h');        //-1
```

```
int index=str. indexOf('d',4);      //5
```

● lastIndexOf() 方法，用于查找特定字符在当前字符串中最后一次出现的位置。语法格式为：

```
str. lastIndexOf (substring)
```

例如：

```
String str="abcdedcf";
int index=str. indexOf('c');        //6
```

下面通过一个案例演示一个常用的字符串检索操作。

【例6-4】字符串检索操作示例Testindex.java。

```
public class Testindex {
    public static void main(String[] args)
    {
        String str="congratulations ";
        System.out.println("字符串中第一个字符："+str.charAt(0));
        System.out.println("字符a第一次出现的位置："+str.indexOf('a'));
        System.out.println("字符a最后一次出现的位置："+str. lastIndexOf('a'));
    }
}
```

程序运行结果：

```
Problems @ Javadoc Declaration Console
<terminated> Testindex [Java Application] C:\Program Files\Java\jre1.8.0_131\bin\javaw.exe
字符串中第一个字符：c
字符a第一次出现的位置：5
字符a最后一次出现的位置：9
```

程序解析：程序中分别调用了字符串检索的几个方法来分别求出对应的值。

（4）字符串的比较

String类中提供了很多字符串比较的操作方法，例如用startsWith(String str)判断一个字符串的前缀是否以指定字符串开始；用endsWith(String str)判断一个字符串是否以指定字符串结束；用equals(String str)方法比较两个字符串是否相同；用isEmpty()方法判断一个字符串是否为空等。

【例6-5】字符串比较示例Testcompare.java。

```
public class Testcompare {
    public static void main(String[] args)
    {
        String str1="abcdef ";
        String str2="Abcdef";
        System.out.println("字符串str1是否以ab开头："+str1. startsWith ("ab"));
        System.out.println("字符串str1是否以fg结尾："+ str1. endsWith ("fg"));
        System.out.println("字符串str1是否为空："+str1. isEmpty());
        System.out.println("字符串str1和字符串str2是否相等："+str1. equals (str2));
    }
}
```

程序运行结果：

```
Problems @ Javadoc Declaration Console
<terminated> Testcompare [Java Application] C:\Program Files\Java\jre1.8.0_131\bin\javaw.ex
字符串str1是否以ab开头：true
字符串str1是否以fg结尾：false
字符串str1是否为空：false
字符串str1和字符串str2是否相等：false
```

程序解析：程序中通过调用不同的方法实现了一些字符串的比较操作，通过程序运行结果发现，这些方法的返回值都为boolean类型。其中，比较两个字符串是否相等时，是要区分大小写的，示例中两个字符串因为开头的字符大小写不同所以比较结果为false。

比较两个字符串是否相等还可以使用比较运算符“==”，这里需要注意equals(String str)方法和“==”两种比较方式的区别。前者表示所引用的两个字符串的内容是否相同，后者表示str1 与 str2是否引用同一个对象。例如：

```
String str1=new String("abc");
String str2=new String("abc");
System.out.println(str1. equals  (str2));  //结果为true，因为str1和str2字符串
                                           //内容相同
System.out.println(str1==str2);//结果为false，因为str1和str2是两个不同的对象
```

（5）字符串替换和去掉前后空格操作

在程序开发中，可能会遇到输入数据错误或者输入多余空格操作等情况，这时可以用String类提供的replace()和trim()方法来解决。

replace()方法的作用是替换字符串中所有指定的字符，生成一个新的字符串，而原来的字符串不发生变化。trim()方法可以去掉字符串的前后空格而生成一个新的字符串。

【例6-6】字符串替换和去掉前后空格示例Testreplace.java。

```
public class Testreplace {
    public static void main(String[] args)
    {
        String str1="isboy";
        System.out.println("将boy替换成gril的结果为："+str1. replace ("boy","gril"));
        System.out.println("输出字符串str1："+str1);
        String str2="123";
        System.out.println("去掉字符串str2的前后空格："+ str2. trim()+str2);
    }
}
```

程序运行结果：

```
Problems @ Javadoc Declaration Console
<terminated> Testreplace [Java Application] C:\Program Files\Java\jre1.8.0_131\bin\javaw.exe
将boy替换成gril的结果为：isgril
输出字符串str1：isboy
去掉字符串str2的前后空格：123 123
```

程序解析：程序中通过调用replace()方法来替换字符，调用trim()方法来去除前后空格，可以发现，这两个方法都不会改变原字符串的值，而是生成了一个新的字符串。

（6）将字符串转换为字符数组

前面String类的初始化中介绍了可以将字符数组的值赋给一个字符串对象，反过来，字符串可以转换为字符数组，用String类中提供的toCharArray()方法可以实现。其语法格式为：

```
char[] chr =str.toCharArray()
```

【例6-7】字符串转换为字符数组示例TesttoCharArray.java。

```
public class TesttoCharArray{
    public static void main(String[] args)
    {
        String str1="happy";
        System.out.println("将字符串转换为字符数组后输出：");
        char[] charArray=str1.toCharArray();
        for (int i=0;i< charArray.length;i++)
        {
            if (i!=charArray.length-1)
            {
                System.out.print(charArray[i]+"_");
            }
            else
            {
                System.out.print(charArray[i]);
            }
        }
    }
}
```

程序运行结果：

```
Problems  @ Javadoc  Declaration  Console
<terminated> TesttoCharArray [Java Application] C:\Program Files\Java\jre1.8.0_131\bin\java
将字符串转换为字符数组后输出：
h_a_p_p_y
```

程序解析：这个程序实现了将字符串转换成一个字符数组来存储，在用for循环语句输出转换后的字符数组元素时，加上一个if...else判断语句，如果不是最后一个元素就输出一个“_”，从而使得输出结果更加清晰。

练一练

编写程序统计字符串中字母和数字的个数

3. StringBuffer 类

String类是字符串常量，一旦创建了，其长度和内容是不可更改的，如果需要对字符串进行修改，就只能创建新的字符串对象。为了解决这个问题，让程序编写更加灵活，Java语言提供了另一种存储和操作字符串的类，即StringBuffer类。StringBuffer类与String类最大的区别在于它的内容和长度可以改变，可以当作一个字符串变量来使用。

对于初学者来说，使用StringBuffer类和String类时很容易混淆，扫描二维码可以查看二者的不同之处。

StringBuffer类有3种常用的构造函数：StringBuffer()用来创建一个空的StringBuffer对象；StringBuffer(int length) 用于创建以length指定的长度创建StringBuffer对象；StringBuffer(String str)用于创建以指定的字符串str为初始值的StringBuffer对象。例如：

```
StringBuffer str1=new StringBuffer();//str1为一个空的字符串，初始长度为16
StringBuffer str2=new StringBuffer(32);//str2为一个空的字符串，长度为32
StringBuffer str3=new StringBuffer(" abcd");//str3内容为abcd，初始长度为16
```

注意：与String类不同，必须使用StringBuffer类的构造函数创建对象，不能直接定义StringBuffer类型的变量。

StringBuffer类提供了一系列的方法用来实现字符串的修改、删除、替换等操作，具体使用方法都可以通过Java API手册进行查阅，这里只列举几个常用的方法。

微课

StingBuffer 类及应用示例

（1）添加字符

StringBuffer类中提供了两种常用的字符添加方法：append()方法和insert()方法。其中append(char c)方法是将指定字符串作为参数添加到StringBuffer对象的尾处，类似于字符串的连接；而insert(int offset,String str)则是将字符串str插入到指定的offset位置。

【例6-8】添加字符示例Testadd.java。

```
public class Testadd {
    public static void main(String[] args)
    {
        StringBuffer sb= new StringBuffer();//定义一个StringBuffer对象
        sb. append("abcd");                //添加字符串
        System.out.println("append添加后的结果为: "+ sb);
        sb. insert(1,"eee");
        System.out.println("insert添加后的结果为: "+ sb);
        sb. append("123");
        System.out.println("再次append添加后的结果为: "+ sb);
    }
}
```

程序运行结果：

```
Problems  @ Javadoc  Declaration  Console
<terminated> Testadd [Java Application] C:\Program Files\Java\jre1.8.0_131\bin\javaw.exe
append添加后的结果为: abcd
insert添加后的结果为: aeeebcd
再次append添加后的结果为: aeeebcd123
```

程序解析：程序演示了向StringBuffer对象添加数据的方法，首先定义一个空的StringBuffer对象，然后分别用append()方法和insert()方法来追加字符串，第一次append()方法将"abcd"添加到空字符串的尾处，所以输出结果为abcd；第二次insert()方法将"eee"插入到字符串"abcd"中位置为1的地方，因为是从0开始计算的，所以输出结果为"aeeebcd"，当再次执行append()方法时，相当于在字符串"aeeebcd"尾处再追加字符串"123"，所以最后输出结果为aeeebcd123。

（2）删除字符

StringBuffer类中提供了两种常用的删除字符的方法：deleteCharAt()方法和delete()方法。deleteCharAt(int index)方法是删除指定位置的字符，而delete (int start,int end)是指删除指定范围的字符或者字符串，包含start，不包含end索引值的区间。

【例6-9】删除字符示例Testdelete.java。

```
public class Testdelete{
    public static void main(String[] args)
    {
        StringBuffer sb=new StringBuffer("happy123");
        sb. delete (1,4);                          //指定范围删除
        System.out.println("删除指定范围后的结果："+ sb);
        sb. deleteCharAt (3);                      //指定位置删除
        System.out.println("删除指定位置后的结果："+ sb);
        sb. delete (0,sb.length());                //清空所有字符
        System.out.println("删除所有字符的结果："+ sb);
    }
}
```

程序运行结果：

```
Problems @ Javadoc Declaration Console
<terminated> Testdelete [Java Application] C:\Program Files\Java\jre1.8.0_131\bin\javaw.exe
删除指定范围后的结果：hy123
删除指定位置后的结果：hy13
删除所有字符的结果：
```

程序解析：程序实现了以不同的方式删除StringBuffer对象的字符，第一次删除使用sb. delete(1,4)将字符串"happy123"中第1~4位包含1不包含4的位置区间内的字符，所以删除后的结果为hy123；第二次删除使用sb.deleteCharAt(3)将 hy123中第三位字符删除，所以输出结果为hy13；最后一次删除，是delete()方法的一种特殊使用方式，实现清空字符串中的所有字符。

（3）修改字符

对字符串的常用操作除了添加、删除之外，用得最多的还有修改操作。在StringBuffer类中同样也提供了修改字符的方法，常用的有两种：一种是replace(int start,int end,String s)方法，用于在StringBuffer对象中替换指定的字符或字符串，将从start开始到end-1结束的区间内的字符串用字符串s代替；另一种是setCharAt(int index,char ch)方法，用于修改指定位置index处的字符，用char指定的字符来代替。

【例6-10】修改字符示例TestModifyCharacte.java。

```
public class TestModifyCharacte{
    public static void main(String[] args)
    {
        StringBuffer sb= new StringBuffer("abcdefg");
        sb.replace (1,4,"aaa");
        System.out.println("修改指定范围字符串的结果："+ sb);
        sb.setCharAt (2,'b');
        System.out.println("修改指定位置字符串的结果："+ sb);
```

```
        }
    }
```

程序运行结果：

```
Problems  @ Javadoc  Declaration  Console
<terminated> TestModifyCharacte [Java Application] C:\Program Files\Java\jre1.8.0_131\bin\
修改指定范围字符串的结果：aaaaefg
修改指定位置字符串的结果：aabaefg
```

程序解析：这个程序的功能为修改StringBuffer对象，调用sb.replace(1,4,"aaa")将字符串"abcdefg"从1到4位且不包括第4位区间内的字符串用"aaa"代替，所以输出结果为aaaaefg；调用sb.setCharAt (2,"b")将"aabaefg"字符串第二位上的字符用"b"来替换，所以输出结果为aabaefg。

在StringBuffer类中除了上面所讲的这几种常用方法，还有很多其他方法，例如，revers()方法用于字符串的反转输出，toString()方法返回缓冲区的字符串等，使用都非常简单，这里不再赘述。

三、Math 类与 Random 类

在程序开发过程中，往往会遇到一些数学运算的问题，Java中同样为这类问题提供了一些类，这里介绍比较常用的Math类与Random类。

1. Math 类

Math类是Java类库中所提供的一个数学操作类，包含了一组基本的数学运算方法和常量。Math类是最终类，其中所包含的所有方法都是静态方法。由于Math类比较简单，可以通过查阅Java API手册学习它的用法。

【例6-11】 Math类应用示例MathTest.java。

```
public class MathTest {
    public static void main(String[ ] args)
    {
        System.out.println("计算绝对值: "+Math.abs(-10.4));
          System.out.println("求大于参数的最小整数: "+Math.ceil(-10.1));
          System.out.println("求大于参数的最小整数: "+Math.ceil(10.7));
          System.out.println("求小于参数的最大整数: "+Math.floor(-5.6));
          System.out.println("求小于参数的最大整数: "+Math.floor(5.6));
          System.out.println("求两个数的较大值: "+Math.max(10.7, 10));
          System.out.println("求两个数的较小值: "+Math.min(10.7, 10));
          System.out.println("rint四舍五入的结果: "+Math.rint(10.5));
          System.out.println("rint四舍五入的结果: "+Math.rint(10.7));
          System.out.println("round四舍五入的结果: "+Math.round(10.5));
          System.out.println("round四舍五入的结果: "+Math.round(10.7));
          System.out.println("生成一个随机数: "+Math.random());
    }
}
```

程序运行结果：

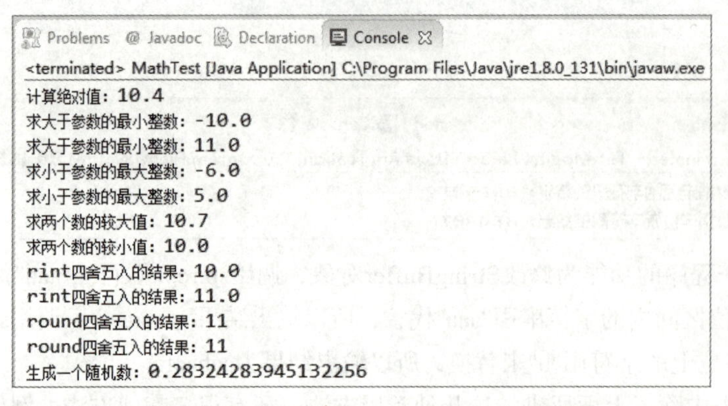

程序解析：本程序中对Math类的常用方法进行了演示，很容易读懂，这里需要注意的是使用rint()方法进行四舍五入时，返回值为double类型，且遇到“.5”的时候会取偶数，而使用round()方法进行四舍五入时返回int类型值，小数点的取舍与数学运算中的规则相同。

扩展知识

math类中的random()方法

2. Random 类

在实际项目开发过程中，经常会需要产生一些随机数值，例如网站登录时的校验数字等。在java.util包中专门提供了一个和随机处理相关的Random类，其中包含了生成随机数字的相关方法。

Random类与Math类中产生随机数的random()方法是不同的，random()方法是默认随机产生一个大于等于0.0且小于1.0的随机数值，而Random类实现的随机算法是伪随机，也就是有规则的随机。关于math类中的random()方法产生随机数的用法，可以扫描二维码查看。

随机算法的起源数字称为种子数（Seed），在种子数的基础上进行变换，产生需要的随机数，所以，相同种子数的Random对象，相同次数生成的随机数字是完全相同的，这点需要特别注意。

（1）Random类的构造方法

Random类提供了两个构造方法：Random()和Random(long seed)。

Random()方法是一个无参的构造方法，用于创建一个伪随机数生成器，该构造方法会使用当前系统时间距离1970年1月1日0时0分0秒的毫秒数作为种子数，然后使用这个种子数创建Random对象，所以每个对象所产生的随机数是不同的。例如：

```
Random r=new Random();
```

Random(long seed)则是使用一个long型的种子创建一个伪随机数发生器。例如：

```
Random r=new Random(10);
```

（2）Random类中的常用方法

相对于random()方法而言，Random类提供了更多的方法来生成各种伪随机数，例如可以使用nextBoolean()方法来生成boolean类型的随机数，使用nextDouble()产生double类型的随机数，使用nextInt()产生int类型的随机数，使用nextInt(int n)产生0~n之间的int类型的随机数等。

【例6-12】随机数生成示例Randomtest1.java。

```
import java.util.Random;
```

```
public class Randomtest1
{
    public static void main(String[ ] args)
    {
        Random r=new Random();   //实例化一个Random类
        for(int x=0;x<8;x++)
        {
            System.out.println(r.nextInt(50));
        }
    }
}
```

程序运行结果：

```
Problems  @ Javadoc  Declaration  Console
<terminated> Randomtest1 [Java Application] C:\Program Files\Java\jre1.8.0_131\bin\javaw.ex
25
33
6
25
0
23
7
31
```

将程序再运行一次，将得到不同的结果。

程序运行结果：

```
Problems  @ Javadoc  Declaration  Console
<terminated> Randomtest1 [Java Application] C:\Program Files\Java\jre1.8.0_131\bin\javaw.ex
38
23
28
2
15
3
35
49
```

程序解析：程序利用无参的构造函数Random()来产生8个0~50之间的随机整数，从运行结果来看，程序执行两次产生的随机序列是不同的。

【例6-13】随机数生成示例Randomtest2.java。

```
import java.util.Random;
public class Randomtest2{
    public static void main(String[] args)
    {
        Random r=new Random(13);
        for(int x=0;x<10;x++)
        {
            System.out.println(r.nextInt(100));
        }
    }
}
```

程序运行结果：

随机数生成示例

```
Problems  @ Javadoc  Declaration  Console
<terminated> Randomtest2 [Java Application] C:\Program Files\Java\jre1.8.0_131\bin\javaw.ex
92
0
75
98
63
10
93
13
56
14
```

同样，将程序再运行一次，得到相同的结果。

程序运行结果：

```
Problems  @ Javadoc  Declaration  Console
<terminated> Randomtest2 [Java Application] C:\Program Files\Java\jre1.8.0_131\bin\javaw.e
92
0
75
98
63
10
93
13
56
14
```

程序解析：该程序利用有参数的构造函数Random(long seed)来产生10个0~100之间的随机整数，从运行结果来看，程序执行两次产生的随机序列是相同的。可以得出，如果在生成随机数时指定了相同的种子数，则每个实际对象所产生的随机序列就是相同的。

【例6-14】随机数生成示例Randomtest3.java。

```
import java.util.Random;
public class Randomtest3{
    public static void main(String[] args)
    {
        Random r=new Random();  //实例化一个Random类
        System.out.println("产生bollean类型的随机数："+r.nextBoolean());
        System.out.println("产生int类型的随机数："+r.nextInt());
        System.out.println("产生大于等于0小于10的int类型随机数："+r. nextInt (10));
        System.out.println("产生float类型的随机数："+r.nextFloat());
        System.out.println("产生double类型的随机数："+r.nextDouble());
    }
}
```

程序运行结果：

```
Problems  @ Javadoc  Declaration  Console
<terminated> Randomtest3 [Java Application] C:\Program Files\Java\jre1.8.0_131\bin\javaw.ex
产生bollean类型的随机数：true
产生int类型的随机数：-2128201329
产生大于等于0小于10的int类型随机数：3
产生float类型的随机数：0.8478724
产生double类型的随机数：0.23640067887559857
```

程序解析：程序中通过实例化一个Random类创建一个伪随机数发生器，分别调用不同的方法nextBoolean()、nextInt()、nextFloat()、nextDouble()来生成不同类型的随机数，得到运行结果。

四、包装类

Java语言是一种面向对象的编程语言，但是Java中的基本数据类型却不是面向对象的。很多类和方法都需要接收引用类型的对象，这样就无法将一个基本数据类型的数值传入，为了解决这个不足，在设计类时为每个基本数据类型都设计了一个对应的类，将基本数据类型的值包装为引用数据类型的对象，称为包装类。

基本数据类型对应的包装类见表6-1。

表 6-1　基本数据类型对应的包装类

基本数据类型	包 装 类	基本数据类型	包 装 类
byte	Byte	int	Integer
boolean	Boolean	long	Long
short	Short	float	Float
char	Character	double	Double

由表6-1可以看出，除了Integer类和Character类，其他包装类的名称与其对应的基本数据类型是一致的，只需要将首字母改为大写即可。

包装类的主要用途有两点：一是基本数据类型和引用数据类型的转换；二是包含每种基本数据类型的相关属性，如最大值、最小值等，以及相关的操作方法。

8个包装类的使用是非常类似的，本节仅以最常用的Integer类为例介绍包装类的使用方法。

1. Integer 类的构造方法

Integer类的构造方法有两种：

（1）以int类型的变量作为参数创建Integer对象。例如：

```
Integer number=new Integer(10);
```

（2）以String类型的变量作为参数创建Integer对象。例如：

```
In teger number=new Integer("10");
```

将int基本类型的数据转换为Integer类型时，就是将int类型的值作为参数传入，创建Integer对象。

【例6-15】类型转换示例IntegerTest1.java。

```
public class IntegerTest1{
    public static void main(String[] args)
    {
        int n=10;                    //定义一个基本类型的变量n，并赋值为10
        Integer in=new Integer(n);   //将基本类型的变量n赋给Integer类型的变量in
        System.out.println(in.toString());
    }
}
```

程序运行结果：

```
Problems  @ Javadoc  Declaration  Console ⊠
<terminated> IntegerTest1 [Java Application] C:\Program Files\Java\jre1.8.0_131\bin\javaw.exe
10
```

程序解析：程序实现了int基本类型数据转换为Integer类型，将int型变量n作为参数传入构造方法来创建Integer对象，从而转换成了Integer类型，然后通过调用toString()方法将Integer值以字符串的形式输出。

2. Integer 类的常用方法

Integer类中包含了很多方法，主要涉及Integer类型与其他类型之间的转换、Integer类型与字符串以及基本数据类型之间的转换等，下面列举几个常用的方法，见表6-2。

表 6-2　Integer 类中的常用方法

方 法 名	功 能 描 述
byteValue()	以 byte 类型返回此 Integer 值
intValue()	以 int 型返回此 Integer 对象
toString()	返回一个表示该 Integer 值的 String 对象
valueOf(String str)	返回保存指定的 String 值的 Integer 对象
parseInt(String str)	返回由 str 指定字符串转换成的 int 数值

【例6-16】Integer类的方法应用示例IntegerTest2.java。

```
public class IntegerTest2{
    public static void main(String[] args)
    {
        String str[]={"66","65","64","63"};        //定义字符型数组并赋值
        int sum=0;
        for(int i=0;i<str.length;i++)
        {
            int myint=Integer.parseInt(str[i]);   //将字符串转换为int类型
            sum=sum+myint;
        }
        System.out.println("各数值相加后的结果为: "+sum);
    }
}
```

程序运行结果：

```
Problems  @ Javadoc  Declaration  Console ⊠
<terminated> IntegerTest2 [Java Application] C:\Program Files\Java\jre1.8.0_131\bin\javaw.exe
各数值相加后的结果为: 258
```

程序解析：程序演示了parseInt()方法的用法，首先定义了一个由数字字符构成的字符串，调用静态方法parseInt()将这个字符串形式的数值转换成int类型，转换之后求和，从而得到最终结果。

【例6-17】Integer类的方法应用示例IntegerTest3.java。

```
public class IntegerTest3{
    public static void main(String[] args)
    {
        Integer in=new Integer(30); //创建Integer对象in，并赋值为30
        int m=20;
        int n=in.intValue()+m;      //调用intValue()方法进行类型转换，并求和
        System.out.println(n);
    }
}
```

程序运行结果：

```
Problems @ Javadoc Declaration Console
<terminated> IntegerTest3 [Java Application] C:\Program Files\Java\jre1.8.0_131\bin\javaw.ex
50
```

程序解析：程序演示了intValue()方法的用法，首先创建了一个Integer对象in，然后调用intValue()方法将Integer类型的in转换成int类型，值为30，所以求和后的结果为50。

以上演示了Integer类的具体用法，其他的包装类与其类似，但是在使用时需要注意以下几点：

（1）除了Character类，包装类都包含valueOf(String str)方法，使用这个方法时要注意字符串str不能为null，而且字符串必须是可以解析为相同基本类型的数据。

（2）除了Character类，包装类都包含parseXxx(String str)方法，用来将字符串转换成对应的基本类型数据，使用这个方法时同样要注意字符串str不能为null，而且字符串必须是可以解析为相同基本类型的数据，否则程序运行时会报错。

需要特别指出的是，自从JDK5.0版本以后，引入了自动拆箱和装箱机制，什么是装箱和拆箱呢？装箱就是将基本数据类型转换成引用数据类型，反过来，拆箱就是将引用数据类型转换成基本数据类型。代码示例如下：

```
int m=12;
Integer in=m;    //自动装箱：int类型会自动转换成Integer类型
int n=in;        // 自动拆箱：Integer类型会自动转换成int类型
```

所以，在进行基本数据类型和包装类型转换时，系统将自动进行，方便了程序开发。

五、日期相关的类

Java中提供了一些处理日期时间的类，常用的有java.util.Date、java.util.Calendar、java.text.DateFormat类，利用这些类提供的方法，可以获取当前日期和时间、创建日期和时间参数，以及计算和比较时间等。

1. Date 类

Date类位于java.util包中，用于表示日期和时间。由于在设计之初没有考虑国际化的问题，Date类中的很多方法都已经过时，只有两个构造方法使用得比较多：一个是Date()，用于创建一个精确到毫秒的当前日期时间的对象；另一个是Date(long date)，用于创建用参数date指定时间的对象，date表示从1970年01月01日00时（格林尼治时间）开始以来的毫秒数。如果运行 Java 程序的本地时区是北京时区（与

格林尼治时间相差 8 小时），使用语句Date dt1=new Date(1000);创建一个对象，那么对象 dt1 就是1970年01月01日08时00分01秒。

【例6-18】Date类的用法示例Datetest.java。

```
import java.util.*;
public class Datetest
{
    public static void main(String[ ] args)
    {
        Date da1=new Date();                    //用无参构造函数创建时间对象da1
        System.out.println("da1值为: "+da1);
        Date da2=new Date(1170687005390L); //用有参构造函数创建时间对象da2
        System.out.println("da1值为: "+da2);
    }
}
```

程序运行结果：

```
Problems @ Javadoc Declaration Console
<terminated> Datetest [Java Application] C:\Program Files\Java\jre1.8.0_131\bin\javaw.exe
da1值为: Thu Feb 17 13:59:13 CST 2022
da1值为: Mon Feb 05 22:50:05 CST 2007
```

程序解析：程序中分别用两种构造函数来创建时间对象，da1采用无参数的构造函数Date()，用来输出系统当前的日期时间信息，da2采用有参数的构造函数Date(1170687005390L)用来输出距离1970年01月01日00时1170687005390L毫秒后的日期时间。

2. Calendar 类

Calendar类用于日期时间的各种计算，它提供了很多方法可以设置和读取日期的特定部分，允许把以毫秒为单位的时间转换成一些有用的时间组成部分。Calendar类是一个抽象类，不能直接创建对象，在程序中通过调用静态方法getInstance()获得代表当前日期的Calendar对象。格式如下：

```
Calendar calendar=Calendar. getInstance();
```

Calendar类定义了YEAR、MONTH、DAY、HOUR、MINUTE、SECOND等许多成员变量，调用get()方法可以获取这些成员变量的数值。其中，在使用MONTH字段时要注意，月份的起始值是从0开始，而不是从1开始，例如现在是10月份，获取的MONTH字段的值应该是9。

同时，Calendar类中为操作日期和时间提供了大量的方法，见表6-3。

表 6-3　Calendar 类的常用方法

方 法 名	功 能 描 述
int get(int field)	返回指定日历字段的值
void add(int field,int amount)	根据日历的规则，为指定的日历字段增加或者减去指定的时间量
void set(int field,int value)	为指定日历字段设置指定值
void set(int year,int month,int date)	设置 Calendar 对象的年、月、日 3 个字段的值

接下来通过几个案例来学习Calendar类的用法。

【例6-19】Calendar类用法示例Calendartest1.java。

```
import java.util.*;
public class Calendartest1{
    public static void main(String[] args)
    {
        Calendar calendar=Calendar.getInstance();   //创建Calendar对象
        int year=calendar.get(Calendar.YEAR);
        int month=calendar.get(Calendar.MONTH) + 1;
        int date=calendar.get(Calendar.DATE);
        int hour=calendar.get(Calendar.HOUR);
        int minute=calendar.get(Calendar.MINUTE);
        int second=calendar.get(Calendar.SECOND);
        System.out.println("现在是"+year+"年"+month+"月"+date+"日"+hour+"
时"+minute+"分"+second+"秒");
    }
}
```

微课

Calendar 类应用示例

程序运行结果：

```
Problems @ Javadoc Declaration Console
<terminated> Calendartest1 [Java Application] C:\Program Files\Java\jre1.8.0_131\bin\javaw.ex
现在是2022年2月17日2时1分5秒
```

程序解析：程序功能为获取当前计算机的日期和时间，首先通过静态方法getInstance()创建一个Calendar类对象calendar获取当前计算机的日期和时间，然后利用calendar对象调用get()方法来获取成员变量的值，最后输出结果。

【例6-20】Calendar类用法示例Calendartest2.java。

```
import java.util.*;
public class Calendartest2{
    public static void main(String[] args)
    {
        Calendar calendar=Calendar.getInstance();           //创建Calendar对象
        calendar.add(Calendar.YEAR, 1);                     //调用add()方法将年份加1
        int year=calendar.get(Calendar.YEAR);
        int month=calendar.get(Calendar.MONTH)+1;
        int date=calendar.get(Calendar.DATE);
        System.out.println("一年后的今天："+year+"年"+month+"月"+date+"日");
    }
}
```

程序运行结果：

```
Problems @ Javadoc Declaration Console
<terminated> Calendartest2 [Java Application] C:\Program Files\Java\jre1.8.0_131\bin\javaw.
一年后的今天：2023年2月17日
```

程序解析：程序功能为获取一年后的今天的日期，首先通过静态方法getInstance()创建一个Calendar

类对象calendar获取当前计算机的日期和时间，然后调用add()方法来实现年份加1，再调用get()方法获取对象calendar各成员变量的值，最后输出结果。同样，也可以使用add()方法来求出几个月或者几天后的日期。

【例6-21】Calendar类用法示例Calendartest3.java。

```
import java.util.*;
public class Calendartest3{
    public static void main(String[] args)
    {
        Calendar calendar = Calendar.getInstance();      //创建Calendar对象
        calendar.set(Calendar.YEAR, 2022);               //调用set()方法设置年月日
        System.out.println("现在是" + calendar.get(Calendar.YEAR) + "年");
        calendar.set(2022, 2, 8);
        int year = calendar.get(Calendar.YEAR);
        int month = calendar.get(Calendar.MONTH);
        int date = calendar.get(Calendar.DATE);
        System.out.println("现在是" + year + "年" + month + "月" + date+ "日");
    }
}
```

程序运行结果：

```
Problems  @ Javadoc  Declaration  Console
<terminated> Calendartest3 [Java Application] C:\Program Files\Java\jre1.8.0_131\bin\javaw.
现在是2022年
现在是2022年2月8日
```

扩展知识

Calendar 日历容错模式与非容错模式

程序解析：程序功能为设置日期时间，首先通过静态方法getInstance()创建一个Calendar类对象calendar，然后调用set()方法来设置年月日信息，最后输出结果。

3. DateFormat 类

DateFormat类是一个日期的格式化类，位于java.test包中，专门用于将日期格式化为字符串或者将特定格式显示的日期字符串转换成一个Date对象。DateFormat类也是一个抽象类，不能直接实例化，但它提供了一些静态方法来获取DateForma类的实例对象，并能调用其他相应的方法进行操作。

DateForma类提供的常用方法如表6-4所示。

表 6-4 DateForma 类的常用方法

方 法 名	功 能 描 述
static DateFormat getDateInstance()	用于创建默认语言环境和格式化风格的日期对象
static DateFormat getDateInstance(int style)	用于创建默认语言环境和指定风格的日期对象
static DateFormat getDateTimeInstance()	用于创建默认语言环境和格式化风格的日期时间对象
static DateFormat getDateTimeInstance(int dateStyle, int timeStyle)	用于创建默认语言环境和指定格式化风格的日期时间对象
String format(Date date)	将一个 Date 对象格式化为日期时间字符串
Date parse（String source）	将字符串转换为一个日期

表6-4中列出了DateFormat类的4种静态方法，可以用于获取DateFormat类的实例对象，每种方法返回的对象具有不同的作用，它们可以分别对日期或者时间部分进行格式化。除此之外，DateFormat类中还有一些其他的方法，用于格式化处理，例如，format(Date date)方法可以将一个Date对象格式化为日期时间字符串；parse（String source）方法可以将字符串转换为一个日期。

在DateFormat类中定义了4个常量FULL、LONG、MEDIUM和SHORT，用于作为参数传递给静态方法，其中FULL表示完整格式，LONG表示长格式，MEDIUM表示普通格式，SHORT表示短格式。

【例6-22】 DateFormat类的具体用法示例DateFormattest.java。

```
import java.util.*;
import java.text.*;
public class DateFormattest{
    public static void main(String[] args)
    {
        Date date=new Date();        //创建Date对象
        DateFormat shortFormat=DateFormat.getDateTimeInstance(DateFormat.SHORT,
DateFormat.SHORT);                   //创建short格式的日期时间对象
        //创建medium格式的日期时间对象
        DateFormat mediumFormat=DateFormat.getDateTimeInstance(DateFormat.
MEDIUM, DateFormat.MEDIUM);
        //创建long格式的日期时间对象
        DateFormat longFormat=DateFormat.getDateInstance(DateFormat.LONG);
        //创建full格式的日期时间对象
        DateFormat fullFormat=DateFormat.getDateTimeInstance(DateFormat.
FULL,DateFormat.FULL);
        System.out.println("当前日期的短格式为："+shortFormat.format(date));
        System.out.println("当前日期的普通格式为："+mediumFormat.format(date));
        System.out.println("当前日期的长格式为："+longFormat.format(date));
        System.out.println("当前日期的完整格式为："+fullFormat.format(date));
    }
}
```

程序运行结果：

```
Problems  @ Javadoc  Declaration  Console
<terminated> DateFormattest [Java Application] C:\Program Files\Java\jre1.8.0_131\bin\javaw.
当前日期的短格式为：22-2-17 下午2:07
当前日期的普通格式为：2022-2-17 14:07:03
当前日期的长格式为：2022年2月17日
当前日期的完整格式为：2022年2月17日 星期四 下午02时07分03秒 CST
```

程序解析：这个程序演示了4种不同格式的输出结果，调用getDateInstance()获得实例对象，对日期进行格式化，调用getDateTimeInstance()方法获得实例对象用于对日期和时间进行格式化。

练一练

将日期格式的字符串转换为Date对象

练一练： 通过查阅Java API，尝试使用DateFormat中的parse（String source）方法，将字符串解析成Date对象。

4. SimpleDateFormat类

在使用DateFormat对象的parse()方法将字符串转换成日期格式时，需要输入固定格式的字符串，显

微课

SimpleData Format 类应用示例

然是不够灵活的。因此，Java提供了一个SimpleDateFormat类，它是DateFormat类的子类，用于对日期字符串进行解析和格式化输出。

SimpleDateFormat类可以使用new关键字创建实例对象，它的构造方法为：SimpleDateFormat(String pattern)，需要接收一个表示日期格式模板的字符串作为参数，代码示例：

```
SimpleDateFormat("yyyy-MM-dd HH:mm:ss")
```

在创建SimpleDateFormat对象时，只要传入合适的格式化字符串，就能转换成各种格式的日期或者将日期格式转换成任何形式的字符串。下面通过一个案例学习具体的用法。

【例6-23】SimpleDateFormat类应用示例SimpleDateFormattest1.java

```
import java.util.*;
import java.text.*;
public class SimpleDateFormattest1{
    public static void main(String[] args)
    {
        //创建Date对象
        Date date = new Date();
        //创建不同格式的SimpleDateFormat对象
        SimpleDateFormat dateFormat = new SimpleDateFormat("EE-MM-dd-yyyy");
        SimpleDateFormat format1 = new SimpleDateFormat("yyyy-MM-dd");
        SimpleDateFormat format2 = new SimpleDateFormat("yyyy-MM-dd HH:mm:ss");
        //按SimpleDateFormat对象的日期模板格式化Date对象
        System.out.println(dateFormat.format(date));
        System.out.println(format1.format(date));
        System.out.println(format2.format(date));
    }
}
```

程序运行结果：

```
Problems  @ Javadoc  Declaration  Console
<terminated> SimpleDateFormattest1 [Java Application] C:\Program Files\Java\jre1.8.0_131\bi
星期四-02-17-2022
2022-02-17
2022-02-17 14:08:48
```

程序解析：程序实现了将格式化的字符串转换成不同格式的日期输出。在创建SimpleDateFormat对象时分别传入3种不同的日期格式模板EE-MM-dd-yyyy、yyyy-MM-dd和yyyy-MM-dd HH:mm:ss，然后调用SimpleDateFormat类的format()方法，将Date对象获取的当前日期时间转换成这3种不同的模板格式的时间形式。

下面再通过一个案例演示一下使用SimpleDateFormat类将指定日期格式的字符串转换成Date对象。

【例6-24】SimpleDateFormat类应用示例SimpleDateFormattest2.java。

```
import java.util.*;
import java.text.*;
public class SimpleDateFormattest2{
```

```
public static void main(String[] args) throws Exception
    {
        //定义一个日期格式的字符串
        String dateStr = "2020-8-8";
        //创建一个SimpleDateFormat对象并指定日期格式
        SimpleDateFormat df = new SimpleDateFormat("yyyy-MM-dd");
        //将字符串转换成Date对象
        System.out.println(df.parse(dateStr));
    }
}
```

程序运行结果：

```
Problems  @ Javadoc  Declaration  Console
<terminated> SimpleDateFormattest2 [Java Application] C:\Program Files\Java\jre1.8.0_131\bir
Sat Aug 08 00:00:00 CST 2020
```

程序解析：程序实现了将指定日期格式的字符串转换成Date对象。创建了 SimpleDateFormat对象传入yyyy-MM-dd格式字符串作为参数，然后调用SimpleDateFormat类的parse()方法，将日期格式的字符串"2020-8-8"转换成Date对象。

任务实施

实现思路

（1）停车场信息管理系统主界面设置5个功能选项，分别为：1—初始化、2—进车、3—出车、4—查询、5—退出，输入不同的数字代表进入不同的功能模块。

（2）对车牌信息的存储需要用String类来实现。

（3）读入数据时，使用BufferedReader类，先把字符读到缓存，当缓存满了再读入内存，以此来提高系统运行效率。

（4）为了便于功能的区分，将具有增、删、改、查功能的代码分别封装到不同的方法中，将完整独立的功能分离出来，在实现项目时只需要在程序的main()方法中调用这些方法即可。

任务小结

Java API类库包含非常丰富的类和方法，熟练使用可以大大提高程序人员的开发能力和效率。本任务介绍了Java API类库的一些常用类的使用方法，并给出了相应的程序示例，学生在学习本章内容时除了掌握知识点，更重要的是学会通过Java API手册查阅类并正确使用，做到触类旁通，举一反三。

自 测 题

自测题

任务六

参见“任务六”自测题。

拓展实践——记录一个子串在整串中出现的次数

编写一个程序，记录一个子串在整串中出现的次数，例如记录子串"nba"在整串

"nbaernbatnbaynbauinbaopnba"中出现的次数，通过观察可知子串"nba"出现的次数为6。要求使用String类的常用方法来计算出现的次数。

参考代码见本书配套资源StringTest.java文件。

面试常考题

（1）String 是最基本的数据类型吗？

（2）String s = "Hello";s = s + " world!";这两行代码执行后，原始的 String对象中的内容到底变了没有？

（3）是否可以继承 String 类？

（4）简述String 和 StringBuffer 的区别。

拓展阅读——务实笃行

工欲善其事，必先利其器

《论语·卫灵公》中，子曰："工欲善其事，必先利其器。"这句话的含义是，孔子说："工匠想要很好地完成工作，首先必须具备精良锋利的工具。"多用于比喻要做好一件事，准备工作与工作的方式、方法是很重要的。启示我们在做任何事情之前都要做好充足的准备。只有准备好相关的方式或方法，才能厚积薄发做好工作。

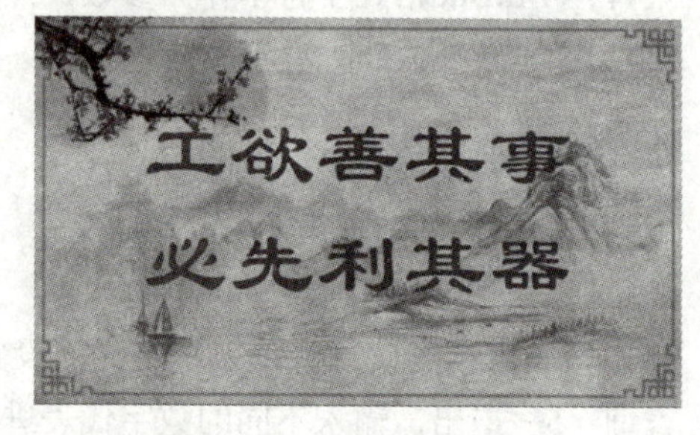

古人说，凡事预则立，不预则废。换句话说，就是不打无准备之仗。做好一件事情，仅仅有热情和能力是不够的，有热情只是具备了想干事的态度，有能力只是具备了干成事的条件，有方法才是干好事的保证。实际工作中，很多人由于没有掌握正确的方法，容易出现两种倾向：一种是瞎子摸象，对工作没有全面的把握；一种是纸上谈兵，眼高而手低，遇到具体事情不知何处着手。不管是哪种情况，都不利于工作的开展和深入。要把事情做好，就要善于未雨绸缪，既从大处着眼，学习曹冲称象；又从小处着手，学习庖丁解牛。

而要想真正拥有"器"，最终做好"事"，必须善于学习、勇于学习、敢于学习，做事情要有工匠精神，精益求精。在工作中必须坚持"工匠精神"，凡事都要高标准严格要求自己，要将事情认真办好，注重细节，追求完美，而不能抱着"过得去就行了"的想法对待日常工作。要以强烈的事业心和高度的使命感、责任感，兢兢业业做好各项工作，做到敬业守责、尽心尽力。

任务七　捕获系统中的异常

任务描述

对于任务六中所实现的停车场管理系统，运行时会发现，如果输入的数据类型不正确，或者输入的信息超出范围，程序就会因为报错而停止运行，出现这样的问题并不是程序代码的书写错误造成的，需要利用本章要学习的Java中的异常处理机制来解决。

<table>
<tr><td rowspan="8">学习导航</td><td>重　点</td><td>（1）异常的概念；
（2）运行时异常和编译时异常；
（3）try...catch和finally语句；
（4）throws和throw关键字；
（5）自定义异常类</td></tr>
<tr><td>难　点</td><td>（1）String类和StringBuffer类的用法；
（2）Random类的用法；
（3）包装类的拆箱和装箱过程</td></tr>
<tr><td>推荐学习路线</td><td>从停车场管理系统代码优化入手，理解Java中的异常处理机制，并且学会使用异常类和自定义异常类进行代码的优化</td></tr>
<tr><td>建议学时</td><td>4学时</td></tr>
<tr><td>推荐学习方法</td><td>（1）演示法：通过学习Java程序中常见异常的处理方法，深刻理解异常处理机制，掌握异常的捕获、处理和抛出方法，进行融会贯通，能够灵活使用异常类解决实际问题；
（2）合作探究：通过小组合作的方式，进行停车场管理系统代码的优化，探究自定义异常类的用法，达到对相关知识点的准确掌握</td></tr>
<tr><td>必备知识</td><td>（1）理解Java异常处理机制；
（2）掌握异常的抛出、捕获和处理方法；
（3）掌握Java中常用的异常类；
（4）掌握自定义异常类的声明和使用方法</td></tr>
<tr><td>必备技能</td><td>（1）会正确使用Java中常用的异常类；
（2）能够按照流程熟练处理程序中可能存在的异常；
（3）能够根据程序编码的需要自定义异常类</td></tr>
<tr><td>素养目标</td><td>（1）养成对产品质量负责的职业态度；
（2）激发民族自豪感，培育爱国主义情怀和制度自信；
（3）建立正确的职业道德和科技伦理；
（4）树立信息安全与国家安全意识</td></tr>
</table>

技术概览

Java异常处理机制是Java语言对程序代码中可能会出现的异常情况进行处理的一种机制。正确处理异常是编写高质量代码必须要具备的能力。

程序中可能遇到的异常情况是多种多样的，对于常见的异常情况，Java中都预先定义了类和方法进行处理；而对于Java中没有定义的异常，则需要开发者自行定义。对于异常处理，Java语言中给出了统一的处理流程。

相关知识

知识分布网络

任务七

一、异常概述

在Java 程序的运行过程中，可能会遇到一些问题使程序运行中断。例如，用户输入无效值、数组下标越界、程序要访问的文件不存在等。这些在程序运行时出现的中断程序正常流程的情况，称为异常（Exception），也叫作差错、违例等。

下面通过两个示例了解一下Java中的异常。

【例7-1】异常测试示例ExceptionTest1.java。

```
public class  ExceptionTest1{
    public static void main(String[] args)
    {
        System.out.println("除法计算开始");
        int result=8/2;
        System.out.println("除法计算结果: "+ result);
        System.out.println("除法计算结束");
    }
}
```

程序运行结果：

```
Problems  @ Javadoc  Declaration  Console
<terminated> ExceptionTest1 [Java Application] C:\Program Files\Java\jre1.8.0_131\bin\javaw.
除法计算开始
除法计算结果：4
除法计算结束
```

程序解析：这是一个简单的计算除法运算的小程序，程序编写正确，运行成功并输出结果，过程中没有产生异常。

下面对例7-1做一些小小的改动。

【例7-2】异常测试示例ExceptionTest2.java。

```
public class ExceptionTest2{
    public static void main(String[] args)
    {
        System.out.println("除法计算开始");
        int result=8/0;
        System.out.println("除法计算结果: "+ result);
        System.out.println("除法计算结束");
    }
}
```

程序运行结果：

```
Problems  @ Javadoc  Declaration  Console
<terminated> ExceptionTest2 (1) [Java Application] C:\Java\jre7\bin\javaw.exe (2022-1-12 下午3:00:40)
除法计算开始
Exception in thread "main" java.lang.ArithmeticException: / by zero
      at ExceptionTest2.main(ExceptionTest2.java:6)
```

程序解析：将例7-1中的计算8除以4的值改为计算8除以0的值，这时程序出现了错误，不再往下执行，而是直接给出错误信息并结束程序。

通过这两个示例可以看到，在Java程序编写过程中会遇到一些异常情况，如果不处理会造成程序报错或终止。针对这类问题，Java中引入异常处理机制，在遇到异常时，需要进行合理的处理，可以使程序安全退出。

二、异常类

在Java语言中，对很多可能出现的异常都进行了标准化，将它们封装成了各种类，统一称为异常类。在这些异常类中主要包含了异常的属性信息、跟踪信息等。

Java的异常实际上就是一个对象，这个对象描述了代码中出现的异常情况，代码运行异常时，在有异常的方法中创建并抛出（throw）一个表示异常的对象，然后在相应的异常处理模块进行处理。

1. 异常类的层次结构

Java中的异常类是处理运行错误的特殊类，每一个异常类都对应一种特定的运行错误，所有的Java异常类都是内置类Throwable的子类，层次结构如图7-1所示：

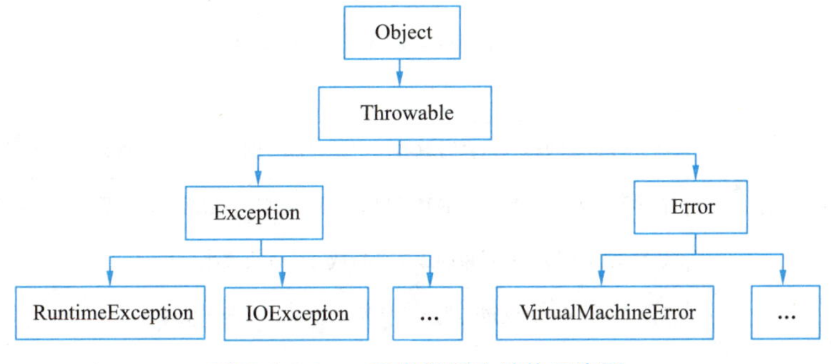

图 7-1　Java 异常类层次结构示意图

Throwable类是类库java.lang包中的一个类，直接继承自Objcet类。派生出两个子类把异常分为两个不同的分支，一个是Exception类供应用程序使用，一个是Error类由系统保留。

Throwable类中常用的方法如下：

```
String getMessage()          //返回此throwable的详细消息字符串
void printStackTrace()       //输出当前异常对象的堆栈使用轨迹，即程序调用执行了哪个对象
                             //或类的哪些方法，使运行过程中产生了此异常
```

这些方法用于获取异常信息。因为Exception类和Error类继承自Throwable类，所以，同样也继承了它所包含的方法。

2. Error 类及其子类

Error类称为错误类，定义了Java 运行时系统的内部错误，例如，动态链接错误、虚拟机异常等。这类错误由Java虚拟机自身产生，通常是不能恢复的严重错误，如Java虚拟机运行错误（Virtual MachineError）、类定义错误（NoClassDefFoundError）等。大多数情况下，发生这种异常通常是无法处理的，程序开发人员可以不用理会。表7-1所示为Error类的常用子类。

表 7-1　Error 类的常用子类

类　名	说　明
LinkageError	动态链接失败
VirtualMachineError	虚拟机错误
AWTError	AWT 错误

扩展知识

Exception 类的详细介绍

3. Exception 类及其子类

Exception类称为异常类，表示程序中可以处理的异常问题，由代码或类库产生并抛出。在开发过程中进行的异常处理，都是针对Exception类及其子类的。Exception类有自己的方法和属性，其构造方法有两个：一个是无参数的Exception()方法；另一个是有参数的Exception(String str)方法，调用时传入字符串str的信息，通常是对异常的描述信息。

注意： 异常和错误的区别在于异常可以由程序本身进行处理，错误是无法处理的。

在Excepion类的众多子类中有一个特殊的RuntimeExcepion类，该类及其子类用于描述程序代码错误产生的异常。表7-2中给出了RuntimeException类中的常用子类，每一个子类代表一种特定的运行错误。

表 7-2　RuntimeException 类中的常用子类

类　名	说　明
ArithmeticException	当进行非法的算术运算时就会产生此异常。例如，用一个整数除以 0
IndexOutOfBoundsException	表示某排序索引超出范围时抛出的异常。例如，数组下标越界会产生这类异常
NullPointerException	如果试图访问 null 对象的成员变量或方法就会产生此异常
ClassCastException	当无法将一个对象转换成指定类型的变量时就会产生这类异常
ArrayStroeException	如果试图在数组中插入一个数据元素类型不允许的对象就会产生这类异常
IllegalArgumentException	调用成员方法时，如果传递的实际参数类型与形式参数类型不一致就会产生此类异常
IllegalStateException	如果非法调用成员方法就会产生这类异常

除了此类，Excepion类下所有其他子类都用于表示编译时异常。

三、异常的捕获和处理

当异常发生时，会导致程序中断、系统死机等问题，所以在Java 程序中需要对异常的情况进行妥善处理。为了解决这个问题，Java语言提供了良好的异常处理机制。

下面是一个异常处理的通用格式：

```
try{
    可能出现异常的语句;
}catch(异常类型1  异常对象)
{
    处理异常;
}
catch(异常类型2  异常对象)
{
    处理异常;
}
…
catch(异常类型n  异常对象)
{
    处理异常;
```

```
}
finally{
    不管是否出现异常，都执行此代码;
}
```

捕获异常通过try...catch和try...catch...finally语句实现，可能出现异常的代码放在try语句中，catch语句匹配各种不用的异常类。当try语句块中的程序发生异常时，系统会将这个异常的信息封装成一个异常对象，与try之后的每一个catch进行匹配，如果匹配成功，则使用指定的catch进行处理，然后执行finally中的语句；如果没有匹配成功（没有任何一个catch可以满足），也会执行finally中的语句，但执行完finally之后，输出异常信息，程序中断。

注意：不管try代码块中程序是否出现异常，finally中的语句都会被执行。

下面详细地介绍一下try语句块、catch语句块和finally语句代码块的使用方法。

1. try 语句块捕获异常

高质量的代码应该能够在运行时及时捕获所有会出现的异常。捕获异常是指某个负责处理异常的代码块捕捉或截获被抛出的异常对象的过程。如果异常发生时没有被及时捕获，程序就会在发生异常的地方终止执行。Java 程序中使用try语句块来捕获异常。

try语句块里是一段可能出现异常的代码，在程序运行过程中，如果有语句出现异常，就会跳过这条语句，去catch语句中寻找对应的异常处理类。

被try保护的语句必须在一对花括号之内。例如：

```
int array[]=new int[5];
try
{
    System.out.println("Try to make a index out of error.");
    for(int i=0;i<=5;i++)
    {
        array[i]=i;
    }
}//这里定义了一个数组array[]，长度为5，用for循环为数组元素赋值，循环次数大于数组长度导致数
//组下标越界
```

下面通过一个例题熟悉一下try块捕获异常的用法。将前面程序运行出现异常的例7-2进行修改，见例7-3。

【例7-3】try块捕获异常示例ExceptionTest3.java。

```
public class ExceptionTest3
{
    public static void main(String[] args)
    {
        System.out.println("除法计算开始");
        try{
            int result=8/0;
            System.out.println("除法计算结果: "+result);
        }catch(ArithmeticException e){
            System.out.println(e);
```

```
        }
        System.out.println("除法计算结束");
    }
}
```

程序运行结果：

```
Problems  @ Javadoc  Declaration  Console
<terminated> ExceptionTest3 [Java Application] C:\Program Files\Java\jre1.8.0_131\bin\javaw.
除法计算开始
java.lang.ArithmeticException: / by zero
除法计算结束
```

程序解析：对例7-2中存在的异常进行了捕获和处理，将出现异常的语句包含到try块中，这样即使程序中存在异常，也可以正常执行完毕。

2. catch 语句块处理异常

观察例7-3可以发现，在try语句块后面紧跟着一个catch语句块来处理try中捕获的异常。

catch语句块的语法格式为：

```
catch(异常类型 异常对象)
{
   对异常的处理;
}
```

catch语句必须紧跟在try语句后面，中间不能间隔其他代码，在执行时，对于try语句所捕获的异常，通过异常类型进行匹配，匹配成功则进入语句块内执行对异常的处理。

在某些情况下，一个try语句块会产生多种异常，这就需要定义多个catch语句分别处理不同类型的异常。每个catch语句声明一种特定类型的异常并提供处理方案。当异常发生时，会按照catch的顺序逐个进行匹配，执行第一个匹配到的catch语句块。

注意：如果异常类之间有继承关系，则在顺序上越是顶层的类越放在下面，也就是先捕获子类异常再捕获父类异常。

下面通过程序示例进一步理解try...catch语句的用法。

【例7-4】Catch语句块应用示例ExceptionTest4.java。

```
public class ExceptionTest4
{
    public static int divide(int x,int y)  //该方法实现两个整数相除
    {
        try{
            int result=x/y;            //定义一个变量result记录两个数相除的结果
            return result;             //将结果返回
        } catch(Exception e){          //对异常进行捕获处理
            System.out.println("捕获的异常信息为："+e.getMessage());
        }
        return -1;                     //定义当程序发生异常时直接返回-1
    }
    public static void main(String[] args){
```

```
        int result=divide(4,0);        //调用divide()方法
        if(result==-1){                //对调用方法返回结果进行判断
            System.out.println("程序发生异常！");
        }else{
            System.out.println(result);
        }
    }
}
```

程序运行结果：

```
Problems  @ Javadoc  Declaration  Console
<terminated> ExceptionTest4 [Java Application] C:\Program Files\Java\jre1.8.0_131\bin\javaw.
捕获的异常信息为：/ by zero
程序发生异常！
```

程序解析：案例中在定义的整数除法运算方法divide()中对可能发生异常的代码用try...catch语句进行了捕获处理。在try语句块中发生被除数为0的异常，程序会跳转到执行catch语句块中的代码，通过调用Exception对象的getMessage()方法，即可返回异常信息“/by zero”。catch语句块对异常处理完毕后，程序仍会向下执行，而不会因为异常而终止运行。

微课

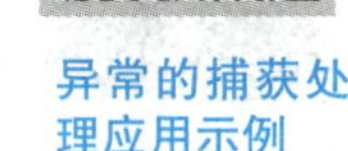

异常的捕获处理应用示例

3. 用 finally 语句块进行清除工作

当try语句块出现异常时，程序会跳出当前运行的语句块，去寻找匹配的catch语句块，所以在try语句块中发生异常的语句后面的代码是不会被执行的。

【例7-5】异常处理示例ExceptionTest5.java。

```
public class ExceptionTest5{
    public static void main(String[] args)
    {
        String str=null;
        int strLength=0;
        try{
            strLength= str.length();
            System.out.println("出现异常语句后");
        }
        catch(NullPointerException e){
            e.printStackTrace();
        }
        System.out.println("程序结束");
    }
}
```

程序运行结果：

```
Problems  @ Javadoc  Declaration  Console
<terminated> ExceptionTest5 [Java Application] C:\Program Files\Java\jre1.8.0_131\bin\javaw
java.lang.NullPointerException
        at ExceptionTest5.main(ExceptionTest5.java:7)
程序结束
```

扩展知识

try...catch...
finally 执行顺序

程序解析：从运行结果中可以看到，try语句块中发生异常的strLength= str.length();语句后面的System.out.println("出现异常语句后");没有被执行，所以结果中没有输出“出现异常语句后”。

但是，在程序中有时有些语句是无论程序是否发生异常都必须要执行的，例如连接数据库时在使用完后必须要对连接进行释放，否则系统会因为资源耗尽而崩溃。对于这些必须要执行的语句，Java提供了finally代码块来执行。

finally语句为异常提供统一的出口，能够对程序的状态进行统一管理。通常在finally语句中可以进行资源的清除工作，如关闭打开的文件、删除临时文件、关闭数据库连接等。在一个try...catch中只能有一个finally代码块，一般情况下会将finally代码块放在最后一个catch子句后面。无论try所指定的程序中是否存在异常，finally所指定的代码都要被执行。

下面对例7-5中的代码稍做修改演示一下finally代码块的用法。

【例7-6】finally代码块应用示例ExceptionTest6.java。

微课

finally 语句块
应用示例

```
public class ExceptionTest6{
    public static void main(String[] args)
    {
        String str=null;
        int strLength=0;
        try{
            strLength= str.length();
            System.out.println("出现异常语句后");
        }
        catch(NullPointerException e){
            e.printStackTrace();
        }
        finally
        {
            System.out.println("执行finally语句块");
        }
        System.out.println("程序结束");
    }
}
```

程序运行结果：

```
Problems  @ Javadoc  Declaration  Console ⊠
<terminated> ExceptionTest6 [Java Application] C:\Program Files\Java\jre1.8.0_131\bin\javaw
java.lang.NullPointerException
        at ExceptionTest6.main(ExceptionTest6.java:7)
执行finally语句块
程序结束
```

程序解析：程序中加上了finally 语句块，代码被执行并输出了“执行finally语句块”。

对于其他情况下finally 语句块的执行情况这里不再赘述。前面所提到的finally 语句块无论程序有无异常都会被执行。但有一种情况是例外的，如果在try…catch语句块中执行了System.exit(0)语句，finally语句块是不会被执行的，因为System.exit(0)表示退出当前的Java虚拟机，任何代码都不再执行。

练一练：编写程序，利用try...catch...finally语句对文件复制操作的异常进行捕获处理。

练一练

对文件复制操作的异常进行捕获处理

四、异常的抛出

在编写程序时，对于知道如何处理的异常，通过try…catch语句块来进行捕获处理；而对于不知道该怎样处理的异常，例如，调用一个别人所写的方法时，很难判断这个方法是否存在异常。应该传递出去，这就是异常的抛出。

1. throws 抛出异常

针对这类情况，Java中允许在方法声明处使用throws关键字来声明抛出异常。这样调用者在调用该方法时，就明确地知道这个方法存在异常，需要在程序中对异常进行处理。

throws关键字声明抛出异常的语法格式为：

```
修饰符 返回值类型 方法名(参数列表) throws <异常类型列表>
{
    方法体;
}
```

微课

throws 声明抛出异常示例

如果一个方法抛出多个异常，则必须在throws语句中给出所有异常的类型，不同的异常之间用逗号隔开。当方法体中出现异常列表中的异常时，该方法不处理这个异常，而是将异常抛向调用该方法的方法去处理。

下面举例演示一下throws抛出异常的用法。

【例7-7】throws抛出异常用法示例ExceptionTest7.java。

```
public class ExceptionTest7{
    static void pop() throws NegativeArraySizeException{
    //定义方法并抛出NegativeArraySizeException异常
    int[]arr=new int[-3];                              //创建数组
    }
    public static void main(String[] args){            //主方法
        try{
            pop(); //调用pop()方法
        } catch(NegativeArraySizeException e){
            System.out.println("pop()方法抛出的异常");   //输出异常信息
        }
    }
}
```

程序运行结果：

```
Problems @ Javadoc Declaration Console
<terminated> ExceptionTest7 [Java Application] C:/Program Files/Java/jre1.8.0_131/bin/javaw
pop()方法抛出的异常
```

程序解析：该程序中在pop()方法后用throws关键字声明方法中存在的异常NegativeArraySizeException，pop()方法没有处理异常，而是将异常抛出给main()函数来处理。

使用throws关键字将异常抛出给调用者后，如果调用者不想处理该异常，可以继续向上抛出，但最终要有能够处理该异常的调用者。

2. throw 抛出异常

在Java中，除了可以通过throws关键字抛出异常外，还可以使用throw关键字抛出异常。与throws不同的是，throw用于方法体内，并且抛出的是一个异常类对象。其语法格式如下：

```
throw 异常类实例对象;
```

通过throw抛出异常后，程序在执行到throw语句时立即终止，不再执行后面的代码。如果想在上一级代码中捕获并处理异常，则需要在抛出异常的方法中使用throws关键字在方法的声明中指明要抛出的异常；如果要捕捉throw抛出的异常，则必须使用try…catch语句块。

注意：如果throw抛出的是Error、RuntimeException或它们的子类异常对象，则无须使用throws关键字或try...catch对异常进行处理。

下面以一个示例来演示一下throw的用法。

【例7-8】throw抛出异常用法示例ExceptionTest8.java。

```
public class ExceptionTest8{
    static void connect()throws ClassNotFoundException
    {
        try{
            Class.forName("");
        } catch(ClassNotFoundException e){
            System.out.println("在方法内部把异常抛出");
            throw e;
        }
    }
    public static void main(String[ ] args)
    {
        try{
            connect();
        } catch(ClassNotFoundException e){
            System.out.println("主方法对异常进行处理");
        }
    }
}
```

程序运行结果：

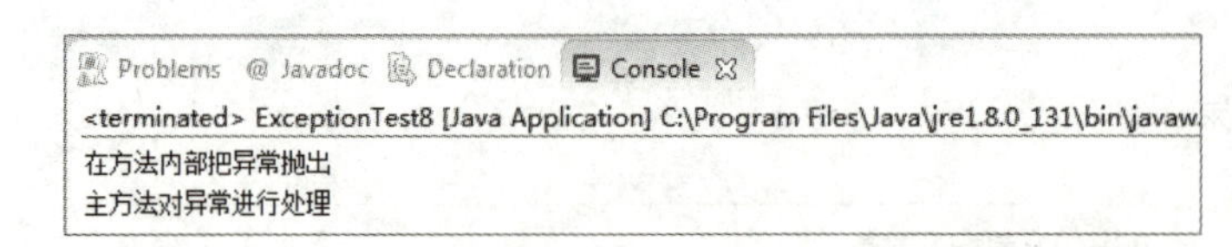

练一练

通过 throws 语句抛出文件复制操作的异常

程序解析：在方法内部程序并没有对异常进行处理，而是使用throw抛出了异常，在主方法调用时需要在try...catch语句块中捕获上面抛出的异常并进行处理。

练一练：如果要通过throws语句对文件复制操作的异常进行抛出，如何实现？

五、自定义异常类

Java中提供了大量的异常类，可以描述编程时出现的大部分异常，但是也会遇到一些情况是异常类不能恰当描述的，这时就需要开发者自己创建异常类来处理。

Java允许用户自定义异常类，但自定义的异常类必须继承自Exception类或其子类。其语法格式如下：

```
class 类名 extends Exception
{
    类体;
}
```

对于Exception类及其父类Throwable中的方法，通过继承，自定义异常类也可以很方便地使用它们。下面通过一个案例来学习自定义异常的创建。

【例7-9】 自定义异常类的创建示例ExceptionTest9.java。

```
class MyException extends Exception{          //定义一个异常类MyException
    MyException(){}
    MyException(String msg)
    {
        super(msg);                           //调用Exception有参的构造方法
    }
}
public class ExceptionTest9{
    public static void main(String[] args)
    {
        MyException mec=new MyException("自定义的异常类");
        System.out.println(mec.getMessage());
        System.out.println(mec.toString());
    }
}
```

程序运行结果：

```
Problems  @ Javadoc  Declaration  Console
<terminated> ExceptionTest9 [Java Application] C:\Program Files\Java\jre1.8.0_131\bin\javaw.
自定义的异常类
MyException: 自定义的异常类
```

程序解析：在方法中程序并没有对异常进行处理，而是把它抛出了，在主方法调用时必须在try...catch语句块中捕获上面抛出的异常并进行处理。

对于用户自定义的异常应该如何使用呢？这时就需要用到throw关键字，在程序指定位置通过throw关键字抛出自定义的异常对象，然后对抛出的异常进行异常处理。

微课

自定义异常类应用示例

其语法格式如下：

```
throw Exception 异常对象;
```

【例7-10】 向下转型Scoretest.java。

```
class MyException extends Exception{          //定义一个异常类MyException
    MyException(){}
    MyException(String msg)
```

```
    {
        super(msg);                                    //调用Exception有参的构造方法
    }
}
public class Scoretest{
    public static void main(String[] args)
    {
        try
        {
            String level=null;
            level=scorelevel(92);
            System.out.println("92分的成绩等级为："+level);
            level=scorelevel(110);
            System.out.println("110分的成绩等级为："+level);
        }catch(MyException e){
            e.printStackTrace();
        }
    }

    static String scorelevel(int score) throws MyException  //定义方法计算成绩等级
    {
        if(score>=90&& score<=100)
            return "优秀";
        else if(score>=70&& score<90)
            return "良好";
        else if(score>=60&& score<70)
            return "及格";
        else if(score>=0&& score<60)
            return "不及格";
        else
            throw new MyException("非法的分数");
    }
}
```

程序运行结果：

```
Problems @ Javadoc Declaration Console
<terminated> Scoretest [Java Application] C:\Program Files\Java\jre1.8.0_131\bin\javaw.exe
92分的成绩等级为：优秀
MyException: 非法的分数
    at Scoretest.scorelevel(Scoretest.java:34)
    at Scoretest.main(Scoretest.java:16)
```

练一练

自定义异常类处理计算长方形面积的异常

程序解析：这个程序实现了对输入的学生成绩评定等级。程序中定义了异常类MyException，定义scoreLevel()方法对输入的成绩进行等级划分，然后在main()方法中定义了一个try...catch语句用于捕获scoreLevel()方法抛出的异常。如果输入一个超出范围的分数，程序会抛出一个自定义异常，最后由try...catch语句块处理，输出异常信息。

练一练：编写程序计算长方形的面积，当长方形的长或宽小于或等于0时，抛出一个自定义异常。

任务实施

实现思路

（1）对停车场管理系统中因输入数据错误造成的异常进行处理，抛出IOException。

（2）对停车场管理系统中可能出现的数字格式化错误进行处理，抛出NumberFormatException异常。

任务小结

本任务介绍了Java中的异常处理机制，可以很方便地处理程序运行中可能遇到的各种异常情况。一个开发者要编写出高质量代码必须具备良好的异常处理能力，读者需要熟练掌握Java 中异常类的使用方法，掌握异常的抛出、捕获和处理方法，以及能够根据实际需要自定义异常类，做到灵活运用。

自 测 题

参见“任务七”自测题。

自测题

任务七

拓展实践——计算机故障模拟处理程序

假设毕老师在上课过程中，计算机突发故障：蓝屏或冒烟。如果是蓝屏故障，则重启计算机；如果是冒烟故障，则需要对计算机进行维修；如果是没有预案的故障，则提示“换人”。试编写程序模拟这一过程。

参考代码见本书配套资源ExceptionComputer.java文件。

面试常考题

（1）try {}中有一个 return 语句，紧跟在这个 try 后的 finally {}中的 code会不会被执行？什么时候被执行？在 return 前还是后？

（2）运行时异常与一般异常有何异同？

（3）error和exception有什么区别？

（4）简述Java 中的异常处理机制的原理和应用。

（5）请写出最常见到的 5 个runtime exception。

（6）Java语言如何进行异常处理?关键字：throws、throw、try、catch、finally 分别代表什么意义？在 try 块中可以抛出异常吗？

拓展阅读——严谨规范

北斗三号设计师刘家兴：误差十亿分之一秒？不行！

2018年7月29日，北斗三号第九、第十颗卫星成功发射。任务完成，身为中国航天科技集团五院北斗三号总体主任设计师，刘家兴心里的石头落了地。

回想起一年前，那时的他，眉头可没有这般舒展。2017年的一个夏夜，一份关于北斗三号第九颗卫星某关键单机测试的异常问题报告单摆在了他的面前。“奇怪！”，他皱起了眉头，“整星测试阶段，

这个单机的伪码相位一致性指标超标，但是单机验收测试的时候结果很好啊！”超差了多少？小于1ns，也就是说，小于十亿分之一秒，短到难以想象，甚至对于绝大部分高精尖设备而言，它也短暂到可以忽略不计。但对于习惯了“纳秒级”工作的北斗人，这个问题无法容忍。

那个夏夜，刘家兴做出了给整个研制团队“找麻烦”的决定——那意味着，该产品在各阶段采用各种测试设备获得的数据，他们都要拿到，进行纵向比对；同厂家验证件、不同厂家正样件的测试数据，他们也要拿到并进行横向比对。总体主管设计师李振东是坚定的排查支持者。在确定了问题排查的方向后，他全面细致地对比了单机研制和整星测试阶段在测试环境、测试设备、数据处理方法等方面的差异，终于发现两个阶段的数据处理方法分别存在错误和不足。综合测试人员尹卿负责该单机的整星测试工作，消除了后续数据处理的瓶颈问题。总体副主任设计师崔小准完善了整星数据处理方法，升级了信号性能分析软件，不但确定了该单机存在指标超差问题，而且发现了其两路信号的相位差存在异常的正弦波动。

至此，在大家孜孜不倦的探究之下，单机设计缺陷的外部特征终于被完整刻画了出来。在这个为期3个月的协同作战中，刘家兴和伙伴们同甘共苦，相互扶助，始终不放弃。他们共同的心愿，是快速打赢建设全球组网系统的攻坚战，让中国的北斗成为世界的北斗、全球领先的北斗。毫无疑问，这群连1ns都不放过的年轻人，已牢牢将梦想握在了手中。

项目实现

（1）通过前面2个任务所学的知识，完成停车场管理系统中的所有功能。

（2）定义cms类完成系统主界面的开发，用switch语句完成功能的选择。

项目参考代码见本书配套资源“停车场管理系统.java”文件。

项目总结

通过本项目的学习，学生能够对Java语言中的Java API类库以及异常处理机制有比较深刻的理解，掌握Java API类库中一些常用类的用法，如字符串类、日期类、包装类等；理解异常处理机制，掌握Java中异常的抛出、捕获和处理方法，了解自定义异常类。

项目四　模拟聊天室

技能目标

- 能熟练使用AWT和Swing进行界面设计。
- 能熟练使用I/O流操作类进行数据读写操作。
- 熟练使用线程进行任务的并行处理。
- 熟练运用网络编程技术实现网络通信。

知识目标

- 了解事件处理机制。
- 熟悉布局和组件。
- 掌握字节流和字符流的常用操作类。
- 了解字符编码的常见标准。
- 掌握线程的概念和使用方法。
- 掌握TCP网络编程技术。

项目功能

这是一个简单的局域网聊天系统，目的是通过本项目的设计与实现过程，使读者掌握图形界面设计的基本方法，了解熟悉网络编程的基本概念，掌握套接字编程的基本方法，了解线程的基本概念，掌握线程创建和同步处理方法。

模拟聊天室分为两部分：服务器端应用程序和客户端应用程序。

1. 服务器端应用程序

要实现局域网聊天，首先需要设置服务器的人数上限和端口号，启动服务器。服务器负责监听并接收客户的请求，客户和服务器之间可以互相发送信息，客户之间也可以互相发送信息，但客户之间传递信息要先发送给服务器，再由服务器发送给接收方。

2. 客户端应用程序

客户端要进入聊天系统，首先要连接服务器，通过登录窗口输入用户昵称和服务器IP地址、端口号。如果服务器已启动，则该客户允许进入聊天系统；客户进入聊天系统后，可以向服务器和其他客户发送信息，也可以接收服务器和其他客户的信息；还可以给所有客户发送信息。

服务器端以端口号进行区分，一个端口就是一个聊天室或讨论组，规模以服务器设置的最大人数上限为限，可以创建多个聊天室或讨论组；客户端以用户昵称和服务器IP地址、端口号来连接服务器，以实现加入不同的聊天室或讨论组，可以创建多个客户端。

任务八　聊天室界面设计

任务描述

聊天室包括服务器端和客户端，因此界面设计包括服务器端界面设计和客户端界面设计。服务器端界面能够实现人数和服务器端口设置、服务的启动和停止，所有在线用户昵称的显示、聊天记录显示、发布消息等功能。客户端界面能够实现连接服务器IP地址、连接端口、用户昵称设置，客户端的上线与下线、除本人以外所有在线用户昵称的显示、聊天室中用户聊天记录显示、发布消息等功能。本任务通过对AWT和Swing组件的讲解，实现聊天室服务器端界面设计和客户端界面设计。

<table>
<tr><td rowspan="8">学习导航</td><td>重　点</td><td>（1）AWT与Swing框架；
（2）AWT事件处理；
（3）常用事件分类；
（4）布局管理器；
（5）Swing组件</td></tr>
<tr><td>难　点</td><td>（1）AWT与Swing继承关系；
（2）使用匿名内部类实现事件处理；
（3）事件监听器的调用与绑定；
（4）布局管理器的设置；
（5）顶级窗口、中间容器、组件的区别与使用</td></tr>
<tr><td>推荐学习路线</td><td>从聊天室的服务器端与客户端之间数据的发送和接收任务入手，理解字节流操作类、字符流操作类、文件的存取过程、字符编码和解码</td></tr>
<tr><td>建议学时</td><td>8学时</td></tr>
<tr><td>推荐学习方法</td><td>（1）小组合作法：通过小组合作的方式，进行聊天室程序界面的学习与设计，最终掌握界面设计、界面布局、响应事件处理等知识技能；
（2）对比法：通过AWT和Swing的对比、不同组件和容器的对比、不同事件类型的对比，寻找各个知识点的差异点与相似点，达到对相关知识点的准确掌握</td></tr>
<tr><td>必备知识</td><td>（1）AWT和Swing的继承关系；
（2）常用布局管理器；
（3）常用事件处理机制；
（4）AWT和Swing的常用组件</td></tr>
<tr><td>必备技能</td><td>（1）用ATW和Swing进行界面元素的添加；
（2）进行界面元素布局管理；
（3）处理常用响应事件</td></tr>
<tr><td>素养目标</td><td>（1）培养对传统文化的热爱，在传承的基础上进一步创新；
（2）培养规范化的工作流程，从而进一步提升工作效率；
（3）树立脚踏实地、爱岗敬业的精神；
（4）培养在软件开发过程中的精益求精工匠精神</td></tr>
</table>

技术概览

早先程序使用最简单的输入/输出方式，用户在键盘输入数据，程序将信息输出在屏幕上。现代程序要求使用图形用户界面（Graphical User Interface,GUI），界面中有菜单、按钮等，用户通过鼠标选择菜单中的选项、点击按钮、选择命令程序功能模块。本任务学习如何用Java语言编写GUI科学试验，如何通过GUI实现输入和输出。

图形编程内容主要包括AWT（Abstract Windowing Toolkit，抽象窗口工具集）和Swing两项内容。AWT是用来创建Java图形用户界面的基本工具，Java Swing是JFC（Java Foundation Classes）的一部分，它可以弥补AWT的一些不足。

相关知识

一、AWT 和 Swing

以前用Java编写GUI程序，是使用抽象窗口工具包AWT（Abstract Window Toolkit）。现在多用Swing。Swing可以看作是AWT的改良版，而不是代替AWT，是对AWT的提高和扩展。所以，在写GUI程序时，Swing和AWT都要使用。它们共存于Java基础类（Java Foundation Class，JFC）中。

知识分布网络

任务八

尽管AWT和Swing都提供了构造图形界面元素的类，但它们在重要方面有所不同：AWT依赖于主平台绘制用户界面组件；而Swing有自己的机制，在主平台提供的窗口中绘制和管理界面组件。Swing与AWT之间最明显的区别是界面组件的外观，AWT在不同平台上运行相同的程序，界面的外观和风格可能会有一些差异。然而，一个基于Swing的应用程序可能在任何平台上都会有相同的外观和风格。

Swing中的类是从AWT继承的，有些Swing类直接扩展AWT中对应的类。例如，JApplet、JDialog、JFrame和JWindow。

使用Swing设计图形界面，主要引入两个包：javax.swing包含Swing的基本类；java.awt.event包含与处理事件相关的接口和类。

AWT和Swing的关系如图8-1所示。

1. AWT 概述

AWT是抽象窗口工具集（Abstract Window Toolkit）的英文缩写，Java的AWT类库内容相当丰富，一共有60多个类和接口，包括了创建Java图形界面程序的所有工具。利用AWT类库，程序员可以在Applet的显示区域创建标签、按钮、复选框、文本域以及其他丰富的用户界面元素，还可针对用户的行为做出相应响应。

AWT是JDK的一部分，在开发图形应用程序和Applet小程序时，一般都要用到它。AWT为用户界面程序提供所需要的组件，如按钮、标签、复选框、下拉菜单、画布、文本输入区、列表等。此外，AWT提供事件类、监听器类、图形处理工具、2D图形等的支持。表8-1列出了AWT中的Java软件包。

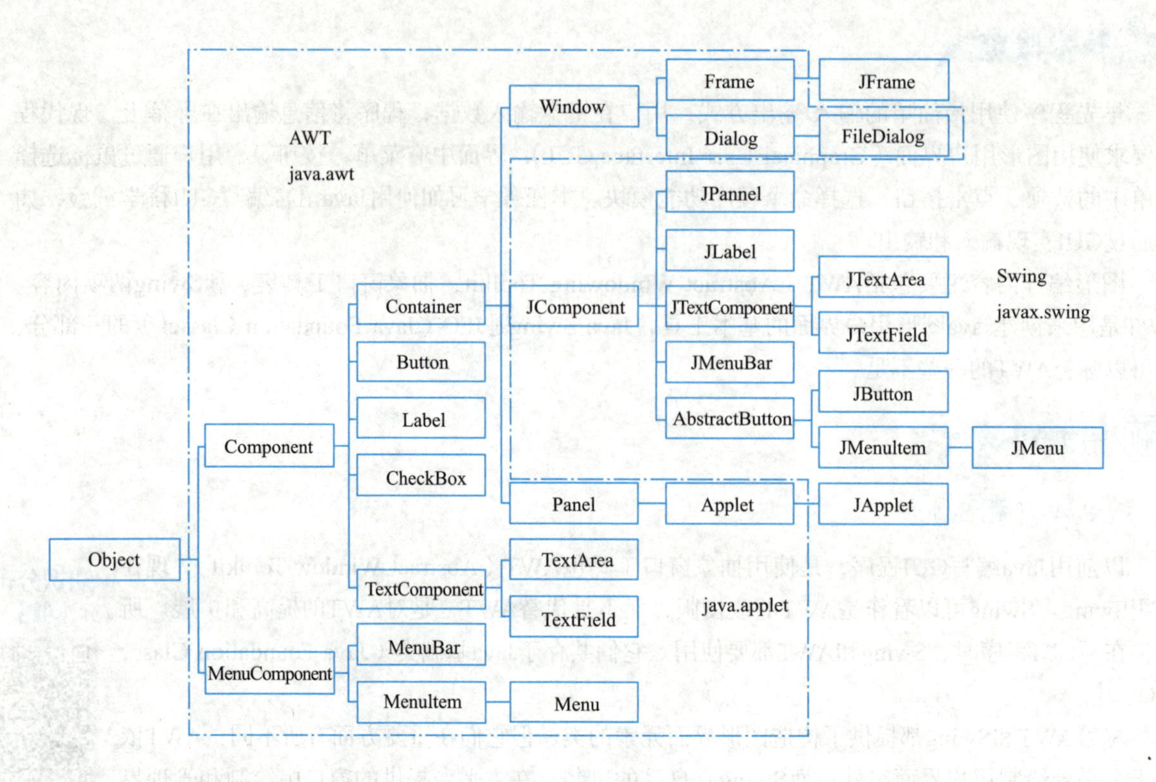

图 8-1　AWT 和 Swing 关系图

表 8-1　AWT 中的 Java 软件包

AWT 软件包	描　述	AWT 软件包	描　述
java.awt	基本组件实用工具	java.awt.geom	2D API 几何软件包
java.awt.accessibility	辅助技术	java.awt.im	引入方法
java.awt.color	颜色和颜色空间	java.awt.image	图像处理工具包
java.awt.datatransfer	支持剪贴板和数据传输	java.awt.peer	同位体组件、界面包
java.awt.dnd	拖放	java.awt.print	支持打印 2D
java.awt.event	事件类和监听者	java.awt.swing	Swing 组件
java.awt.font	2D API 字体软件包	java.awt.test	测试 AWT 函数有限子集的独立 Applet

Java抽象窗口工具集有4个主要的类用于确定容器内组件的位置和形状，包括组件（Component）、容器（Container）、布局管理器（LayoutManager）和图形（Graphics）。为了加深对图像编程的理解，下面区分一下组件、容器、窗口（Frame）、面板（Panel）、布局管理器、图形这几个概念。

（1）Component（组件）：组件是Java图形用户界面程序设计的最基本组成部分，它是一个以图形方式显示的，并且可以与用户进行交互的界面组成元素，如按钮、标签、单选按钮、复选框等。单独的一个组件不能显示出来，必须将组件添加到容器当中才能显示。

AWT的所有组件中，许多都是java.awt.Component的子类。作为父类的Component封装了所有组件最基本的属性和方法，例如组件对象的大小、显示位置、前景色、边界属性以及可见性等，同时这些方法也被扩展到它的派生类组件中。

（2）Container（容器）：派生于组件类Component，是扩展组件的抽象基本类，例如，Panel、Applet、Window、Dialog和Frame等是由Container演变的类，它拥有组件的所有属性和方法。

容器最主要的功能是存放其他的组件和容器。一个容器可以存放多个组件，它将相关的组件容纳到一个容器中形成一个整体。使用容器存放组件的技术可以简化组件显示安排。所有的容器都可以通过add()方法添加组件。

注意： Applet类是Panel类的子类，因此所有的Applet都继承了包含组件的能力。

最常用的容器是窗口（Frame）和面板（Panel）。

（3）Frame（窗口）：Window的子类，它是顶级窗口容器，可以添加组件、设置布局管理器、设置背景色等。

通常情况下，生成一个窗口要使用Window的派生类窗口实例化，而非直接使用Window类。窗口的外观界面和通常情况下在Windows系统下的窗口相似，可以设置标题名称、边框、菜单栏以及窗口大小等。窗口对象实例化后都是大小为零并且默认是不可见的，因此在程序中必须调用setSize()设置大小，调用setVisible(true)来设置该窗口为可见。

注意： AWT在实际的运行过程中是调用所在平台的图形系统，因此同样一段AWT程序在不同的操作系统平台下运行所看到的图形系统是不一样的。例如在Windows下运行，显示的窗口是Windows风格的窗口；而在UNIX下运行时，显示的则是UNIX风格的窗口。

（4）Panel（面板）：容器的一个子类，它提供了建立应用程序的容器。可以在一个面板上进行图形处理，并把这个容器添加到其他容器中（如Frame、Applet）。

（5）LayoutManager（布局管理器）：定义容器中组件的摆放位置和大小接口。Java中定义了几种默认的布局管理器。

（6）Graphics（图形）：组件内与图形处理相关的类，每个组件都包含一个图形类的对象。

2. Swing 框架

Swing元素比AWT元素具有更好的屏幕显示性能。Swing用100%纯Java实现，所以Swing具有Java的跨平台性。Swing不是真正使用原生平台提供设备，而是仅仅在模仿，因此可以在任何平台上使用Swing图形用户界面组件。Swing绝大部分组件都是轻量级组件，它不像重量级组件那样必须在自己本地窗口中绘制，而是在它们所在的重量级窗口中绘制。

在javax.swing包中，有两种类型的组件：顶层容器（Jframe、Japplet、JDialog和JWindow）和轻量级组件。Swing轻量级组件都是由AWT的Container类直接或间接派生而来。

Swing包是JFC（Java Foundation Classes）的一部分，它由许多包组成，如表8-2所示。

表 8-2　Swing 包组成内容

包	描　述
Com.sum.swing.plaf.motif	实现 Motif 界面样式代表类
Com.sum.java.swing.plaf.windows	实现 Windows 界面样式的代表类
javax.swing	Swing 组件和使用工具
javax.swing.border	Swing 轻量组件的边框
javax.swing.colorchooser	JcolorChooser 的支持类 / 接口
javax.swing.event	事件和侦听器类
javax.swing.filechooser	JFileChooser 的支持类 / 接口
javax.swing.pending	未完全实现的 Swing 组件
javax.swing.plaf	抽象类，定义 UI 代表的行为
javax.swing.plaf.basic	实现所有标准界面样式公共基类
javax.swing.plaf.metal	实现 Metal 界面样式代表类
javax.swing.table	Jtable 组件
javax.swing.text	支持文档的显示和编辑
javax.swing.text.html	支持显示和编辑 HTML 文档
javax.swing.text.html.parser	Html 文档的分析器
javax.swing.text.rtf	支持显示和编辑 RTF 文件
javax.swing.tree	Jtree 组件的支持类
javax.swing.undo	支持取消操作

javax.swing包是Swing提供的最大包，它大约包含100个类和25个接口，并且绝大部分Swing组件都包含在Swing包中（JtableHeader、JtextComponent除外，分别在swing.table和swing.text包中）。javax.swing.event包中定义了事件和事件处理类，这与java.awt.event包类似，主要包括事件类和监听器接口、事件适配器。

（1）javax.swing.pending包主要是一些没有完全实现的组件。

（2）javax.swing.table包主要是Jtable类的支持类。

（3）javax.swing.tree包同样也是Jtree类的支持类。

（4）javax.swing.text、swing.text.html、swing.text.html.parser和swing.text.rtf包都是与文档显示和编辑相关的包。

Swing的程序设计一般可按照以下流程进行：

（1）通过import引入Swing包。

（2）设置GUI的“外观界面风格”。

（3）创建顶层容器。

（4）创建按钮和标签等组件。

（5）将组件添加到顶层容器。

（6）在组件周围添加边界。

（7）进行事件处理。

3. 建立 GUI 的步骤

Java中的图形界面程序设计包括以下几个步骤：

（1）创建组件：组件的创建通常在应用程序的构造函数或main()方法内完成。

（2）将组件加入容器：所有的组件必须加入到容器中才可以被显示出来，而一个容器可以加入另一个容器。

（3）配置容器内组件的位置：让组件固定在特定位置，或利用布局管理来管理组件在容器内的位置，让GUI的显示更具灵活性。

（4）处理由组件所产生的事件：处理事件是使得组件具有一定功能。例如，再按下按钮后，有方法来完成一系列功能。

二、AWT 事件处理

事件是用户对一个动作的启动，常用的事件包括用户单击一个按钮、在文本框内输入内容，以及鼠标、键盘、窗口等操作。所谓的事件处理，是指当用户触发了某一个事件时系统所做出的响应。Java采用委派事件模型的处理机制，也称为授权事件模型。

1. 事件处理机制

以下3类与事件处理机制相关：

（1）Event（事件对象）：用户界面操作以类的形式描述，例如，鼠标操作对应的事件类MouseEvent，界面动作对应的事件类ActionEvent。

（2）EventSource（事件源）：产生事件的场所，通常指组件，例如按钮Checkbox。

（3）Eventhandler（事件处理器）：接收事件类并进行相应的处理对象。

例如，在窗口中有一个按钮，当用户用鼠标单击这个按钮时，会产生ActionEvent类的一个对象。该按钮就是所谓的事件源，该对象就是鼠标操作所对应的事件，然后事件监听器接收触发的事件，并进行相应处理。事件处理流程如图8-2所示。

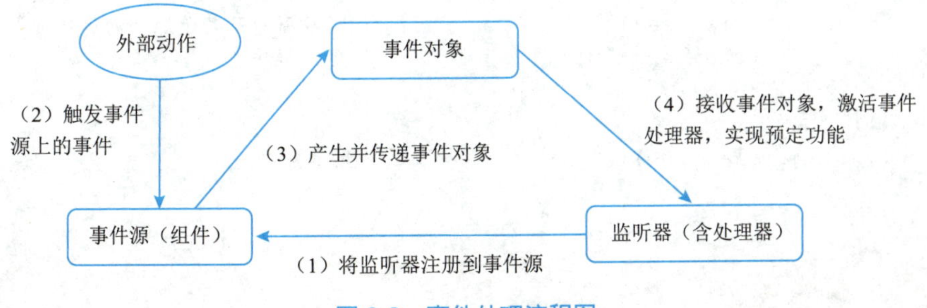

图 8-2　事件处理流程图

同一个事件源可能会产生一个或者多个事件，Java语言采用授权处理机制（Delegation Model）将事件源可能产生的事件分发给不同的事件处理器。例如，Panel对象可能发生鼠标事件和键盘事件，它可以授权处理鼠标事件的事件处理器来处理鼠标事件，同时也可以授权处理键盘事件的事件处理器处理键盘事件。事件处理器会一直监听所有的事件，直到有与之相匹配的事件，就马上进行相应的处理，因此事件处理器也称为事件监听器。

通常事件处理者是一个事件类，该类必须实现处理该类型事件的接口，并实现某些接口方法。例如，程序8-1是一个演示事件处理模型的例子，类ButtonHandler实现了ActionListener接口，该接口可以处理的事件是ActionEvent。

【例8-1】事件处理模型示例EventManagerDemo.java。

```
//导入需要使用的包和类
import java.awt.*;
import java.awt.event.*;
//ButtonHandler 实现接口 ActionListener 才能做事件 ActionEvent 的处理者
class ButtonHandler implements ActionListener{
    public void actionPerformed(ActionEvent e)
    //ActionEvent 事件对象作为参数
    {
        System.out.println("时间发生，已经捕获到");
        //本接口必须实现的方法 actionPerformed
    }
}
public class EventManagerDemo{
    public static void main(String[ ] args){
        final Frame f=new Frame("Test");   // 声明，并初始化窗口对象 f
        Button b=new Button("Press Me!"); // 声明，并初始化按钮对象 b
        //注册监听器进行授权，该方法的参数是事件处理者对象
        b.addActionListener(new ButtonHandler());
        f.setLayout(new FlowLayout());     //为窗口设置布局管理器 FlowLayout
        f.add(b);                          //在窗口中添加按钮 b
        f.setSize(200,100);                //设置窗口大小
        f.addWindowListener(new WindowAdapter(){
            public void windowClosing(WindowEvent evt){
                f.setVisible(false);       // 设置窗口 f 不可见
                f.dispose();               // 释放窗口及其子组件的屏幕资源
                System.exit(0);            // 退出程序
            }
        });
        f.setVisible(true);                //显示窗口
    }
}
```

程序运行结果：

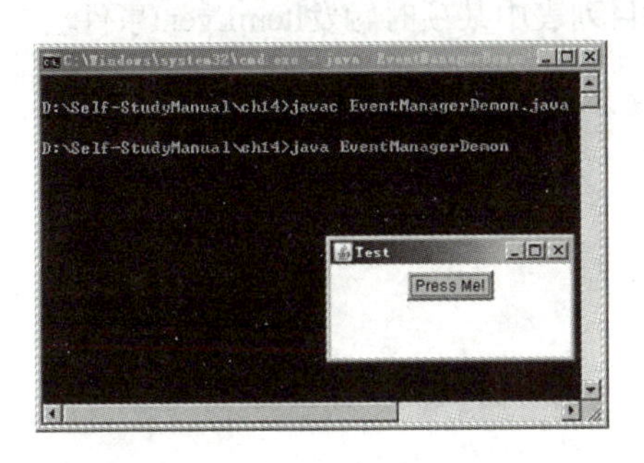

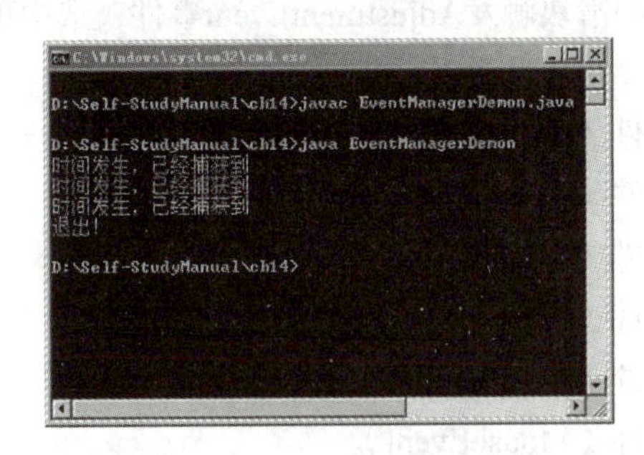

程序解析：例8-1中，为窗口添加了WindowListener监听器和ActionListener监听器。监听器监听所有的事件，当遇到与之匹配的事件时，就调用响应的方法进行处理。每一个监听器接口都有实现的方法，如ActionListener必须实现actionPerformed()方法。Java中授权处理机制具有以下特征：

微课

例 8–1 事件处理模型示例

（1）在程序中如果想接受并处理事件*Event，必须定义与之相应的事件处理类，该类必须实现与事件相对应的接口*Listener。

（2）定义事件处理类之后，必须将事件处理对象注册到事件源上，使用方法add*Listener(*Listener)注册监听器。

2. 事件适配器

程序员可以通过继承事件所对应的适配器类，重写感兴趣的方法。通过事件适配类可以缩短程序代码，但是Java只能实现单一的继承，当程序需要捕获多种事件时，就无法使用事件适配器的方法。java.awt.event包中定义的事件适配器类包括以下几种：

拓展知识

用匿名内部类实现事件处理

（1）ComponentAdapter（组件适配器）。

（2）ContainerAdapter（容器适配器）。

（3）FocusAdapter（焦点适配器）。

（4）KeyAdapter（键盘适配器）。

（5）MouseAdapter（鼠标适配器）。

（6）MouseMotionAdapter（鼠标运动适配器）。

（7）WindowAdapter（窗口适配器）。

三、常用事件分类

所有与AWT相关的事件类都是java.awt.AWTEvent的派生类，AWTEvent也是java.util.EventObject类的派生类。事件类的派生关系如下：

```
java.lang.Object
   +--java.util.EventObject
      +--java.awt.AWTEvent
         +--java.awt.event.*Event
```

总体来说，AWT事件有低级事件和高级事件两大类。低级事件是指源于组件或容器的事件，当组件或容器发生事件时（单击、右击、拖动以及窗口大小的改变等），将触发事件。高级事件是语义事件，此类事件与特定的具体事件不一定相对应，但是会产生特定的事件对象，如按钮被按下触发ActionEvent事件、滚动条移动滑块触发AdjustmentEvent事件、选中项目列表中某项时触发ItemEvent事件。

低级事件包括以下几种：

（1）组件事件（ComponentEvent）。

（2）容器事件（ContainerEvent）。

（3）窗体事件（WindowEvent）。

（4）焦点事件（FocusEvent）。

（5）键盘事件（KeyEvent）。

（6）鼠标事件（MouseEvent）。

高级事件（语义事件）包括以下几种：

（1）动作事件（ActionEvent）。

（2）调整事件（AdjustmentEvent）。

（3）项目事件（ItemEvent）。

（4）文本事件（TextEvent）。

本节介绍几个经常使用的事件，其他的组件也十分类似，如果遇到什么问题，读者可以查询API等相关文档。

1. 窗体事件

窗体事件（WindowEvent）指窗口状态改变的事件，例如当窗口Window对象打开、关闭、激活、停用或者焦点转移到窗口内，以及焦点移除而生成的事件，一般发生在Window、Frame、Dialog等类的对象上。使用窗口事件必须为组件添加一个实现WindowListener接口的事件处理器，该接口包含以下7种方法：

（1）void windowActivated(WindowEvent e)：窗口被激活时发生。

（2）void windowClosed(WindowEvent e)：窗口关闭之后发生。

（3）void windowClosing(WindowEvent e)：窗口关闭过程中发生。

（4）void windowDeactivated(WindowEvent e)：窗口不再处于激活状态时发生。

（5）void windowDeiconified(WindowEvent e)：窗口大小从最小到正常时发生。

（6）void windowIconified(WindowEvent e)：窗口从正常到最小时发生。

（7）void windowOpened(WindowEvent e)：窗口第一次被打开时发生。

练一练

窗体事件

窗口事件类的方法有以下几种：

（1）getNewState()：返回窗口改变之后的新状态。

（2）getOldState()：返回窗口改变之后的旧状态。

（3）getOppositeWindow()：返回事件设计的辅助窗口。

（4）getWindow()：返回事件源。

（5）paramString()：生成事件状态的字符串。

2. 鼠标事件

鼠标事件类（MouseEvent）指组件中发生的鼠标动作事件，例如按下鼠标、释放鼠标、单击鼠标、鼠标光标进入或离开组件的几何图形、移动鼠标、拖动鼠标。当鼠标移动到某个区域或单击某个组件时就会触发鼠标事件。使用鼠标事件必须给组件添加一个MouseListener 接口的事件处理器，该接口包含以下5种方法：

练一练

鼠标事件

（1）void mouseClicked(MouseEvent e)：当鼠标在该区域单击时发生。

（2）void mouseEntered(MouseEvent e)：当鼠标进入该区域时发生。

（3）void mouseExited(MouseEvent e)：当鼠标离开该区域时发生。

（4）void mousePressed(MouseEvent e)：当鼠标在该区域按下时发生。

（5）void mouseReleased(MouseEvent e)：当鼠标在该区域放开时发生。

鼠标事件类的方法有以下几种：

（1）getButton()：返回鼠标键状态改变指示。

（2）getClickCount()：返回鼠标键单击的次数。

（3）getMouseModifiersText()：返回指定修饰符文本字符串。

（4）getPoint()：返回事件源中的位置对象。

（5）getX()：返回鼠标在指定区域内相对位置的横坐标。

（6）getY()：返回鼠标在指定区域内相对位置的纵坐标。

（7）paramString()：生成事件状态的字符串。

3. 键盘事件

键盘事件类（KeyEvent）是容器内的任意组件获得焦点时，组件发生键击事件，当按下、或释放键盘的某一个按键时，组件对象将产生该事件。使用键盘事件必须给组件添加一个KeyListener接口的事件处理器，该接口包含以下3种方法：

（1）void keyPressed(KeyEvent e)：按下按键时发生。

（2）void keyReleased(KeyEvent e)：松开按键时发生。

（3）void keyTyped(KeyEvent e)：敲击键盘，发生在按键按下后，按键放开前。

练一练

键盘事件

键盘事件类的方法有以下几种：

（1）getKeyChar()：返回在键盘上按下的字符。

（2）getKeyCode()：返回在键盘上按下的字符码。

（3）getKeyLocation()：返回键位置。

（4）getKeyModifiersText()：返回描述修饰符的文本字符串。

（5）getKeyText()：返回键码编程描述键的文本。

（6）isActionKey()：判断键是否是操作键。

（7）setKeyChar()：改变键字符为指定的字符。

（8）setModifiers(int modifiers)：改变键修饰符为指定的键修饰符。

（9）paramString()：生成事件状态的字符串。

4. 动作事件

动作事件类（ActionEvent）指发生组件定义的语义事件，用户在操作Button、CheckBox、TextField等组件时将出现动作事件，例如单击Button、TextField，按下【Enter】键等。使用动作事件时需要给组件增加一个事件监听器（事件处理器）ActionListener。ActionListener只有唯一的actionPerfomed()方法。它的一般格式如下：

```
Public void actionPerformed(ActionEvent e){
    // 按钮被操作发生
}
```

ActionEvent类的方法有以下几种：

（1）getActionCommand()：返回命令字符串。

（2）getModifiers()：取得按下的修饰符键。

（3）getWhen()：取得事件发生的时间。

（4）paramString()：生成事件状态的字符串。

假设存在按钮组件对象button，动作事件使用如下：

```
button.addActionListener(new ActionListener()
{
    public void actionPerformed(ActionEvent e)
    {
        // 按钮被操作 dosomething
    }
}
```

在前面的例8-1中，定义了事件监听类ButtonHandler，该类实现了ActionListener接口，并且在按钮对象b中通过addActionListener(new ButtonHandler())注册事件监听器。

四、布局管理器

为了实现容器中跨平台的特性、组件的大小改变、位置转移等动态特性，Java提供了布局管理器容器（LayoutManager）处理机制。布局管理器可以实现容器内部组件的排列顺序、大小、位置以及窗口大小变化。

每一个容器中保存着一个布局管理器的引用，该布局管理器可以完成容器内组件的布局和整形。每发生一个可以引起容器重新布置内部组件的事件时，容器会自动调用布局管理器布置容器内部的组件。布局管理器有多个种类，不同的布局管理器使用不同算法和布局策略，并且容器可以选择不同的布局管理进行布局。AWT提供了5种类型的布局管理器：

（1）BorderLayout（边界布局）：该管理器将容器分为东、南、西、北、中 5个区域，当向容器添加组件时，必须指明BorderLayout将组件放置的区域。

（2）CardLayout（卡片布局）：该布局管理器将加入容器中的组件视为卡片栈，把每个组件放置在一个单独的卡片上，而每次只能看见一张卡片。

（3）FlowLayout（流式布局）：该布局管理器将组件从左到右、从上到下放置。

（4）GridLayout（网格布局）：该布局管理器将容器分成相同尺寸的网格，将组件从左到右、从上到下放置在网格中。

（5）GridBagLayout（网络包布局）：与网格布局不同的是，一个组件不止占一个网格位置，因此在加入组件时，必须指明一个对应的参数。

1. 流式布局 FlowLayout

流式布局（FlowLayout）是Panel和Applet默认的布局管理器。添加组件的放置规律是从上到下、从左到右，也就是说，添加组件时，先放置在第一行的左边，依次放满第一行，然后在开始放置第二行，依此类推。构造方法主要有以下几种：

（1）FlowLayout(FlowLayout.RIGHT,20,40)：第一个参数是组件的对齐模式，包括左右中对齐；第二个参数是组件行间隔；第三个参数是组件列间隔，单位是像素。

（2）FlowLayout(FlowLayout.LEFT)：居左对齐，行间隔和列间隔默认为5个像素。

（3）FlowLayout()：默认是居中对齐，并且行、列间隔默认为5像素。

【例8-2】流式布局管理器示例FlowLayoutDemo.java。

```
import java.awt.*;
import java.awt.event.WindowAdapter;
import java.awt.event.WindowEvent;
public class FlowLayoutDemo{
    //声明 FlowLayoutDemo 构造方法
    public FlowLayoutDemo()
    {
        b1=new Button("继续");                       // 初始化 Button 变量 b1
        b2=new Button("取消");                       // 初始化 Button 变量 b2
        b3=new Button("确定");                       // 初始化 Button 变量 b3
    }
    public void show()
    {
        f = new Frame("FlowLayout 顺序布局");        // 初始化对象 f
        f.setSize(300, 240);                         //设置窗口 f 的大小
        //设置布局管理器为 FlowLayout
        f.setLayout(new FlowLayout(FlowLayout.CENTER,30,20));
        f.add(b1);                                   //在窗口中添加按钮 b1
        f.add(b2);                                   //在窗口中添加按钮 b2
        f.add(b3);                                   //在窗口中添加按钮 b3
        //为窗口 f 添加 WindowListener 监听器
        f.addWindowListener(new WindowAdapter(){
            public void windowClosing(WindowEvent evt){   // 实现 windowClosing() 方法
                f.setVisible(false);                 // 设置窗口 f 不可见
                f.dispose();                         //释放窗口及其子组件的屏幕资源
                System.exit(0);                      // 退出程序
            }
        });
        //紧凑排列，其作用相当于 setSize()，即让窗口尽量小，小到刚刚能够包容住 b1、b2、b3
        //三个按钮
        //f.pack();
        f.setVisible(true);                          //设置窗口 f 可视
    }
    private Frame f;                                 //声明 Frame 类型数据域 f
    private Button b1,b2,b3;                         //声明 Button 类型的数据域 b1、b2、b3
    public static void main(String args[ ])
    {
        FlowLayoutDemo fl=new FlowLayoutDemo();      //创建，并初始化 FlowLayoutDemo
                                                     //对象 fl
        fl.show();                                   //调用 show() 方法
```

```
        }
    }
```

程序运行结果：

微课
例 8–2 流式布局管理器示例

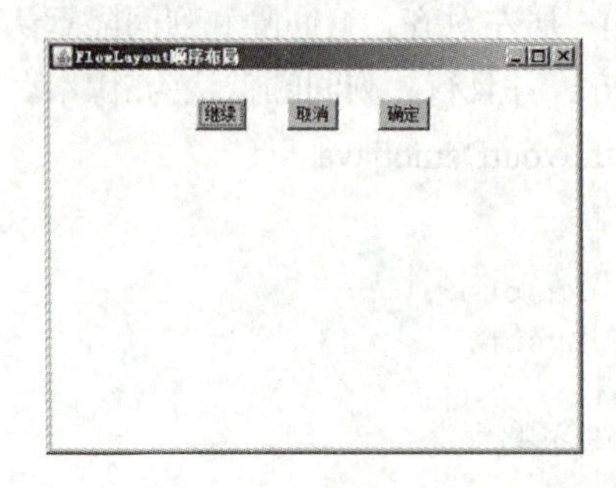

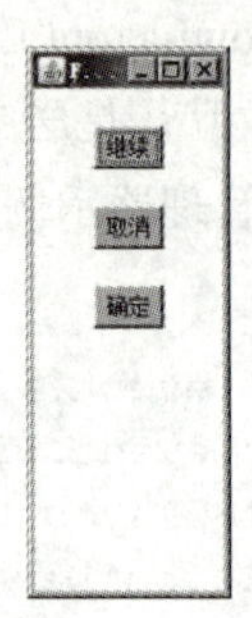

程序解析：

例8-2中，实例化3个按钮对象，设置Frame的布局管理器为顺序布局。从运行结果可以看出，3个按钮按照顺序添加在窗口中，顺序是从左到右、从上到下。

如果改变窗口的宽，通过FlowLayout布局管理器管理的组件的放置位置会随之发生变化，其变化规律是：组件的大小不变，而组件的位置会根据容器的大小进行调节。如上面的运行结果所示，3个按钮都处于同一行，最后窗口变窄到在一行只能放置一个按钮，原来处于一行的按钮分别移动到第二行和第三行。可以看出程序中安排组件的位置和大小时，具有以下特点：

（1）容器中组件的大小和位置都委托给布局管理器管理，程序员无法设置这些属性。如果已经设置布局管理器在容器中，使用Java语言提供的setLocation()、setSize()、setBounds()等方法不会起到任何作用。

（2）如果用户必须设置组件的大小和位置，必须设置容器布局管理器为空，方法为：setLayout(null)。

2. 边界布局 BorderLayout

边界布局（BorderLayout）是Window、Frame和Dialog的默认布局管理器。边界布局管理器将容器分成5个区：北（N）、南（S）、西（W）、东（E）和中（C），每个区域只能放置一个组件。各个区域的位置安排如图8-3所示。

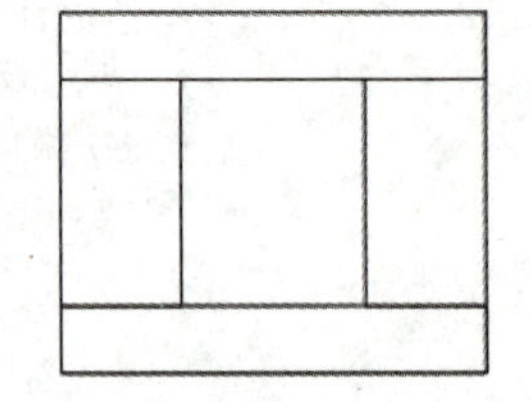
图 8-3　BorderLayout 布局

【例8-3】边界布局管理器示例BorderLayoutDemo.java。

```
import java.awt.*;
import java.awt.event.WindowAdapter;
import java.awt.event.WindowEvent;
public class BorderLayoutDemo{
    //声明BorderLayoutDemo()构造方法
    public BorderLayoutDemo()
    {
        b1=new Button(" 上北 ");                    // 初始化按钮 b1
        b2=new Button(" 下南 ");                    // 初始化按钮 b2
        b3=new Button(" 左西 ");                    // 初始化按钮 b3
        b4=new Button(" 右东 ");                    // 初始化按钮 b4
        b5=new Button(" 中间 ");                    // 初始化按钮 b5
```

```
    }
    public void show()
    {
        f = new Frame("BorderLayout 布局演示");  // 创建，并初始化数据域 f
        f.setSize(400, 300);                      // 设置窗口 f 的大小
        f.setLayout(new BorderLayout());          // 设置布局管理器为 BorderLayout
        f.add(BorderLayout.NORTH, b1);            // 将 b1 添加到 NORTH 位置
        f.add(BorderLayout.SOUTH, b2);            // 将 b2 添加到 SOUTH 位置
        f.add(BorderLayout.WEST, b3);             // 将 b3 添加到 WEST 位置
        f.add(BorderLayout.EAST, b4);             // 将 b4 添加到 EAST 位置
        f.add(BorderLayout.CENTER, b5);           // 将 b5 添加到 CENTER 位置
        f.addWindowListener(new WindowAdapter(){ // 添加监听器
            public void windowClosing(WindowEvent evt) { // 实现 windowClosing 方法
                f.setVisible(false);              // 设置窗口 f 不可见
                f.dispose();                      // 释放窗口及其子组件的屏幕资源
                System.exit(0);                   // 退出程序
            }
        });
        // 紧凑排列，其作用相当于 setSize()，即让窗口尽量小，小到刚刚能够包容住 b1、b2、b3、
        //b4、b5 五个按钮
        //f.pack();
        f.setVisible(true);              // 显示窗口 f
    }
    private Frame f;                     // 声明 Frame 类型数据域 f
    private Button b1,b2, b3,b4,b5;  // 声明 Button 类型数据域 b1、b2、b3、b4、b5
    public static void main(String args[ ])
    {
        BorderLayoutDemo fl=new BorderLayoutDemo(); // 创建，并初始化 BorderLayoutDemo
                                                    // 对象 fl
        fl.show();                       // 调用 show() 方法
    }
}
```

程序运行结果：

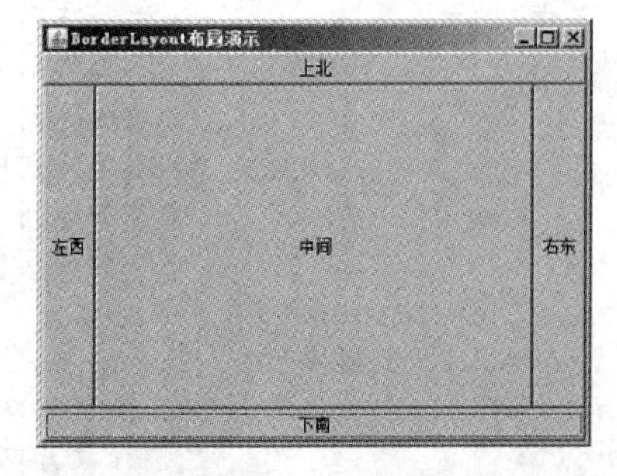

程序解析：从例8-3可以看出，程序中放置了5个按钮，边界布局管理器可以分为5个区域，并且在每一个区域只能放置一个组件。

注意：在使用边界布局管理器时，如果容器大小发生变化，内部组件的变化规律为组件大小会变化，相对位置不变。另外，容器5个区域并没有要求必须添加组件，如果中间区域没有组件，则中间区

域将会保留空白；如果四周的区域没有组件，中间区域将会补充。

微课

例 8-3 边界布局管理器示例

3. 网格布局 GridLayout

网格布局（GridLayout）使容器中各个组件呈网格状分布，并且每一个网格的大小一致。其构造方法有以下几种：

（1）public GridLayout()：默认网格布局管理器只占据一行一列。

（2）public GridLayout(int row,int col)：创建指定行数和列数的网格布局管理器，组件分配大小是平均的。但是，行和列不能同时为零，其中一个为零时，只是表示所有的组件都放置于一行或者一列中。

（3）public GridLayout(int row,int col,int horz,int vert)：创建指定行数和列数的网格布局管理器，组件分配大小是平均的。

【例8-4】网格布局管理器示例GridLayoutDemo.java。

```
import java.awt.*;
import java.awt.event.WindowAdapter;
import java.awt.event.WindowEvent;
public class GridLayoutDemo{
    public GridLayoutDemo()
    {
        b1=new Button("[0][0]");                  //初始化按钮 b1
        b2=new Button("[0][1]");                  //初始化按钮 b2
        b3=new Button("[0][2]");                  //初始化按钮 b3
        b4=new Button("[1][0]");                  //初始化按钮 b4
        b5=new Button("[1][1]");                  //初始化按钮 b5
        b6=new Button("[1][2]");                  //初始化按钮 b6
    }
    public void show()
    {
        f=new Frame("GridLayout 布局演示");//初始化窗口 f
        f.setSize(400, 300);                     //设置 f 的大小
        //设置布局管理器为 GridLayout
        f.setLayout(new GridLayout(2,3));
        f.add(b1);                                //添加阵列中的 [0][0] 位置
        f.add(b2);                                //添加阵列中的 [0][1] 位置
        f.add(b3);                                //添加阵列中的 [0][2] 位置
        f.add(b4);                                //添加阵列中的 [1][0] 位置
        f.add(b5);                                //添加阵列中的 [1][1] 位置
        f.add(b6);                                //添加阵列中的 [1][2] 位置
        f.addWindowListener(new WindowAdapter(){
            public void windowClosing(WindowEvent evt) {  //实现windowClosing()方法
                f.setVisible(false);              // 设置窗口 f 不可见
                f.dispose();                      // 释放窗口及其子组件的屏幕资源
                System.exit(0);                   // 退出程序
            }
        });
        f.setVisible(true);                       //显示窗口
    }
```

```
    private Frame f;                          // 声明 Frame 类型数据域 f
    private Button b1,b2, b3,b4,b5,b6;        // 声明 Button 类型数据域 b1、b2、b3、b4、
                                              //b5、b6
    public static void main(String args[ ])
    {
        GridLayoutDemo fl=new GridLayoutDemo();   // 创建，并初始化 GridLayoutDemo
                                                  // 对象 fl
        fl.show();        // 调用 show() 方法
    }
}
```

程序运行结果：

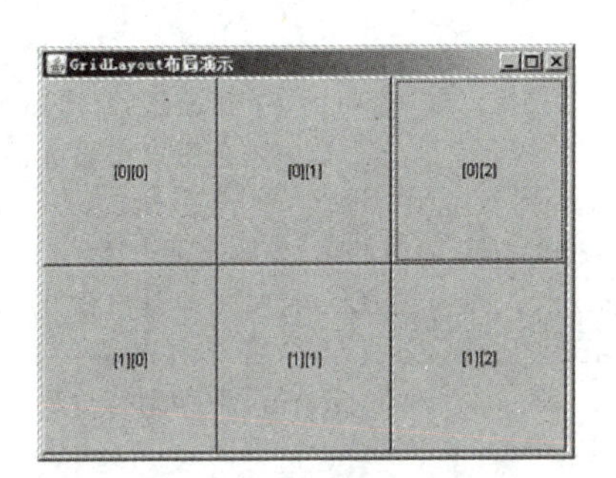

微课

例 8–4 网格布局管理器示例

程序解析：例8-4设置窗口的布局管理器为网格布局管理器，网格的行数是2，列数为3。可以在网格中添加6个组件，放置顺序为从左到右、从上到下。

4. 卡片布局 CardLayout

卡片布局（CardLayout）将每一个组件视为一张卡片，一次只能看到一张卡片。容器充当卡片的堆栈，容器第一次显示的是第一次添加的组件。构造方法有以下几种：

（1）public CardLayout()：创建一个新卡片的布局，水平间距和垂直间距都是0。

（2）public CardLayout(int hgap,int vgap)：创建一个具有指定水平间距和垂直间距的新卡片布局。

还有一些比较重要的方法，如下所示：

（1）void first(Container parent)：翻转到容器的第一张卡片。

（2）void next(Container parent)：翻转到指定容器的下一张卡片。

（3）void last(Container parent)：翻转到容器的最后一张卡片。

（4）void previous(Container parent)：翻转到指定容器的前一张卡片。

【例8-5】卡片布局应用示例CardLayoutDemo.java。

```
import java.awt.*;
import java.awt.event.*;
public class CardLayoutDemo extends Frame implements MouseListener{
    // 声明 CardLayoutDemo 带有字符串参数的构造方法
    public CardLayoutDemo(String string){
        super(string);                         // 调用父类构造方法
        init();                                // 调用方法 init()
    }
    public static void main(String args[ ]){
```

```
        new CardLayoutDemo("CardLayout1");    //创建 CardLayoutDemo 类型变量
    }
    public void init()
    {
        setLayout(new BorderLayout());     //设置窗口的布局管理器为 BorderLayout
        setSize(400,300);                  //设置窗口的大小
        Panel p=new Panel();               //创建并初始化面板 Panel 对象 p
        p.setLayout(new FlowLayout());     //设置面板 p 的布局管理器为 FlowLayout
        first.addMouseListener(this);      //为 first 按钮添加鼠标监听器
        second.addMouseListener(this);     //为 second 按钮添加鼠标监听器
        third.addMouseListener(this);      //为 third 按钮添加鼠标监听器
        p.add(first);                      //在面板 p 中添加按钮 first
        p.add(second);                     //在面板 p 中添加按钮 second
        p.add(third);                      //在面板 p 中添加按钮 third
        add("North", p);                   //在窗口中添加面板 p
        cards.setLayout(cl);               //设置 panel 为卡片布局器
        cards.add("First card",new Button("第一页内容"));      // 在 cards 中添加按钮
        cards.add("Second card", new Button(" 第二页内容"));    // 在 cards 中添加按钮
        cards.add("Third card",new Button("第三页内容"));      //在 cards 中添加按钮
        add("Center", cards);    //将 cards 添加到窗口的 Center 位置
        //注册监听器，关闭功能
        this.addWindowListener(new WindowAdapter(){
            public void windowClosing(WindowEvent evt) {  //实现 windowClosing() 方法
                CardLayoutDemo.this.dispose();
            }
        });
        setVisible(true);                         //显示窗口
    }
    //实现监听器方法
    public void mouseClicked(MouseEvent evt){
        if (evt.getSource()==first){              //当事件源为 first 时
            cl.first(cards);                      //翻转到第一张卡片
        }
        else if (evt.getSource()==second) {       // 当事件源为 second 时
            cl.first(cards);                      //翻转到第一张卡片
            cl.next(cards);                       //翻转到下一张卡片
        }
        else if (evt.getSource()==third) {        // 当事件源为 third 时
            cl.last(cards);                       //翻转到最后一张卡片
        }
    }
    public void mouseEntered(MouseEvent arg0){      //mouseEntered() 为空方法
    }
    public void mouseExited(MouseEvent arg0){       //mouseExited() 为空方法
    }
    public void mousePressed(MouseEvent arg0){      //mousePressed() 为空方法
    }
```

```
        public void mouseReleased(MouseEvent arg0){        //mouseReleased()为空方法
        }
        private Button first=new Button("第一页");          //声明并初始化按钮first
        private Button second=new Button("第二页");         //声明并初始化按钮 second
        private Button third=new Button("第三页");          //声明并初始化按钮 third
        private Panel cards=new Panel();                   //声明并初始化面板 cards
        private CardLayout cl=new CardLayout();            //实例化一个卡片布局对象
}
```

程序运行结果：

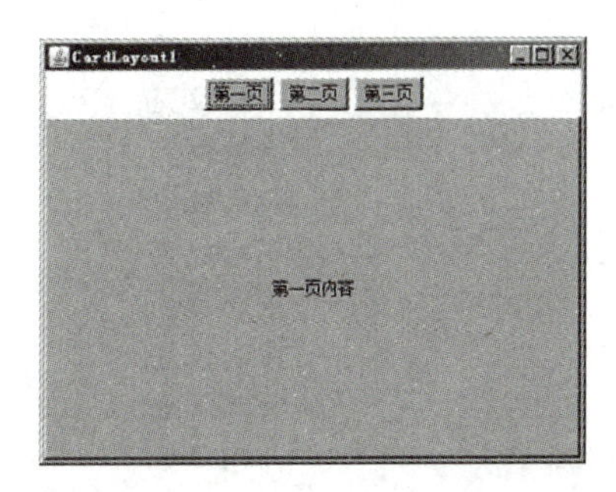

程序解析：例8-5设置窗口的布局管理器为卡片布局管理器，并为窗口类实现MouseListener接口，重写了mouseClicked()方法，当单击“第一页”按钮时显示第一个Button，单击“第二页”按钮时显示第二个Button，单击“第三页”按钮时显示最后一个Button。

注意：在程序中，由于经常操作卡片之间的跳转，必须将卡片布局管理CardLayout实例化保留句柄，方便以后处理时使用。

5. 网格包布局 GridBagLayout

网格包布局（GridBagLayout）是一个复杂的布局管理器，容器中的组件大小不要求一致。通常使用网格包布局管理器要涉及一个辅助类GridBagContraints，该类包含GridBagLayout类用来保存组件布局大小和位置的全部信息。其使用步骤如下：

（1）创建一个网格包布局管理器的对象，并将其设置为当前容器的布局管理器。

（2）创建一个GridBagContraints对象。

（3）通过GridBagContraints为组件设置布局信息。

（4）将组件添加到容器中。

GridBagContraints类的成员变量包括以下几种：

- gridx、gridy：指定包含组件的开始边、顶部的单元格，它们的默认值为RELATIVE，该值将组件添加到刚刚添加组件的右边和下边。gridx、gridy应为非负值。
- gridwidth、gridheight：指定组件的单元格数，分别是行和列。它们的值应为非负，默认值为1。
- weightx、weighty：指定分配额外的水平和垂直空间，它们的默认值为0并且为非负。
- ipadx、ipady：指定组件的内部填充宽度，即为组件的最小宽度、最小高度添加多大的空间，默认值为0。

- fill：指定单元大于组件的情况下，组件如何填充此单元，默认为组件大小不变。以下为静态数据成员列表，它们是fill变量的值：

```
GridBagConstraints.NONE                    // 组件大小不改变
GridBagConstraints.HORIZONTAL              // 水平填充
GridBagConstraints.VERTICAL                // 垂直填充
GridBagConstraints.BOTH                    // 填充全部区域
```

在指定单元大于组件的情况下，如果不填充，可以通过anchor指定组件在单元的位置，默认值为中部。还可以是下面的静态成员，它们都是anchor的值：

```
GridBagConstraints.CENTER                  // 中间位置
GridBagConstraints.NORTH                   // 上北位置
GridBagConstraints.EAST                    // 右东位置
GridBagConstraints.WEST                    // 左西位置
GridBagConstraints.SOUTH                   // 下南位置
GridBagConstraints.NORTHEAST               // 东北位置
GridBagConstraints.SOUTHEAST               // 东南位置
GridBagConstraints.NORTHWEST               // 西北位置
GridBagConstraints.SOUTHWEST               // 西南位置
```

【例8-6】使用setConstrains()方法设置各组件示例GridBagLayoutDemo.java。

```
import java.awt.*;
import java.awt.event.WindowAdapter;
import java.awt.event.WindowEvent;
public class GridBagLayoutDemo extends Frame{
    Label l1,l2,l3,l4;                  //声明并初始化 Label 类型域l1、l2、l3、l4
    TextField tf1,tf2,tf3;              //声明并初始化 TextField 类型域tf1、tf2、tf3
    Button btn1,btn2;                   //声明并初始化 Button 类型域btn1、btn2
    CheckboxGroup cbg;                  //声明并初始化 CheckboxGroup 类型域cbg
    Checkbox cb1,cb2,cb3,cb4;           //声明并初始化 Checkbox 类型域cb1、cb2、cb3、cb4
    GridBagLayout gb;                   //声明并初始化 GridBagLayout 类型域gb
    GridBagConstraints gbc;             //声明并初始化 GridBagConstraints 类型域gbc
    public GridBagLayoutDemo(String title){
        super(title);                         //调用父类构造方法
        l1=new Label("用户名");               //初始化l1
        l2=new Label("密码");                 //初始化l2
        l3=new Label("重复密码");             //初始化l3
        l4=new Label("获取途径");             //初始化l4
        tf1=new TextField(20);                //初始化tf1
        tf2=new TextField(20);                //初始化tf2
        tf3=new TextField(20);                //初始化tf3
        gb=new GridBagLayout();               //初始化gb
        setLayout(gb);                        //设置窗口布局管理器 gb
        gbc=new GridBagConstraints();         //初始化网格包容器
        Panel p=new Panel();                  //创建并初始化面板 Panel
        cbg=new CheckboxGroup();              //初始化多选框组 CheckboxGroup
```

```
        cb1=new Checkbox("搜索",cbg,false);          // 初始化复选框 cb1
        cb2=new Checkbox("广告",cbg,false);          // 初始化复选框 cb2
        cb3=new Checkbox("朋友",cbg,false);          // 初始化复选框 cb3
        cb4=new Checkbox("其他",cbg,false);          // 初始化复选框 cb4
        p.add(cb1);                                  //在面板p 中添加 cb1
        p.add(cb2);                                  //在面板p 中添加 cb2
        p.add(cb3);                                  //在面板p 中添加 cb3
        p.add(cb4);                                  //在面板p 中添加 cb4
        btn1=new Button("提交");                     //初始化按钮 btn1
        btn2=new Button("重置");                     //初始化按钮 btn2
        Panel p1 = new Panel();                      //创建,并初始化面板 p1
        p1.add(btn1);                                //在面板p1添加按钮btn1
        p1.add(btn2);                                //在面板p1添加按钮btn2
        addWindowListener(new WindowAdapter(){
            public void windowClosing(WindowEvent e){
                System.exit(0);                      // 程序退出
            }
        });
        gbc.fill=GridBagConstraints.HORIZONTAL;      //设置gbc 的fill 域
        addComponent(l1, 0, 0, 1, 1);                //添加 l1 标签
        addComponent(tf1,0, 2, 1, 4);                //添加tf1 文本框
        addComponent(l2, 1, 0, 1, 1);                //添加 l2 标签
        addComponent(tf2,1, 2, 1, 4);                //添加tf2 文本框
        addComponent(l3, 2, 0, 1, 1);                //添加 l3 标签
        addComponent(tf3,2, 2, 1, 4);                //添加tf3 文本框
        addComponent(l4,4, 0, 1, 1);                 //添加 l4 标签
        addComponent(p,4, 2, 1, 1);                  //添加面板p
        addComponent(p1,5, 2, 1, 5);                 //添加面板p1
    }
    //声明添加组件的方法
    public void addComponent(Component c,int row,int col, int nrow,int ncol){
        gbc.gridx=col;                               // 设置组件显示区域的开始边单元格
        gbc.gridy=row;                               // 设置组件显示区域的顶端单元格
        gbc.gridheight=ncol;                         // 设置组件显示区域一列的单元格数
        gbc.gridwidth=nrow;                          // 设置组件显示区域一行的单元格数
        gb.setConstraints(c,gbc);                    // 设置布局的约束条件
        add(c);                                      // 组件 c 添加到容器中
    }
    public static void main(String args[ ]){
        // 创建并初始化 GridBagLayoutDemo 对象 mygb
        GridBagLayoutDemo mygb =new GridBagLayoutDemo("网格包布局管理器");
        mygb.setSize(300,200);                       // 设置窗口大小
        mygb.setVisible(true);                       // 显示窗口
    }
}
```

程序运行结果：

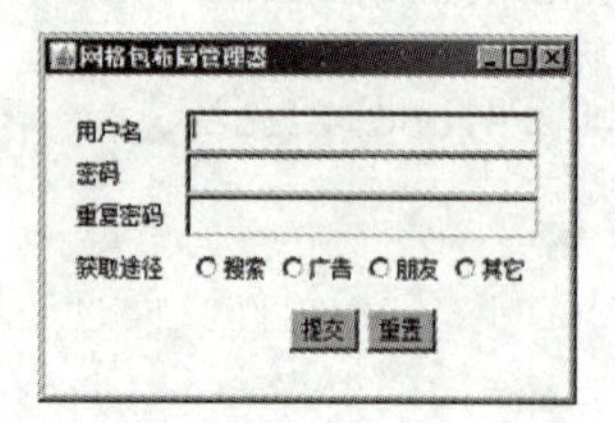

程序解析：从例8-6可以看出，网络包布局管理器是比较复杂的布局管理器，也正是因为它的复杂性才决定了它的功能强大性。它通常需要与GridBagConstraints配合使用，通过 GridBagConstraints的对象来设置组件的布局信息。

6. 不使用布局管理器

当一个容器被创建后，它们都会有一个默认的布局管理器。如果不希望通过布局管理器来对容器进行布局，也可以调用容器的setLayout(null)方法，将布局管理器取消。在这种情况下，程序必须调用容器中每个组件的setSize()和setLocation()方法或者是setBounds()方法（这个方法接收4个参数，分别是左上角的x、y坐标和组件的长、宽）来为这些组件在容器中定位。

【例8-7】不适用布局管理器对各组件进行布局示例NoLayoutDemo.java。

```
import java.awt.*;
public class NoLayoutDemo{
    public static void main(String[] args){
        Frame f=new Frame("hello");
        f.setLayout(null);
        f.setSize(300, 150);
        Button btn1=new Button("press");
        Button btn2=new Button("pop");
        //btn1.setLocation(40, 60);
        //btn1.setSize(100, 30);
        btn1.setBounds(40, 60, 100, 30);
        //btn2.setLocation(140, 90);
        //btn2.setSize(100, 30);
        btn2.setBounds(140, 90, 100, 30);
        //在窗口中添加按钮
        f.add(btn1);
        f.add(btn2);
        f.setVisible(true);
    }
}
```

程序运行结果：

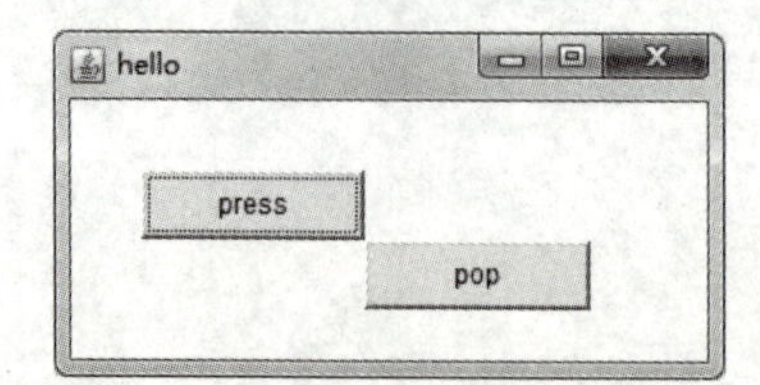

程序解析：例8-7中，通过调用Frame的setLayout(null)方法取消了Frame的布局管理器，然后创建两个Button按钮，分别调用这两个按钮的setLocation()、setSize()或setBounds()方法按照坐标把它们放置到Frame中，从而使图形在界面显示。

五、Swing

Swing不仅使用轻量级组件代替AWT的重量级组件，而且还增加了许多丰富的功能。例如，Swing的按钮和标签等组件可以图形化（即可以使用图标），Swing中的组件与AWT对应的组件名前面加了一个“J”。

Jcomponent 是一个抽象类，主要用于定义所有子类的通用方法。层次关系如下：

```
java.lang.Object
    +--java.awt.Component
        +--java.awt.Container
             +--javax.swing.JComponent
```

Jcomponent类派生于Container类。并不是Swing的所有组件都继承了JComponent类，凡是派生于Container类的组件都可以作为容器使用。Swing组件从功能上可分为顶层容器、中间容器、特殊容器、基本控件、信息显示组件和编辑信息组件。

（1）顶层容器：顶层容器是可以独立存在的容器，可以把它看成一个窗口。顶层容器是进行图形编程的基础，其他Swing组件必须依附在顶层容器中才能显示出来。在Swing中，顶层容器包括Jframe、Japplet、Jdialog、JWindow。

（2）中间容器：中间容器不能独立存在，与顶层容器结合使用可以构建较复杂的界面布局。中间容器包括Jpanel、JscrollPane、JsplitPane、JToolBar。

（3）特殊容器：GUI 中特殊作用的中间层，例如JinternalFrame、JlayeredPane、JRootPane。

（4）基本控件：人机交互的基本组件，如Jbutton、JcomboBox、Jlist、Jmenu、Jslider、JtextField。

（5）信息显示组件：组件仅仅为显示信息，但不能编辑，如Jlabel、JprogressBar、ToolTip。

（6）编辑信息组件：向用户显示可被编辑信息的组件，如JcolorChooser 、JfileChoose、JfileChooser、Jtable、JtextArea。

另外，JComponent类的一些特殊功能包括边框设置、双缓冲区、提示信息、键盘导航和支持布局。

（1）边框设置：使用setBorder() 方法设置组件外围边框，如果不设置边框就会为组件的外围留出空白。

（2）双缓冲区：为了改善组件的显示效果，采用双缓冲技术。JComponent组件默认是双缓冲的，不必要自己写代码，可以通过setDoubleBuffered(false)关闭双缓冲区。

（3）提示信息：setTooltipText()方法可为组件设置提示信息，为用户提供帮助。

（4）键盘导航：registerKeyboardAction()方法可以实现键盘代替鼠标操作。

（5）支持布局：用户可以设置组件最大、最小和设置对齐参数值等方法，指定布局管理器的约束条件。

与AWT组件不同，Swing不能直接在顶层容器中添加组件。Swing组件必须添加到与顶层容器相关的内容面板上，内容面板是一个普通的轻量级组件，还要避免使用非Swing轻量级组件。在顶层容器

JFrame对象中添加组件有以下两种方式：

（1）用getContentPane()方法获得容器的内容面板，直接添加组件，格式如下：

```
Container c=frame.getContentPane();          //获取窗口内容面板
JPanel pane=new JPanel();                    //创建面板
c.add(pane);                                 //在容器中添加面板
```

（2）建立一个中间容器对象（Jpanel或JdesktopPane），将组件添加到中间容器对象内，然后通过setContentPane()方法将该容器设置为顶层容器Frame的内容面板。

```
JPanel pane = new JPanel();                  //创建面板对象
pane.add(new JButton("OK"));                 //给面板添加按钮
frame. setContentPane(pane);                 //将面板 pane 设置为窗口内容面板
```

1. 顶层容器 JFrame

JFrame类一般用于创建应用程序的主窗口，所创建的窗口默认大小是0，需要使用setSize设置窗口的大小。JFrame窗口默认不可见，需要使用setVisible(true)使其可见。JFrame类通过继承父类而提供了一些常用的方法来控制和修饰窗口。

利用JFrame类创建一个窗口有两种方法：直接定义JFrame类的对象来创建一个窗口；通过继承JFrame类来创建一个窗口。通常利用第二种方法，因为通过继承，可以创建自己的变量或方法，更具灵活性。

【例8-8】直接定义JFrame类的对象来创建一个窗口示例JFrameDemo1.java。

```
import javax.swing.*;
public class JFrameDemo1{
    public static void main(String[] args){
        JFrame f=new JFrame("一个简单窗口");
        f.setLocation(300, 300);
        f.setSize(300, 200);
        f.setResizable(false);
        f.setVisible(true);
    }
}
```

【例8-9】通过继承JFrame类创建一个窗口示例JFrameDemo2.java。

```
import javax.swing.*;
class MyFrame extends JFrame{
    public MyFrame(String title,int x,int y,int w,int h){
        super(title);
        this.setLocation(x,y);
        this.setSize(w, h);
        this.setResizable(false);
        this.setVisible(true);
    }
}
public class JFrameDemo2{
    public static void main(String[] args){
        new MyFrame("一个简单窗口", 300, 300, 300, 200);
```

```
    }
}
```

运行JFrameDemo1.java和JFrameDemo2.java程序的结果是一致的。

程序运行结果：

程序解析：JFrameDemo1.java和JFrameDemo2.java通过JFrame类在屏幕上创建了一个大小为300×200、并位于显示器左上角（300，300）的一个空白窗体。该窗体除了标题之外什么都没有，因为还没有在窗口中添加任何组件。

2. 中间容器 JPanel

JPanel在Java中又称为面板，属于中间容器，本身也属于一个轻量级容器组件。由于JPanel透明且没有边框，因此不能作为顶层容器，不能独立显示。它的作用就在于放置Swing轻量级组件，然后作为整体安置在顶层容器中。使用JPanel结合布局管理器，通过容器的嵌套使用，可以实现对窗口的复杂布局。正是因为这些优点，使得JPanel成为最常用的容器之一。

【例8-10】JPanel应用示例TwoPanelDemo.java。

```
import javax.swing.*;
import java.awt.*;
class TwoPanelJFrame extends JFrame{
    public TwoPanelJFrame(String title){
        super(title);
        this.setLayout(null);
        JPanel pan1=new JPanel();
        JPanel pan2=new JPanel();
        this.getContentPane().setBackground(Color.green);
        this.setSize(250, 250);
        pan1.setLayout(null);
        pan1.setBackground(Color.red);
        pan1.setSize(150, 150);
        pan2.setBackground(Color.yellow);
        pan2.setSize(50, 50);
        pan1.add(pan2);
        this.add(pan1);
        this.setVisible(true);
    }
}
public class TwoPanelDemo{
```

```
    public static void main(String[] args){
        new TwoPanelJFrame("Two Panel 测试");
    }
}
```

程序运行结果：

程序解析：例8-10通过继承JFrame类的方式创建了一个窗体。对JFrame类及子类对象设置背景颜色，需要调用获得内容面板getContentPane()方法。对JPanel类对象设置背景色，需要调用setBackground()方法。调用setLayout()方法设置布局管理器。通过调用JPanel的add()方法实现中间容器的嵌套，调用JFrame的add()方法将中间容器JPanel加入顶层容器JFrame中。

3. 对话框 JDialog

JDialog是Swing的另外一个顶层容器，它和Dialog一样都表示对话框。JDialog对话框可分为两种：模态对话框和非模态对话框。所谓模态对话框是指用户需要等到处理完对话框后才能继续与其他窗口交互；而非模态对话框允许用户在处理对话框的同时与其他窗口交互。

对话框是模态或者非模态，可以在创建Dialog对象时为构造方法传入参数来设置，也可以在创建JDialog对象后调用它的setModal()方法来进行设置。

【例8-11】JDialog应用示例JDialogDemo.java。

```
import java.awt.*;
import java.awt.event.*;
import javax.swing.*;
public class JDialogDemo{
    public static void main(String[] args){
        //建立两个按钮
        JButton btn1=new JButton("模态对话框");
        JButton btn2=new JButton("非模态对话框");
        JFrame f=new JFrame("DialogDemo");
        f.setSize(300, 250);
        f.setLocation(300, 200);
        f.setLayout(new FlowLayout());  //为内容面板设置布局管理器
        //在Container对象上添加按钮
        f.add(btn1);
        f.add(btn2);
        //设置点击关闭按钮默认关闭窗口
        f.setDefaultCloseOperation(JFrame.EXIT_ON_CLOSE);
```

```
        f.setVisible(true);
        final JLabel label=new JLabel();
        final JDialog dialog=new JDialog(f,"Dialog");  //定义一个JDialog对话框
        dialog.setSize(220, 150);
        dialog.setLocation(350, 250);
        dialog.setLayout(new FlowLayout());
        final JButton btn3=new JButton("确定");
        dialog.add(btn3);   //在对话框的内容面板添加按钮
        //为"模态对话框"按钮添加点击事件
        btn1.addActionListener(new ActionListener(){
            public void actionPerformed(ActionEvent e){
                //设置对话框为模态
                dialog.setModal(true);
                //如果JDialog窗口中没有添加JLabel标签，就把JLabel标签加上
                if (dialog.getComponents().length==1){
                    dialog.add(label);
                }
                //否则修改标签的内容
                label.setText("模态对话框，单击"确定"按钮关闭");
                //显示对话框
                dialog.setVisible(true);
            }
        });
        //为"非模态对话框"按钮添加点击事件
        btn2.addActionListener(new ActionListener(){
            public void actionPerformed(ActionEvent e){
                //设置对话框为模态
                dialog.setModal(false);
                //如果JDialog窗口中没有添加JLabel标签，就把JLabel标签加上
                if (dialog.getComponents().length==1){
                    dialog.add(label);
                }
                //否则修改标签的内容
                label.setText("非模态对话框，单击"确定"按钮关闭");
                //显示对话框
                dialog.setVisible(true);
            }
        });
        //为对话框中的按钮添加点击事件
        btn3.addActionListener(new ActionListener(){
            public void actionPerformed(ActionEvent e){
                dialog.dispose();
            }
        });
    }
}
```

程序运行结果：

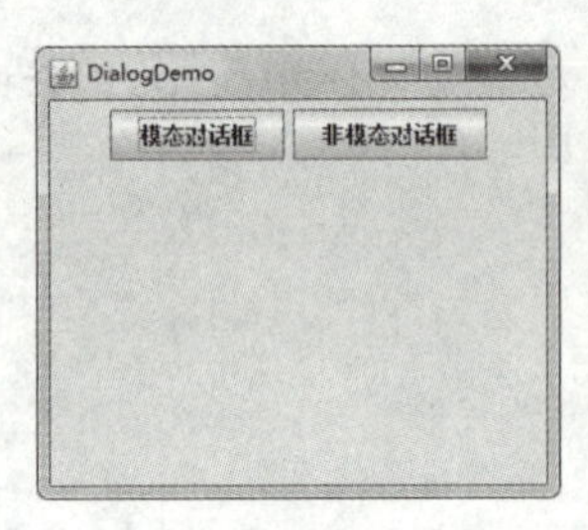

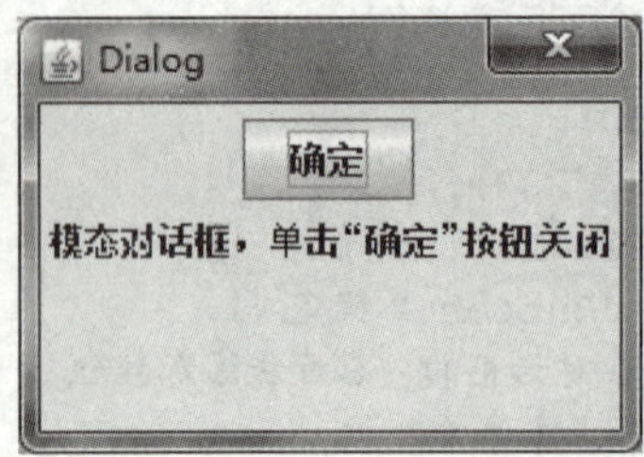

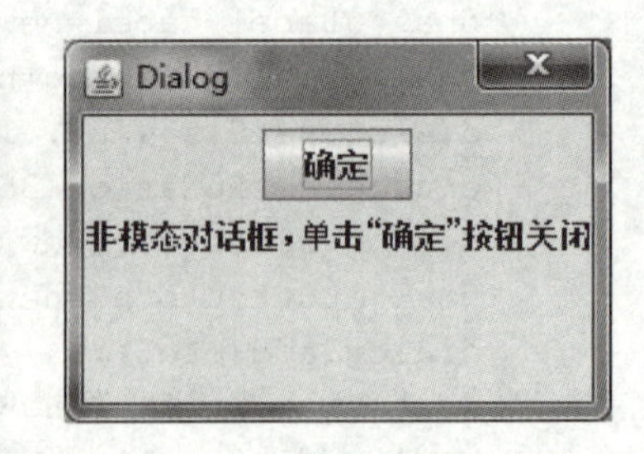

程序解析：例8-11的结果显示，在JFrame窗口中添加了“模态对话框”和“非模态对话框”两个按钮。当单击“模态对话框”按钮时，显示程序运行结果图中间的对话框窗口，这时只能操作该对话框，其他对话框都会处于冰封的状态，不能进行任何操作，直到用户单击对话框中的“确定”按钮，关闭该对话框，才能继续其他操作。当单击“非模态对话框”按钮时，显示程序运行结果图最后一个对话框窗口，此时不但能对弹出的对话框进行操作，而且能对其他的窗口进行操作，这就是非模态对话框和模态对话框的区别。

微课

例8-11 Jdialog应用示例

利用JDialog类可以创建对话框，但是必须创建对话框中的每一个组件。大多数对话框只需显示提示的文本，或者进行简单的选择，这时可以利用JOptionPane类。对话框类型如表8-3所示。

表 8-3　对话框类型

对话框类型	说　明
消息对话框	只含有一个按钮，通常是“确定”按钮
确认对话框	通常会问用户一个问题，用户回答是或不是
输入对话框	可以让用户输入相关的信息，当用户单击“确定”按钮后，系统会得到用户所输入的信息；也可以提供JComboBox组件让用户选择相关信息，避免用户输入错误
选项对话框	可以让用户自定义对话类型，最大的好处是可以改变按钮上的文字

通过创建JOptionPane对象所得到的对话框是模态对话框，然而通常并不是通过new一个JOptionPane对象创建对话框，而是直接使用JOptionPane所提供的一些静态方法，创建表8-3中所列出的4种标准对话框。

对话框的使用方法示例如下：

（1）显示消息对话框：

```
    JOptionPane.showMessageDialog(this, "这是消息对话框","消息对话框示例",JOptionPane.
WARNING_MESSAGE);
```

（2）显示确认对话框：

```
    JOptionPane.showConfirmDialog(this, "这是确认对话框", "确认对话框示例",
JOptionPane.YES_NO_CANCEL_OPTION,JOptionPane.INFORMATION_MESSAGE);
```

（3）显示输入对话框：

```
    String inputValue=JOptionPane.showInputDialog(this,"这是输入对话框","输入对话框示
例",JOptionPane.INFORMATION_MESSAGE);
```

（4）显示选项对话框：

```
Object[] options={"钢琴","小提琴","古筝"};
int response=JOptionPane.showOptionDialog(this, "请选择演奏的乐器", "选项对话框示例", JOptionPane.DEFAULT_OPTION, JOptionPane.QUESTION_MESSAGE, null, options, options[1]);
```

练一练

文本组件

4. 文本组件

文本组件用于接收用户输入的信息或向用户展示信息，其中包括文本框（JTextField）、文本域（JTextArea）等，它们都有一个共同的父类JTextComponent。JTextComponent是一个抽象类，它提供了文本组件常用的方法。

（1）JTextField：称为文本框，它只能接收单行文本的输入。JTextField有一个子类JPasswordText，它表示一个密码框，只能接收用户的单行输入，但是在此框中不显示用户输入的真实信息，而是通过显示指定的回显字符作为占位符。新创建的密码框默认的回显字符为*。

（2）JTextArea：称为文本域，它能接收多行文本的输入，使用JTextArea构造方法创建对象时可以设置区域的行数、列数。

文本域不自动具有滚动功能，但是可以通过创建一个包含JTextArea实例的JScrollPane对象实现。例如：

```
JScrollPane scroll=new JScrollPane(new JTextArea());
```

5. 按钮组件

Swing中，所有类型的按钮都是javax.swing.AbstractButton 类的子类。用户使用Swing按钮可以显示图像，将整个按钮设置为窗口默认图标，并且可将多个图像指定给一个按钮，来处理鼠标在按钮上的事件。JButton类的继承关系如下：

拓展知识

按钮组件JCheckBox

```
java.lang.Object
  +--java.awt.Component
     +--java.awt.Container
        +--javax.swing.JComponent
           +--javax.swing.AbstractButton
              +--javax.swing.JButton
```

常用的构造方法有以下几种：

（1）JButton(Icon icon)：按钮上显示图标。

（2）JButton(String text)：按钮上显示字符。

（3）JButton(String text, Icon icon)：按钮上既显示图标又显示字符。

前面案例中多次用到JButton按钮，而且它的使用非常简单，这里不再过多介绍。

拓展知识

按钮组件JRadionButton

6. 组合框组件 JComboBox

组合框组件（JcomboBox）是将按钮、可编辑字段以及下拉菜单组合的组件。用户可以从下拉列表中选择不同的值，如果组合框组件处于不可编辑状态，用户只能在现有的选项列表中进行选择；如果组合框组件处于可编辑状态，用户还可以输入新的内容。需要注意的是，输入的内容只能作为当前项显示，并不会添加到组合框的选项列表中。组合框的构造方法有以下几种：

练一练

组合框组件

练一练

菜单组件

（1）JComboBox()：创建一个没有数据选项的组合框。

（2）JComboBox(ComboBoxModel aModel)：创建一个数据来源于 ComboBoxModel的组合框。

（3）JComboBox(Object[] items)：创建一个指定数组元素作为选项的组合框。

（4）JComboBox(Vector<?> items)：创建一个指定Vector 中元素的组合框。

7. 菜单组件

在GUI程序中，菜单是很常见的组件，利用Swing提供的菜单组件可以创建出多种样式的菜单。

（1）下拉式菜单：对于下拉式菜单，大家都很熟悉，如记事本的菜单。在GUI程序中，创建下拉式菜单需要使用3个组件：JMenuBar（菜单栏）、JMenu（菜单）和JMenuItem（菜单项）。

- JMenuBar：表示一个水平的菜单栏，用来管理菜单，不参与同用户的交互式操作。菜单栏可以放在容器的任何位置，但通常情况下会使用顶级窗口（如JFrame、JDialog）的setJMenuBar(JMenuBar menuBar)方法将它放置在顶级窗口的顶部。创建完菜单栏对象后，可以调用它的add(JMenu c)方法为其添加JMenu菜单。
- JMenu：JMenu表示一个菜单，用来整合管理菜单项。菜单可以是单一层次的结构，也可以是多层次的结构。
- JMenuItem：表示一个菜单项，它是菜单系统中最基本的组件。同JMenu菜单一样，在创建JMenuItem菜单项时，通常会使用JMenuItem(String text)这个构造方法为菜单项指定文本内容。

（2）弹出式菜单：对于弹出式菜单，也很常见，例如，在Windows桌面上右击就会出现一个弹出式菜单。在Java的Swing组件中，弹出式菜单用JPopupMenu表示。

JPopupMenu弹出式菜单和下拉式菜单一样都通过调用add()方法添加JMenuItem菜单项，但它默认是不可见的，可以调用它的show(Component invoker,int x,int y)方法使其显示出来。

任务实施

下面通过AWT和Swing组件来实现聊天室服务器端界面设计和客户端界面设计。

实现思路

（1）服务器端界面能够实现人数上限设置、服务器端口设置、服务的启动和停止，所有在线用户昵称的显示、聊天室中所有用户的聊天记录显示、发布消息等功能。

（2）客户端界面能够实现连接服务器IP地址设置、连接端口设置、用户昵称设置、客户端的上线与下线、除本人以外所有在线用户昵称的显示、聊天室中所有用户的聊天记录显示、发布消息等功能。

（3）字符较少，只需单行输入和显示的功能使用JTextField组件实现。字符较多，需要多行输入和显示的功能使用JTextArea组件实现。

（4）启动与停止服务器的功能、发布消息的功能、客户端上线与下线的功能，通过JButton组件的单击事件来触发。

（5）界面整体采用Frame容器，因此默认边界布局。在南区中采用边界布局，在西区和东区中使用JScrollPane面板，在中区中使用分割面板JSplitPane，并使用 JSplitPane.HORIZONTAL_SPLIT让分隔窗格中的两个Component从左到右排列，在北区中采用网格布局。在各区中添加组件以实现布局。

任务小结

本任务主要讲述了Java图形界面设计的基础知识，其中最重要的是常用的容器、组件以及布局管理器的使用；另外介绍了Java事件处理模型和事件处理相关的基础知识，这些内容在图形用户界面设计中应用比较广泛；最后还专门讨论了Swing的一些内容，不仅介绍了创建Swing程序的基本步骤，而且还具体通过实例演示了Swing组件的使用。由于Swing提供庞大而复杂的类库，如果想熟练地掌握和应用Swing组件，还必须利用API的帮助，逐步摸索规律，掌握方法。

自测题

任务八

自 测 题

参见“任务八”自测题。

拓展实践——水果超市管理系统

在水果超市中，有各种各样的水果，为了便于管理，会将水果信息记录在水果超市管理系统中进行统一管理，通过系统可以方便地实现对水果信息的增删改查操作。其中，水果信息包括水果编号、水果名称、水果单价和计价单位等。本任务要求使用所学GUI知识，编写一个水果超市管理系统。

水果超市管理系统共包括系统欢迎界面和超市货物管理界面两个界面，在系统欢迎界面通过单击“进入系统”按钮，进入超市货物管理界面，在货物管理界面就可以对水果信息实现具体的操作。例如，每当有新水果运送到超市时，就需要系统管理人员在系统中增加新水果的信息；如果超市中的水果没有了就删除该水果信息；水果的数量价格等需要变更时进行修改，这些操作都可以在管理系统中完成。

参考代码见本书配套资源FruitStore文件夹。

面试常考题

（1）Window和Frame有什么区别？

（2）Java的布局管理器比传统的窗口系统有哪些优势？

（3）BorderLayout里面的元素是如何布局的？

（4）事件监听器接口（Event-Listener Interface）和事件适配器（Event-Adapter）有什么关系？

（5）简述Java的事件委托机制和垃圾回收机制。

拓展阅读——传承与创新

在创新中传承

近年来，国家高度注重非物质文化遗产的传播，大力开展了诸多文化项目，旨在更好地促进非物质文化遗产的传播，非物质文化遗产的传承人也越来越多，这让群众有更多的机会参与到非物质文化遗产的传播过程中。非物质文化遗产的传承，主要依靠家族的代代相传，或者是找徒弟来进行传承与发展。在这个过程中，大部分都是通过师傅来带徒弟，但是这种传承所带来的问题也不容忽视。

在传承中，由于传承人的经历有限，不能对每个被传承人进行细致的讲解与指导，很可能在传承过程中出现偏差，导致非物质文化遗产丧失了它原有的文化底蕴。而在对外推广时，需要通过手把手来进行教学，也很少能与人有更多的互动性，一旦出现了传承断开的情况，基本意味着非物质文化遗产丧失了活力。如果没有传承，那么很可能会随着非物质文化遗产传承人的死亡而消失。非物质文化遗产的传承是人与人、人与群体之间的活动，但是随着时代的发展，这种传播途径已经不能满足人们的需求。

数字化技术对于现在处于高速发展时代的人类并不陌生，它往往能将一些复杂的信息转变成简单的容易让人们理解和接受的信息。数字化是多媒体技术的基础，包括现在被人们用来建立三维模型的软件技术以及很流行的虚拟现实技术，能够让使用者更加立体直观地感受到所处的环境以及所用的物品。它可以将一些信息或技术通过转换、再现、复原成可共享、可再生的数字形态，最后形成的这种新的技术更能让人们接受。

任务九　I/O 流的处理

任务描述

聊天室的服务器端需要向客户端发布消息，并且需要接收来自客户端的聊天消息；客户端需要向服务器端发送聊天消息，并且接收来自服务器端的消息。无论是服务器端还是客户端都需要完成数据的发送与接收操作。本任务通过对字符流、字节流以及字符编码的讲解，实现聊天室服务器端与客户端之间的数据收发。

学习导航	重　点	（1）字节流的操作； （2）字符流的操作； （3）文件的存取操作； （4）标准输入/输出流； （5）打印流的操作； （6）字符编码和解码
	难　点	（1）字节流的操作； （2）字符流的操作； （3）文件的存取操作
	推荐学习路线	从聊天室的服务器端与客户端之间数据的发送和接收任务入手，理解字节流操作类、字符流操作类、文件的存取过程、字符编码和解码
	建议学时	8学时
	推荐学习方法	（1）实践法。建议上机，完成本任务中的所有案例。 （2）小组合作法。通过小组合作的方式，进行聊天室的服务器端与客户端之间数据发送与接收程序设计，最终能正确使用字节流和字符流操作类实现数据的读入与写出，能熟练进行文件的存取操作，能保持在数据的传输过程中不出现乱码。 （3）对比法。通过字节流与字符流在定义方面的对比，字节流操作类与字符流操作类在构造方法、成员方法等方面的对比，并通过转换流实现二者之间的转换，达到对所要求的知识点的准确掌握
	必备知识	（1）字节流的概念； （2）字节流读/写文件； （3）文件的复制； （4）字节流的缓冲区； （5）字节缓冲流； （6）字符流定义及基本用法； （7）字符流操作文件； （8）转换流； （9）File类的常用方法； （10）字符的编码和解码
	必备技能	（1）字节流和字符流读/写文件的操作； （2）使用File类访问文件系统； （3）字符码表的使用
	素养目标	（1）牢固树立规范意识，养成严谨认真、精益求精的工匠精神； （2）树立科技自信、开放共享意识； （3）激发民族自豪感、时代使命感、历史责任感； （4）培养信息安全意识与大局观

技术概览

在Java中，将通过不同输入/输出设备（键盘、内存、显示器、网络等）之间的数据传输抽象表述为“流”（Stream），程序允许通过流的方式与输入/输出设备进行数据传输。Java中的“流”都位于java.io包中，称为I/O（输入/输出）流，整个java.io包实际上就是File、InputStream、OutputStream、Reader、Writer五个类和一个Serializable接口。

I/O流有很多种，按照操作数据的不同，可以分为字节流和字符流，按照数据传输方向的不同又可分为输入流和输出流，如图9-1所示。程序从输入流中读取数据，向输出流中写入数据。

知识分布网络

任务九

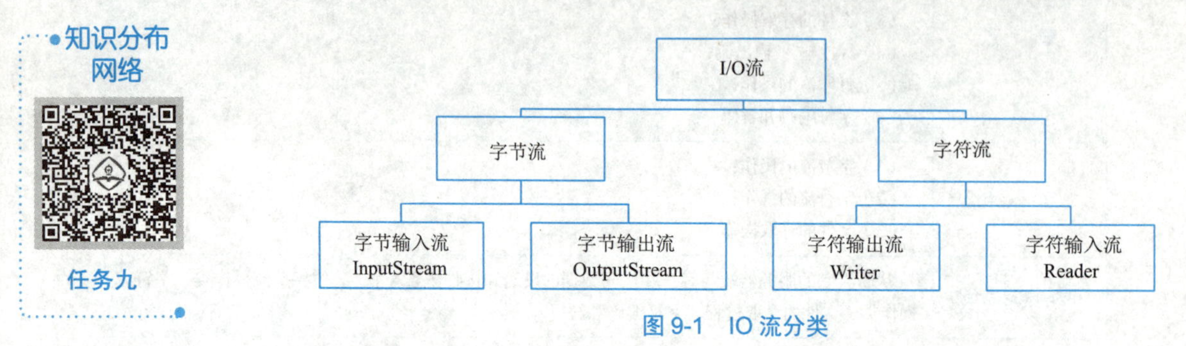

图 9-1　IO 流分类

相关知识

一、字节流

1. 字节流的概念

在计算机中，无论是文本、图片、音频还是视频，所有的文件都是以二进制（字节）形式存在，I/O流中针对字节的输入/输出提供了一系列的流，统称为字节流。字节流是程序中最常用的流，根据数据的传输方向可将其分为字节输入流和字节输出流。在JDK中，提供了两个抽象类InputStream和OutputStream，它们是字节流的顶级父类，所有的字节输入流都继承自InputStream，所有的字节输出流都继承自OutputStream。图9-2所示为InputStream的子类，图9-3所示为OutputStream的子类。

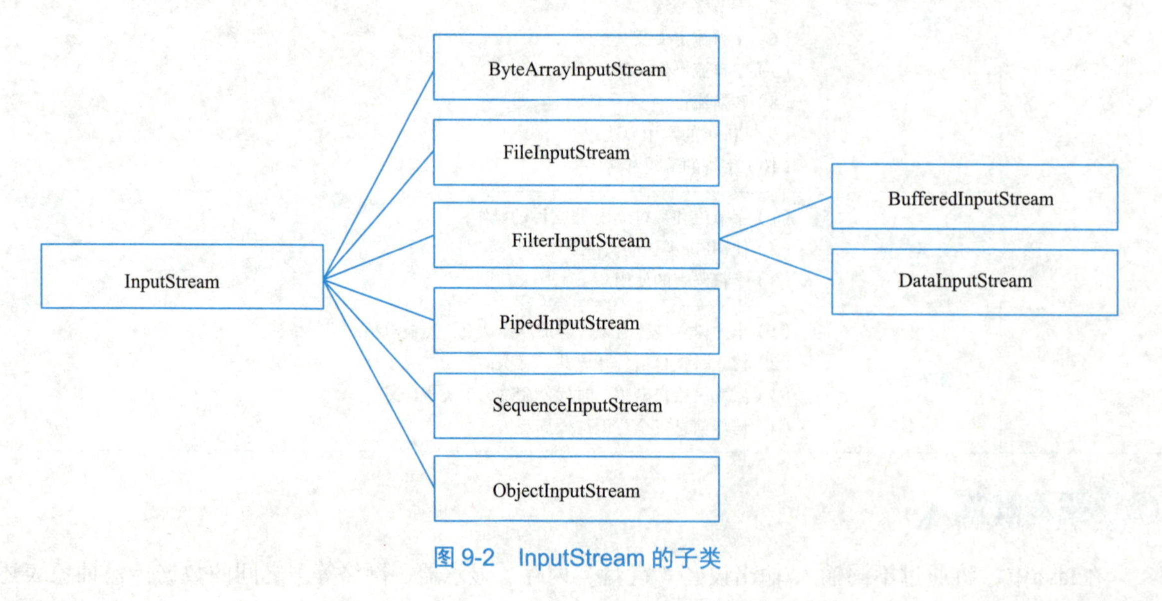

图 9-2　InputStream 的子类

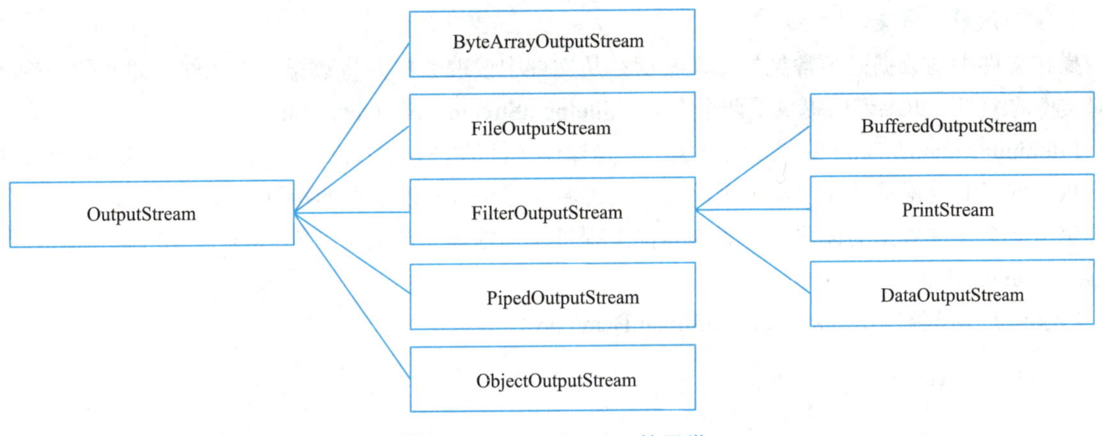

图 9-3　OutputStream 的子类

可以看出，InputStream和OutputStream的子类有很多是对应的，例如ByteArrayInputStream和ByteArrayOutputStream，FileInputStream和FileOutputStream等。

为了方便理解，可以把InputStream和OutputStream比作两根“水管”，InputStream被看成一个输入管道，OutputStream被看成一个输出管道，数据通过InputStream从源设备输入到程序，通过OutputStream从程序输出到目标设备，从而实现数据的传输。由此可见，I/O流中的输入/输出都是相对于程序而言的。

在JDK中，InputStream和OutputStream提供了一系列与读/写数据相关的方法，如表9-1和表9-2所示。

表 9-1　InputStream 的常用方法

方 法 声 明	功 能 描 述
int read()	从输入流读取一个8位的字节，将其转换为0~255之间的整数，并返回这一整数
int read(byte[] b)	从输入流读取若干字节，将其保存到参数b指定的字节数组中，返回的整数表示读取字节数
int read(byte[] b,int off,int len)	从输入流读取若干字节，将其保存到参数b指定的字节数组中，off指定字节数组开始保存数据的起始下标，len表示读取的字节数目
void close()	关闭此输入流并释放与该流关联的所有系统资源

表 9-2　OutputStream 的常用方法

方 法 声 明	功 能 描 述
void write(int b)	向输出流写入一个字节
void write(byte[] b)	把参数b指定的字节数组的所有字节写到输出流
void write(byte[] b,int off,int len)	将指定byte数组中从偏移量off开始的len个字节写入输出流
void flush()	刷新此输出流并强制写出所有缓冲的输出字节
void close()	关闭此输出流并释放与此流相关的所有系统资源

注意：利用输出流向目标设备传输数据，写入完毕后不要忘记调用flush()方法以完成刷新；输入与输出操作完成后，一定不要忘记调用close()方法，关闭输入流和输出流，并释放相关系统资源。

2. 字节流读 / 写文件

操作文件中的数据是很常见的操作，就是从文件中读取数据并将数据写入文件，即文件的读/写。针对文件的读/写，JDK专门提供了两个大类：FileInputStream和FileOutputStream。

FileInputStream是InputStream的子类，它是操作文件的字节输入流，专门用于读取文件中的数据。由于从文件读取数据是重复操作，因此需要通过循环语句来实现数据的持续读取。下面通过一个案例实现字节流对文件数据的读取。首先在当前工程目录下创建一个文本文件test.txt，在文件中输入内容“welcome to java!”。

【例9-1】 字节流应用示例FileInputStreamDemo.java。

```
import java.io.*;
public class FileInputStreamDemo{
    public static void main(String[] args){
        //创建一个文件字节输入流
        FileInputStream in=new FileInputStream("test.txt");
        int b=0;                    //定义一个 int 类型的变量 b，记住每次读取的一个字节
        while (true) {
            b=in.read();            //变量 b 记住读取的一个字节
            if (b==-1) {            //如果读取的字节为 -1，跳出 while 循环
                break;
            }
            System.out.println(b);       //否则将 b 写出
        }
        in.close();
    }
}
```

程序运行结果：

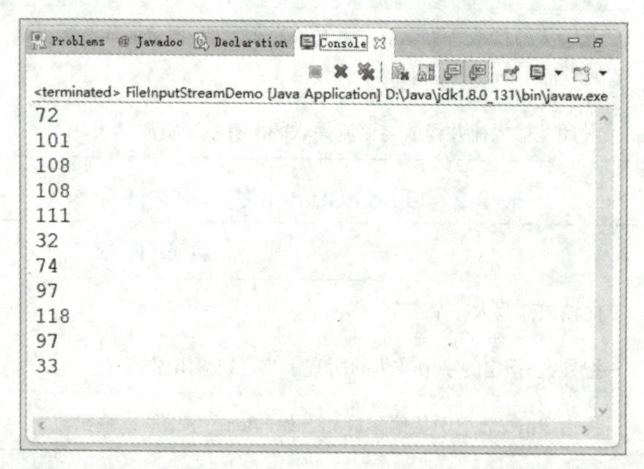

程序解析：例9-1中，创建的字节流通过read()方法将当前工程目录文件test.txt中的数据读取并打印。从上面的运行结果可以看出，最终显示的是“welcome to java!”这句话中每个字符包括空格和感叹号的ASCII码值的十进制形式。

注意： 在读取文件数据时，必须保证文件是存在并且可读的，否则会抛出文件找不到的异常FileNotFoundException。

练一练：在项目目录下创建一个文本文件fis.txt，在文件中编辑内容“Welcome to learn IO stream!”，读取并打印文件中的数据。

练一练

FileInput-Stream 读取文件数据

与FileInputStream对应的是FileOutputStream。FileOutputStream是OutputStream的子类，它是操作文件的字节输出流，专门用于把数据写入文件。

【例9-2】将数据写入文件示例FileOutputStreamDemo.java。

```
import java.io.*;
public class FileOutputStreamDemo{
    public static void main(String[] args) throws IOException{
        //创建一个文件字节输出流
        FileOutputStream out=new FileOutputStream("test.txt");
        String str="万物互联";
        str+="\r\n";
        byte[] b=str.getBytes();
        for (int i=0; i<b.length; i++){
            out.write(b[i]);
        }
        out.close();

    }
}
```

程序运行结果：

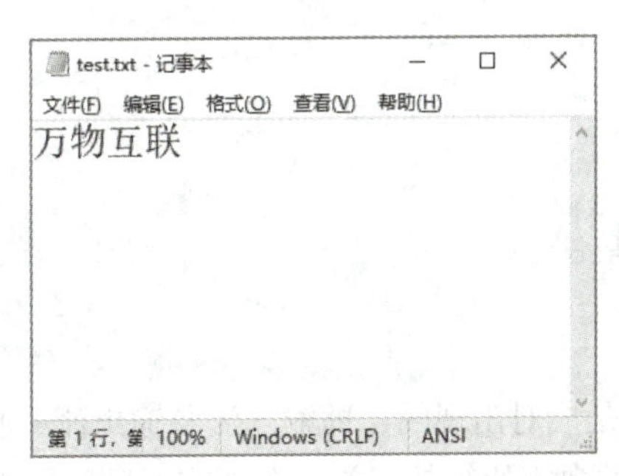

程序解析：例9-2的程序运行后，会在当前工程目录下的test.txt文件（如果没有则创建此文件）中写入“万物互联”这四个字，并将光标停留在下一行的开始处。值得注意的是，test.txt文件中原有的内容被新写入的内容覆盖，如果希望在已存在的文件内容之后追加新内容，可以使用FileOutputStream(String fileName,Boolean append)来创建文件输出流对象，并把append参数的值设置为true。

练一练：将“欢迎学习IO流”这句话写入磁盘上的文件。

练一练

FileOutput-Stream 写入数据

把上面程序中的

```
FileOutputStream out=new FileOutputStream("test.txt");
```

替换为

```
FileOutputStream out=new FileOutputStream("test.txt",true);
```

重新运行程序，可以看到如下结果：

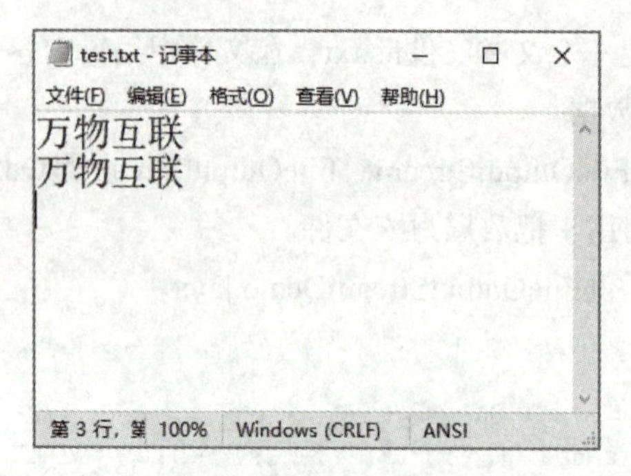

从前面的案例中可以看出，I/O流在进行数据读/写操作时会出现异常，为了代码简洁，在程序中使用throws关键字将异常抛出。然而一旦遇到I/O异常，I/O流的close()方法将无法得到执行，流对象所占用的系统资源将得不到释放，因此，为了保证I/O流的close()方法必须执行，通常将关闭流的操作写在finally代码块中。

```
finally{
    try{
        if (in!=null){
            in.close();
        }
    } catch (Exception e){
        e.printStackTrace();
    }
    try {
        if (out!=null){
            out.close();
        }
    } catch (Exception e){
        e.printStackTrace();
    }
}
```

在应用程序中，I/O流通常都是成对出现的，即输入流和输出流一起使用。

练一练：通过字节流实现文件内容的复制。首先在当前项目目录中创建文件夹source和target，然后在source文件夹中存放一个名称为source.jpg的图片文件，将文件source.jpg复制到target文件夹中并重命名为target.jpg。

注意：在定义文件路径时需要使用"\\"，如source\\soft_music.mp3，表示对工程根目录下的source目录下的soft_music.mp3文件进行操作。这是因为在Windows中目录符号是反斜线"\"，但是在Java中反斜线是特殊字符，表示转义符，所以在使用反斜线时，前面应该再添加一个反斜线，即为"\\"。除此之外，文件路径也可以用正斜线"/"来表示，如source/soft_music.mp3。

3. 字节流的缓冲区

前面实现了文件的复制，但是逐个字节地读/写，需要频繁地操作文件，效率非常低。当通过流的方式复制文件时，为了提高效率可以定义一个字节数组作为缓冲区。在复制文件时可以一次性读取多个字节的数据，并保存在字节数组中，然后将字节数组中的数据一次性写入文件。

【例9-3】使用缓冲区复制文件示例FileBuffCopyDemo.java。

```
import java.io.*;
public class FileBuffCopyDemo{
    public static void main(String[] args) {
        //创建一个字节输入流,用于读取当前工程目录下source文件夹中的mp3文件
        InputStream in=new FileInputStream("source\\soft_music.mp3");
        //创建一个字节输出流,用于将读取的数据写入target目录下的文件中
        OutputStream out=new FileOutputStream("target\\soft_music_2.mp3");
        int len;
        byte[] buff=new byte[1024];
        long begintime=System.currentTimeMillis();
        while ((len=in.read(buff))!=-1) {
            out.write(buff,0,len);
        }
        long endtime=System.currentTimeMillis();
        System.out.println("复制文件所消耗的时间是:"+(endtime-begintime)+"毫秒");
        in.close();
        out.close();
    }
}
```

程序运行结果：

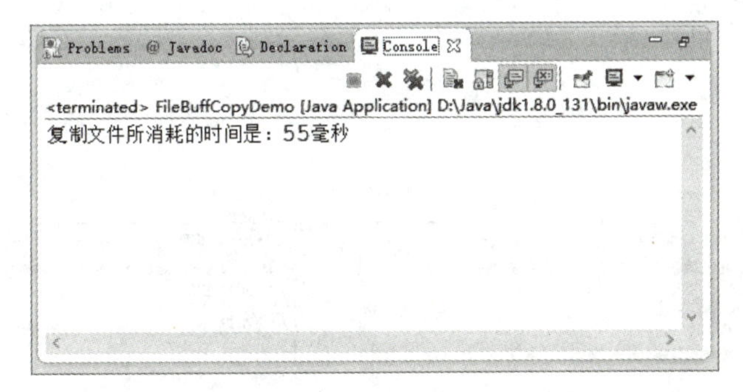

练一练

字节流实现文件的复制

程序解析：例9-3中，每循环一次，就从文件读取若干字节填充字节数组，并通过变量len记住读入数组的字节数，然后从数组的第一个字节开始，将len个字节依次写入文件。

如果读者已经实现了使用字节流进行文件内容的复制，通过对比可以看出使用缓冲区复制文件所消耗的时间明显减少了，从而说明缓冲区读/写文件可以有效地提高程序的效率。这是因为程序中的缓冲区就是一块内存，用于暂时存放输入/输出的数据，使用缓冲区减少了对文件的操作次数，所以可以提高读/写数据的效率。

练一练：使用自定义缓冲区复制一首mp3格式的歌曲到另一个文件夹。

练一练

自定义缓冲区复制大文件

4. 字节缓冲流

在I/O包中提供两个带缓冲的字节流，分别是BufferedInputStream和BufferedOutputStream，它们的构造方法中分别接收InputStream和OutputStream类型的参数作为被包装对象，在读/写数据时提供缓冲功能。应用程序、缓冲流、底层字节流之间的关系如图9-4所示。

图 9-4 缓冲流

从图9-4中可以看出，应用程序是通过缓冲流来完成数据读/写的，而缓冲流又是通过底层被包装的字节流与设备进行关联的。下面通过一个案例学习BufferedInputStream和BufferedOutputStream这两个字节流的用法。

【例9-4】字节流应用示例BufferedStreamDemo.java。

```
import java.io.*;
public class BufferedStreamDemo{
    public static void main(String[] args){
        //创建一个带缓冲区的字节输入流
        BufferedInputStream bis=new BufferedInputStream(new FileInputStream("test.txt"));
        //创建一个带缓冲区的字节输出流
        BufferedOutputStream bos=new BufferedOutputStream(new FileOutputStream("des.txt"));
        int len;
        while ((len=bis.read())!=-1){
            bos.write(len);
        }
        bis.close();
        bos.close();
    }
}
```

程序运行结果：

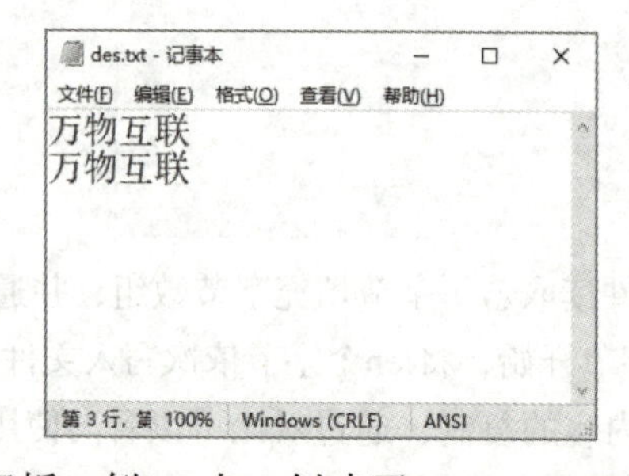

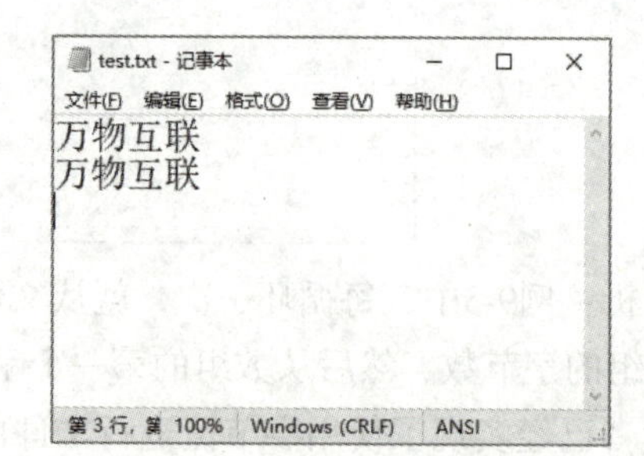

练一练

字节缓冲流复制大文件

程序解析：例9-4中，创建了BufferedInputStream和BufferedOutputStream两个缓冲流对象，这两个流内部都定义了一个大小为8 192的字节数组，当调用read()或者write()方法读/写数据时，首先将读/写的数据存入定义好的字节数组，然后将字节数组的数据一次性读/写到文件中。

练一练：使用字节缓冲流将一首mp3的歌曲复制到另一个文件夹。

二、字符流

1. 字符流定义及基本用法

如果希望在程序中操作字符，使用InputStream类和OutputStream类就不太方便，为此JDK提供了字符流。字符流的两个抽象的顶级父类是Reader和Writer。其中Reader是字符输入流，用于从某个源设备读取字符，Writer是字符输出流，用于向某个目标设备写入字符。

Reader和Writer作为字符流的顶级父类，也有许多子类，如图9-5和图9-6所示。

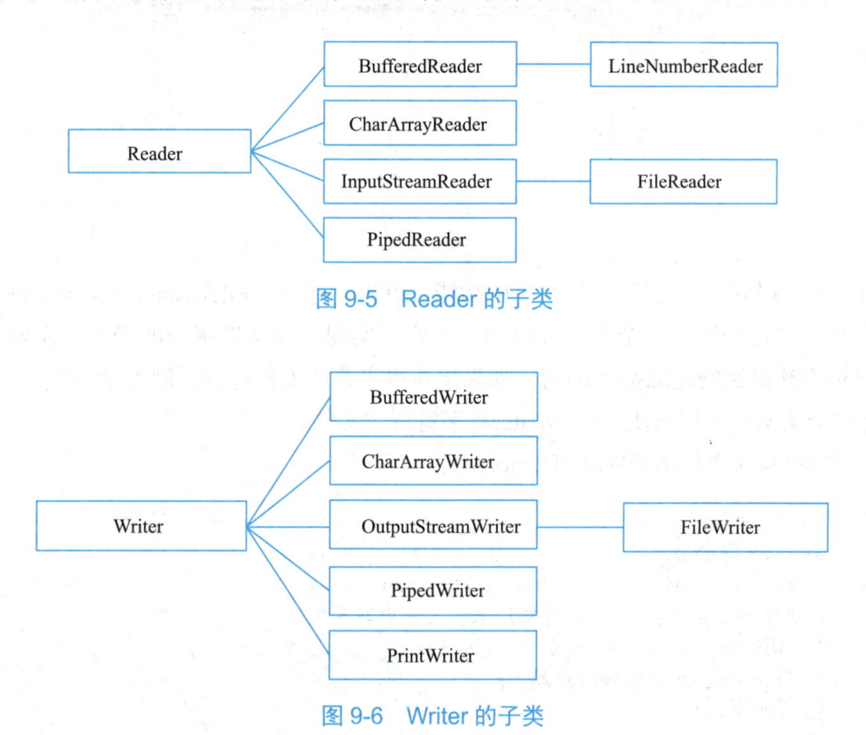

图 9-5　Reader 的子类

图 9-6　Writer 的子类

与字节流相似，字符流的很多子类都是成对（输入流和输出流）出现。其中，FileReader和FileWriter用于读/写文件；BufferedReader和BufferedWriter是具有缓冲功能的流，可以提高读/写效率。

2. 字符流操作文件

如果想从文件中直接读取字符便可以使用字符输入流FileReader，通过此流可以从关联的文件中读取一个或一组字符。下面通过一个案例学习如何使用FileReader读取文件中的字符。首先在当前工程目录下新建test_2.txt文件，并在其中输入字符"Hello Java! "。

【例9-5】读取文件中的字符示例ReaderDemo.java。

```
import java.io.*;
public class ReaderDemo{
    public static void main(String[] args){
        //创建一个 FileReader 对象用来读取文件中的字符
        FileReader reader=new FileReader("test_2.txt");
        int ch;
        while ((ch=reader.read())!=-1){
            System.out.println((char)ch);
        }
        reader.close();
    }
}
```

练一练

FileReader 读取字符数据

程序运行结果：

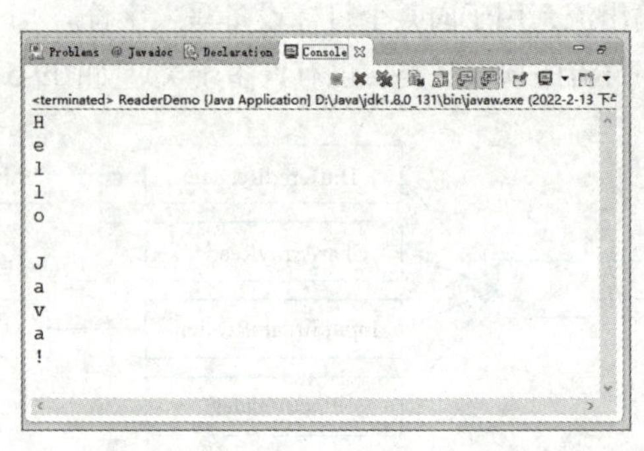

程序解析：例9-5中实现了读取文件字符的功能。首先创建一个FileReader对象与文件关联，然后通过while循环每次从文件中读取一个字符并打印，这样便实现了读文件字符的操作。需要注意的是，字符输出流的read()方法返回的是int类型的值，如果想获得字符就需要进行强制类型转换。

下面通过一个案例学习如何使用FileWriter将字符写入文件。

【例9-6】将字符写入文件示例WriterDemo.java。

```
import java.io.*;
public class WriterDemo{
    public static void main(String[] args){
        //创建一个FileWriter对象用来向文件中写入数据
        FileWriter writer=new FileWriter("test_2.txt");
        String str="网络联通世界";
        str+="\r\n";
        writer.write(str);
        writer.close();
    }
}
```

程序运行结果：

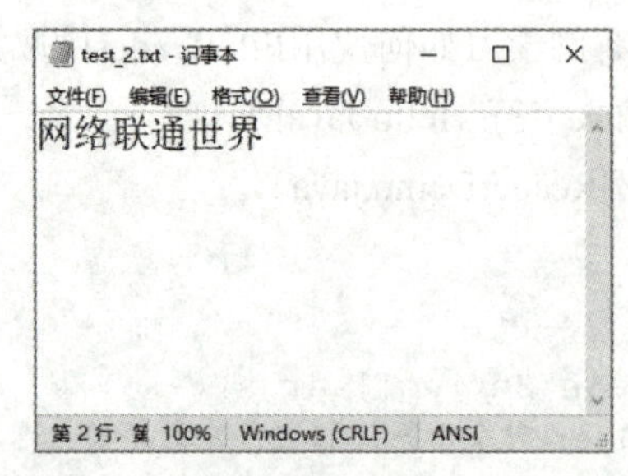

程序解析：同字节流一样，FileWriter会首先清空文件中的内容（如果文件不存在则会先创建文件），再进行写入。如果想在文件末尾追加数据，同样需要调用重载的构造方法。

练一练：通过FileWriter字符流向磁盘上已经存在的文件中写入文字“欢迎学习I/O流”。

通过对字节流的学习可知，包装流可以对一个已存在的流进行包装来实现数据读/写功能，利用包装流可以有效地提高读/写数据的效率。字符流同样提供了带缓冲区的包装流，分别是BufferedReader和BufferedWriter，其中BufferedReader用于对字符输入流进行包装，BufferedWriter用于对字符输出流进行包装，需要注意的是，BufferedReader中有一个重要的方法readLine()，该方法用于一次读取一行文本。下面通过一个案例学习如何使用这两个包装流实现文件的复制。

练一练

FileWriter 写入字符数据

【例9-7】包装流应用示例BufferedCharDemo.java。

```
import java.io.*;
public class BufferedCharDemo{
    public static void main(String[] args){
        //创建一个BufferedReader缓冲对象
        BufferedReader br=new BufferedReader(new FileReader("test_2.txt"));
        //创建一个BufferedWriter缓冲对象
        BufferedWriter bw=new BufferedWriter(new FileWriter("des_2.txt"));
        String str;
        while ((str=br.readLine())!=null){
            bw.write(str);
            bw.newLine();
        }
        br.close();
        bw.close();
    }
}
```

微课

包装流应用示例

程序运行结果：

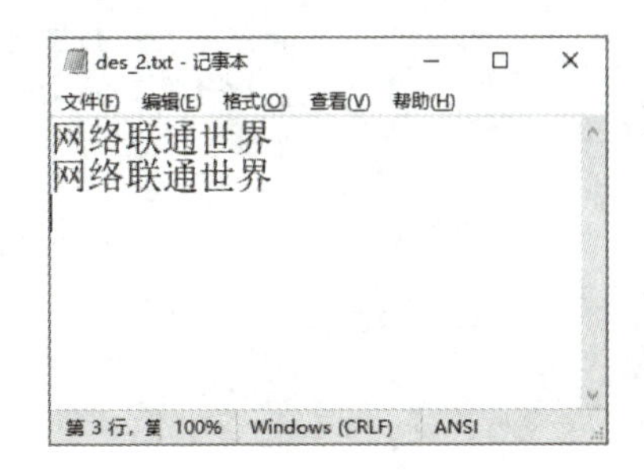

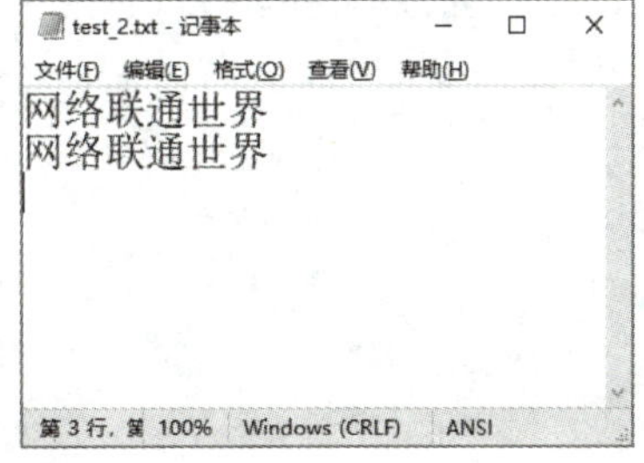

程序解析：

在例9-7中，首先对输入/输出流进行了包装，并通过一个while循环实现了文本文件的复制。在复制过程中，每次循环都使用readLine()方法读取文件的一行，然后通过write()方法写入目标文件。

注意：由于包装流内部使用了缓冲区，在循环中调用BufferedWriter的write()方法写入字符时，这些字符首先会被写入缓冲区，当缓冲区写满时或调用close()方法时，缓冲区的字符才会被写入目标文件。因此，在循环结束时一定要调用close()方法，否则极有可能会导致部分存在缓冲区中的数据没有被写入目标文件。

3. 转换流

有时字节流和字符流之间也需要进行转换，在JDK中提供了两个类可以将字节流转换为字符流，分别是InputStreamReader和OutputStreamWriter。

转换流也是一种包装流，其中OutputStreamWriter是Writer的子类，它可以将一个字节输出流包装成字符输出流，方便直接写入字符，而InputStreamReader是Reader的子类，它可以将一个字节输入流包装成字符输入流，方便直接读取字符。通过转换流进行数据读/写的过程如图9-7所示。

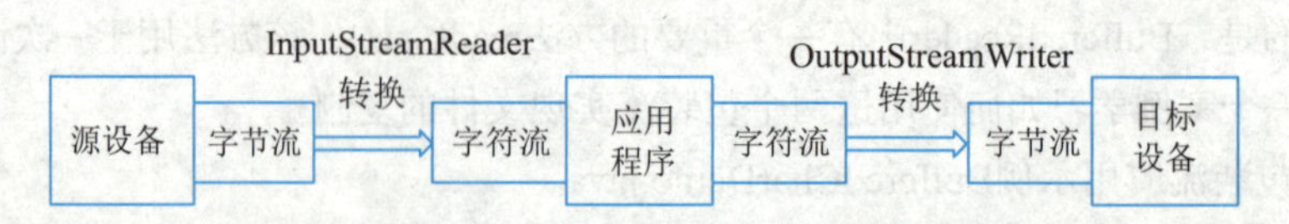

图 9-7　通过转换流进行数据读/写的过程

下面通过一个案例学习如何将字节流转换成字符流，为了提高读/写效率，可以通过BufferedReader和BufferedWriter对转换流进行包装。

【例9-8】将字节流转换为字符流示例TransformStreamDemo.java。

```
import java.io.*;
public class TransformStreamDemo{
    public static void main(String[] args){
        FileInputStream in=new FileInputStream("src_3.txt");  //创建字节输入流
        InputStreamReader isr=new InputStreamReader(in);       //将字节输入流转换
                                                               //成字符输入流
        BufferedReader br=new BufferedReader(isr);       //对字符流对象进行包装
        FileOutputStream out=new FileOutputStream("des_3.txt");
        OutputStreamWriter osw=new OutputStreamWriter(out);    //将字节输出流转换
                                                               //成字符输出流
        BufferedWriter bw=new BufferedWriter(osw);       //对字符输出流对象进行包装
        String line;
        while ((line=br.readLine())!=null){              //判断是否读到了文件末尾
            bw.write(line);                              //输出读取到的文件
            bw.newLine();                                //输出一个空行
        }
        br.close();
        bw.close();
    }
}
```

程序运行结果：

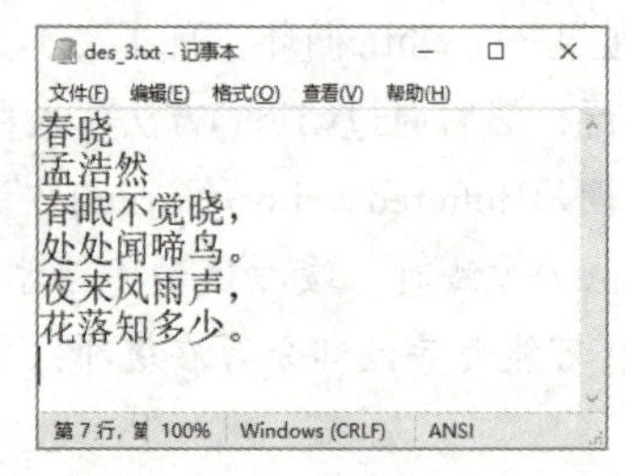

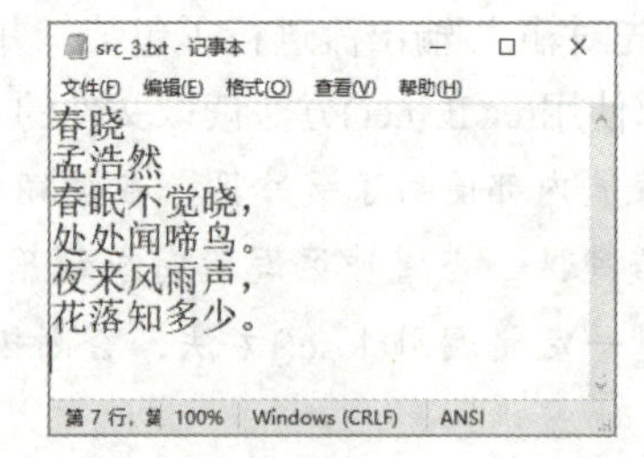

程序解析：例9-8实现了字节流和字符流之间的转换，将字节流转换为字符流，从而实现直接对字符的读/写。

注意：在使用转换流时，只能针对操作文本文件的字节流进行转换，如果字节流操作的是一张图片，此时转换为字符流就会造成数据丢失。

练一练：使用转换流复制文件，并将文件中的英文字母转成大写。

三、其他常用 I/O 流

练一练

转换流复制文件

1. 打印流 PrintStream 和 PrintWriter

PrintStream是OutputStream的子类，PrintWriter是Writer的子类，两者处于对等的位置，所以它们的API是非常相似的。PrintWriter实现了PritnStream的所有print()方法。因此，在使用print()方法和println()方法时，二者没有区别。

PrintStream是字节流，它只具有处理原始字节的write()方法：write(byte[] b)、write(int b)和write(byte[] buf,int off,int len)；PrintWriter是字符流，它既具备处理原始字节的write()方法，也具有处理字符串的write()方法：write(String s)和write(String s,int off,int len)。

字符打印流PrintWriter构造方法可以接收的参数类型：file（file对象）、String（字符串路径）、OutputStream（字节输出流）、字符输出流（Writer）。

在大多数的情况下，将PrintStream换成PrintWriter效果是一样的。

【例9-9】 PrintStream应用示例PrintStreamDemo.java。

```
import java.io.*;
public class PrintStreamDemo{
    public static void main(String[] args){
        //创建一个 PrintSteam 对象，将 FileOutputStream 读取到的数据输出
        PrintStream ps=new PrintStream(new FileOutputStream("printStream.txt"),true);
        Student stu=new Student();  //创建一个 Student 对象
        ps.print("这是一个数字：");
        ps.println(2022);           //打印数字
        ps.println(stu);            //打印 Student 对象
        ps.close();
    }
}
class Student{
    public String toString(){
        return "我是一名学生";
    }
}
```

程序运行结果：

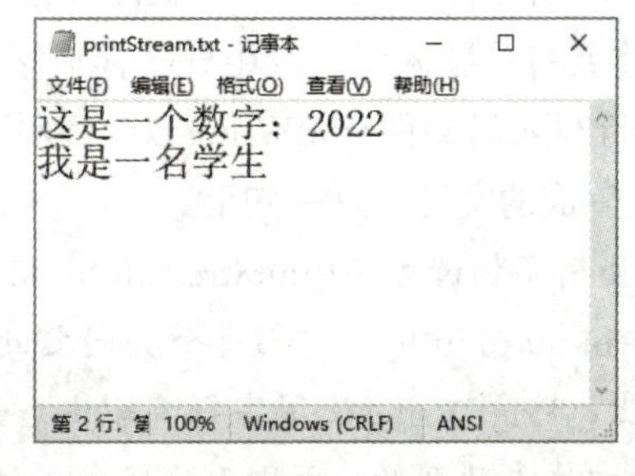

程序解析：例9-9中，PrintStream的实例对象通过print()和println()方法向文件printStream.txt写入了数据。从运行结果可以看出，在调用println()方法和print()方法输出对象数据时，对象的toString()方法被

自动调用了。这两个方法的区别在于println()方法在输出数据的同时还输出了换行符。

下面通过一个案例演示一下PrintWriter的用法。

【例9-10】PrintWriter应用示例PrintWriterDemo.java。

```
import java.io.*;
public class PrintWriterDemo{
    public static void main(String[] args){
        //创建 FileInputStream，读入文件
        FileInputStream fis=new FileInputStream("printStream.txt");
        //提高读取的效率，打包装入 buffer 中，使用 BufferedReader
        BufferedReader bufr=new BufferedReader(new InputStreamReader(fis));
        PrintWriter out=new PrintWriter(new FileWriter("printWriter.txt"),true);
        String line=null;
        while((line=bufr.readLine())!=null)
        {
            out.println(line);
        }
        out.println("我是 PrintWriter 类生成的文件");
        out.close();
        bufr.close();
    }
}
```

程序运行结果：

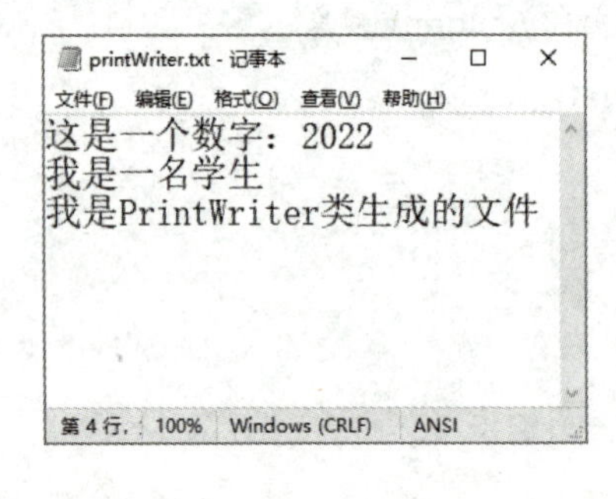

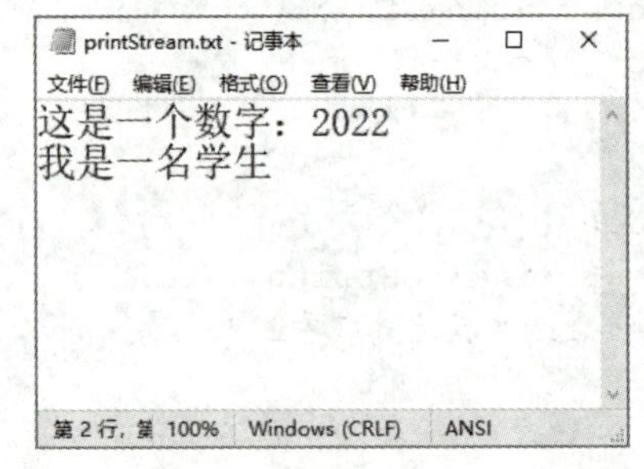

程序解析：

例9-10首先使用FileInputStream类读入文件printStream.txt，然后通过BufferReader类和InputStreamReader类的嵌套使用，将其打包装入缓冲区中并转换成字符流，通过PrintWriter类的println()方法将printStream.txt文件中内容逐行写入新文件printWriter.txt。为了以示区别，在文件printWriter.txt的最后一行写入了“我是PrintWriter类生成的文件”这一句话。

注意：在上面的案例中，分别使用了构造方法PrintStream(OutputStream out, boolean autoFlush)和构造方法PrintWriter(Writer out, boolean autoFlush)，它们有个共同之处就是会在每次输出之后自动刷新。区别在于PrintStream使用字节流输出，PrintWriter使用字符流输出。如果此处不设置自动刷新，读者需要在每次输出时调用输出流的flush()方法手动刷新，否则无法完成文件的写入操作。

2. 标准输入/输出流

在System类中，定义了3个常量：in、out、err，它们被习惯性地称为标准输入/输出流。其中，in为

InputStream类型，它是标准输入流，默认情况下用于读取键盘输入的数据；out为PrintStream类型，它是标准输出流，默认将数据输出到命令行窗口；err也是PrintStream类型，它是标准错误流，它和out一样也是将数据输出到控制台。不同的是，err通常输出的是应用程序运行时的错误信息。

应用程序通过标准输入流可以读取键盘输入的数据以及将数据输出到命令行窗口。

【例9-11】 输入/输出流应用示例StandardIOStreamDemo.java。

```
import java.io.*;
public class StandardIOStreamDemo{
    public static void main(String[] args){
        //使用 StringBuffer 类，创建一个线程安全的长度可变字符串序列
        StringBuffer sb=new StringBuffer();
        int ch;
        //通过 while 循环读取键盘输入的数据
        while ((ch=System.in.read())!=-1) {
            //对输入的字符进行判断，如果是回车 "\r" 或者换行 "\n"，则跳出循环
            if ((ch=='\r'||ch=='\n')) {
                break;
            }
            sb.append((char)ch);      //将读取到的数据添加到 sb 中
        }
        System.out.println(sb);      //打印键盘输入的字符
    }
}
```

微课

标准输入输出流应用示例

程序运行结果：

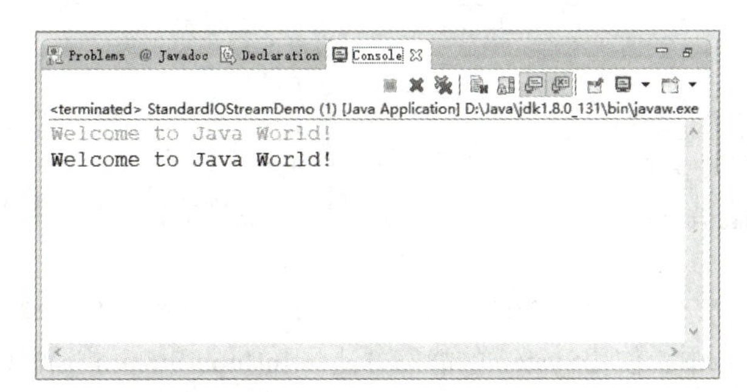

练一练

读取键盘录入并输出到屏幕

程序解析：例9-11中，采用循环的方式通过标准输入流从键盘中读取字符，并将字符添加到字符容器StringBuffer中。当读取到的字符是回车“\r”或者换行“\n”时，会执行break语句跳出循环，并将StringBuffer容器中的字符以字符串的形式输出打印。

练一练： 使用标准输入流将由键盘录入的字母转换成大写字母打印出来。

当程序向命令行窗口输出大量的数据时，由于输出数据滚动得太快，会导致无法阅读，这时可以将标准输出流重新定向到其他的输出设备，例如一个文件中。在System类中提供了一些静态方法，如表9-3所示。

拓展知识

Scanner 类

表 9-3　重新定向流常用的静态方法

方法声明	功能描述
void setIn(InputStream in)	对标准输入流重定向
void setOut(PrintStream out)	对标准输出流重定向
void setErr(PrintStream out)	对标准错误输出流重定向

下面通过一个案例学习如何使用标准输入/输出流重定向到一个文件。

【例9-12】标准输入/输出流重定向示例RedirectDemo.java。

```
import java.io.*;
public class RedirectDemo{
    public static void main(String[] args) {
        System.setIn(new FileInputStream("source_4.txt"));       // 对输入流进程重定向
        System.setOut(new PrintStream("target_4.txt")); // 对输出流进行重定向
        // 读取键盘输入的字符
        BufferedReader br=new BufferedReader(new InputStreamReader(System.in));
        String line;
        while ((line=br.readLine())!=null) {     // 判断读取到的一行是否有数据
            System.out.println(line);            // 打印读取到的一行数据
        }
    }
}
```

程序运行结果：

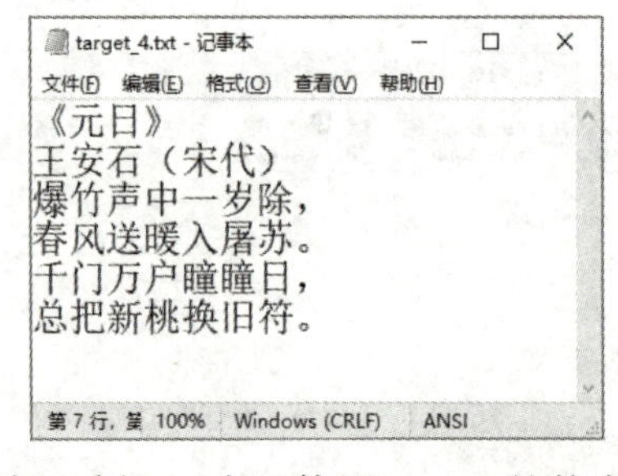

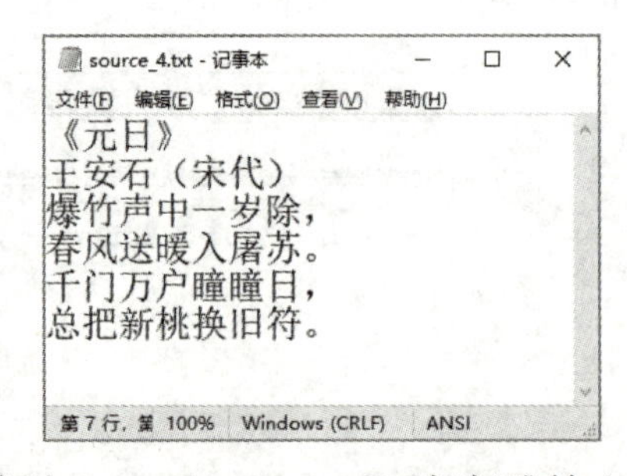

扩展知识

对象序列化

程序解析：例9-12中，使用System的静态方法setIn(InputStream in)把标准输入流重定向到一个InputStream流，关联当前工程目录下的source_4.txt文件，使用setOut(PrintStream out)方法把标准输出流重定向到一个PrintStream流，关联当前工程目录下的target_4.txt文件，使用转换流将标准输入流转为字符流，并使用BufferedReader包装流包装，每次从source_4.txt读取一行，写入target_4.txt文件，直到完成文件的复制。

四、文件

I/O流可以对文件的内容进行读/写操作，在应用程序中还会经常对文件本身进行一些常规操作，比如，创建文件、删除文件、重命名文件，判断硬盘上某个文件是否存在，查询文件最后修改时间等。JDK中提供了一个File类，该文件封装了一个路径，并提供了一系列的方法用于操作该路径所指向的文件。

File类用于封装一个路径，这个路径可以是从系统盘开始的绝对路径，如D:\file\a.txt，也可以是相对于当前目录而言的相对路径，如src\Hello.java。File类内部封装的路径可以指向一个文件，也可以指向一个目录，在File类中提供了针对这些文件或目录的一些常规操作。

File类常用的构造方法如表9-4所示。

表 9-4 File 类常用的构造方法

构造方法	功能描述
public File(String path)	指定与File对象关联的文件或目录名，path可以包含路径及文件和目录名
public File(String path, String name)	以path为路径，以name为文件或目录名创建File对象
public File(File dir, String name)	用现有的File对象的dir作为目录，以name作为文件或目录名创建File对象
public File(UR ui)	使用给定的统一资源定位符来定位文件

由于不同操作系统使用的目录分隔符不同，可以使用System类的一个静态变量System.dirSep，来实现在不同操作系统下都通用的路径。例如：

```
"d:"+System.dirSep+"myjava"+System.dirSep+"file"
```

File类提供了一系列方法，用于操作其内部封装的路径指向的文件或目录。例如，判断文件或目录是否存在、创建或删除文件或目录等。File类中常用的方法如表9-5所示。

表 9-5 File 类中常用的方法

方法	功能描述
boolean canRead()	如果文件可读，返回真，否则返回假
boolean canWrite()	如果文件可写，返回真，否则返回假
boolean exists()	判断文件或目录是否存在
boolean createNewFile()	若文件不存在，则创建指定名字的空文件，并返回真，若不存在返回假
boolean isFile()	判断对象是否代表有效文件
boolean isDirectory()	判断对象是否代表有效目录
boolean isAbsolute()	判断File对象对应的文件或目录是否是绝对路径
boolean equals(File f)	比较两个文件或目录是否相同
string getName()	返回文件名或目录名的字符串
string getPath()	返回文件或目录路径的字符串
String getAbsolutePath()	返回File对象对应的绝对路径
String getParent()	返回File对象对应目录的父目录（即返回的目录不包含最后一级子目录）
long length()	返回文件的字节数，若 File 对象代表目录，则返回 0
long lastModified()	返回文件或目录最近一次修改的时间
String[] list()	将目录中所有文件名保存在字符串数组中并返回，若 File 对象不是目录返回 null

续表

方　法	功能描述
File[] listFiles()	返回一个包含了File对象所有子文件和子目录的File数组
boolean delete()	删除文件或目录，必须是空目录才能删除，删除成功返回真，否则返回假
boolean mkdir()	创建当前目录的子目录，成功返回真，否则返回假
boolean renameTo(File newFile)	将文件重命名为指定的文件名

下面通过一个案例学习File类的常用方法。首先在当前项目目录下创建一个文件test_3.txt并输入内容“This is a sunny day today!”。(此处输入内容的目的是表示文件test_3.txt不是一个空文件)

【例9-13】File类常用方法应用示例FileDemo.java。

```
import java.io.*;
public class FileDemo{
     public static void main(String[] args){
          File file=new File("test_3.txt");     //创建File文件对象，表示一个文件
          //获取文件名称
          System.out.println("文件名称："+file.getName());
          //获取文件的相对路径
          System.out.println("文件的相对路径："+file.getPath());
          //获取文件的绝对路径
          System.out.println("文件的绝对路径："+file.getAbsolutePath());
          //获取文件的父路径
          System.out.println("文件的父路径："+file.getParent());
          //判断文件是否可读
          System.out.println(file.canRead()?"文件可读":"文件不可读");
          //判断文件是否可写
          System.out.println(file.canWrite()?"文件可写":"文件不可写");
          //判断是否是一个文件
          System.out.println(file.isFile()?"是一个文件":"不是一个文件");
          //判断是否是一个目录
          System.out.println(file.isDirectory()?"是一个目录":"不是一个目录");
          //判断是否是一个绝对路径
          System.out.println(file.isAbsolute()?"是绝对路径":"不是绝对路径");
          //得到文件的最后修改时间
          System.out.println("最后修改时间为："+file.lastModified());
          //得到文件的大小
          System.out.println("文件的大小为："+file.length()+"bytes");
          //是否成功删除文件
          System.out.println("是否成功删除文件："+file.delete());
     }
}
```

程序运行结果：

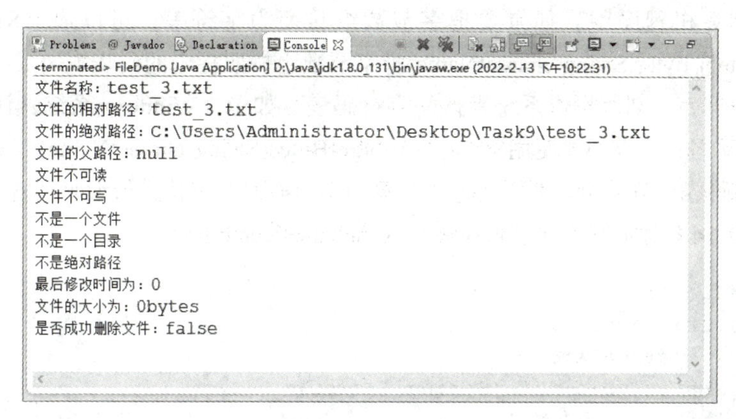

程序解析：例9-13中，调用File类的一系列方法，获取到了文件的名称、相对路径、绝对路径、文件是否可读等信息，最后，通过delete()方法将文件删除。

练一练：使用递归的方式遍历目录下的所有文件。

练一练：使用File类提供的delete()方法删除文件及目录。

递归遍历目录及其子目录下的文件

练一练

使用 delete() 方法删除目录

拓展知识

随机访问

五、字符编码

1. 常用字符集

在计算机之间，无法直接传输字符，而只能传输二进制数据。为了使发送的字符信息能以二进制数据的形式进行传输，同样需要使用一种“密码本”——字符码表。字符码表是一种可以方便计算机识别的特定字符集，它是将每一个字符和一个唯一的数字对应而形成的一张表。针对不同的文字，每个国家都制定了自己的码表。下面介绍几种常用的字符码表，如表9-6所示。

表 9-6　几种常用的字符码表

ASCII	美国标准信息交换码，使用7位二进制数来表示所有的大小写字母、数字0~9、标点符号以及在美式英语中使用的特殊控制字符
ISO8859-1	拉丁码表，兼容ASCII，还包括西欧语言、希腊语、泰语、阿拉伯语等
GB2312	中文码表，兼容ASCII，每个英文占1字节，中文占2字节（2字节都为负数，最高位都为1）
GBK、GB18030	兼容GB2312，包括更多中文，每个英文占1字节，中文占2字节（第一字节为负数，第二字节可正可负）
Unicode	国际标准码，它为每种语言中的每个字符设置了统一并且唯一的二进制码，以满足跨语言、跨平台进行文本转换、处理的要求，每个字符占2字节。Java中存储的字符类型就是使用Unicode编码
UTF-8	针对Unicode的可变长编码，可以用来表示Unicode标准中的任何字符，其中，英文占1字节，中文占3字节，这是程序开发中最常用的字符码表

我们可以通过选择合适的码表完成字符和二进制数据之间的转换，从而实现数据的传输。

2. 字符编码和解码

在Java编程中，经常会出现字符转换为字节或者字节转换为字符的操作，这两种操作涉及两个概念：编码（Encode）和解码（Decode）。一般来说，把字符串转换成计算机识别的字节序列程序编码，

微课

对字符进行编码和解码

而把字节序列转换为普通人能看懂的明文字符串称为解码。

在计算机程序中，如果要把字节数组转换为字符串，可以通过String类的构造方法String(byte[] bytes,String charsetName)把字节数组按照指定的码表解码成字符串（如果没有指定的字符码表，则用操作系统默认的字符码表，如中文Windows系统默认使用的字符码表是GBK）；反之，可以通过使用String类中的getBytes(String charsetName)方法把字符串按照指定的码表编码成字节数组。下面通过一个案例学习如何对字符进行编码和解码。

【例9-14】对字符进行编码和解码示例charsetDemo.java。

```
import java.io.*;
import java.util.Arrays;
public class charsetDemo{
    public static void main(String[] args){
        String str="程序猿";
        byte[] b1=str.getBytes();                            //使用默认的码表编码
        byte[] b2=str.getBytes("GBK");                       //使用 GBK 编码
        System.out.println(Arrays.toString(b1));             //打印出字节数组的字符串形式
        System.out.println(Arrays.toString(b2));
        byte[] b3=str.getBytes("UTF-8");                     //使用 UTF-8 编码
        String result1=new String(b1,"GBK");                 //使用 GBK 解码
        System.out.println(result1);
        String result2=new String(b2,"GBK");
        System.out.println(result2);
        String result3=new String(b3, "UTF-8");              //使用 UTF-8 解码
        System.out.println(result3);
        String result4=new String(b2, "ISO8859-1");          //使用 ISO8859-1 解码
        System.out.println(result4);
    }
}
```

程序运行结果：

```
<terminated> charsetDemo (1) [Java Application] D:\Java\jdk1.8.0_131\bin\javaw.exe
[-77, -52, -48, -14, -44, -77]
[-77, -52, -48, -14, -44, -77]
程序猿
程序猿
程序猿
???ò??
```

程序解析：在例9-14中分别使用了默认码表、GBK和UTF-8三种码表对字符串“程序猿”进行编码，得到字节数组b1、b2和b3，接着将使用默认码表和GBK码表编码后的字节数组b1和b2以字符串的形式打印出来。通过运行结果可以看出，两者是相等的。这就验证了当没有指定码表时，Windows系统默认使用GBK码表的结论。最后通过使用编码时所用的码表对b1、b2、b3这3个数字进行解码，将结果都正确的打印了出来。但是，当尝试使用ISO8859-1码表对GBK编码的数组进行解码时，出现了乱码，

这是由于编码和解码时使用的码表不一致所造成的乱码问题。那么怎么解决这个问题呢？可通过图9-8思考一下。

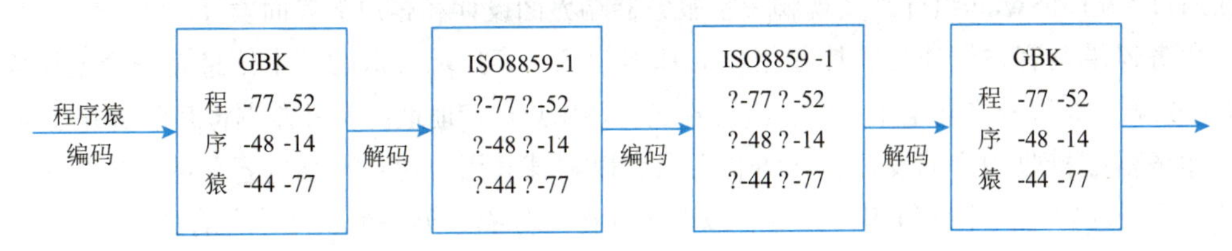

图 9-8　编码和解码过程

在例9-14中，字符串“程序猿”按照GBK码表编码，在解码时却用了错误的码表ISO8859-1，由于ISO8859-1中不支持汉字，所以会查到乱码字符。为了解决这种乱码问题，是否可以逆向思维，把这几个乱码字符按照ISO8859-1进行编码，得到与第一次编码相同的字节，然后按照正确的码表GBK对字符进行解码呢？下面验证一下。

【例9-15】偏码应用示例UnreadableCodeDemo.java。

```
import java.io.*;
import java.util.Arrays;
public class UnreadableCodeDemo{
    public static void main(String[] args){
        String str="程序猿";
        byte[] b=str.getBytes("GBK");                    //使用 GBK 编码
        String temp=new String(b, "ISO8859-1");          //使用 ISO8859-1 解码
        System.out.println(temp);                        //用错误的码表解码，打印出了乱码
        byte[] b1=temp.getBytes("ISO8859-1");            //使用 ISO8859-1 编码
        String result=new String(b1,"GBK");              //用正确的码表解码
        System.out.println(result);                      //打印出正确的结果
    }
}
```

程序运行结果：

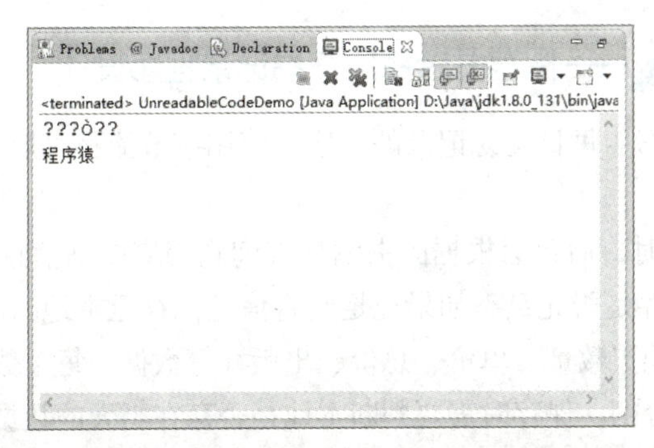

程序解析：先使用错误的码表ISO8859-1进行编码，得到与最开始用GBK相同的字节，然后使用正确的码表进行解码，最后打印出了正确的结果。需要注意的是，不是每次在解码时用错码表都能用逆向思维的方法得到正确的结果，把ISO8859-1改为UTF-8，结果会怎样呢？大家可以试一试。

任务实施

下面通过AWT和Swing组件来实现聊天室服务器端界面设计和客户端界面设计。

（1）服务器端与客户端连接，接收用户的基本信息，客户端发送的基本信息是一个字符串，其内容以@符号分隔，@符号之前是用户名，@符号之后是用户的IP地址。服务器端将其解析并显示出来。

（2）服务器端接收用户的发言，并将聊天内容以“某某用户说：某某内容”的格式显示出来。客户端发送的聊天内容是一个字符串，其内容以两个@符号分隔，第一个@符号之前是用户名，两个@符号之间是发送给哪个用户，如果是ALL就表示发送给聊天室中的全体成员，第二个@符号之后是用户的发言内容。服务器端将其解析并显示出来。

（3）客户端向服务器端按照约定的格式发送基本信息。

（4）客户端对接收到的信息进行解析。如果命令字段是CLOSE，则表示服务器已关闭，客户端与服务器端的连接断开。如果命令字段是ADD，则表示有用户上线，需要更新在线列表。如果命令字段是DELETE，则表示有用户下线，也需要更新在线列表。如果命令字段是USERLIST，表示需要加载在线用户列表。如果命令字段是MAX，则表示聊天室内的用户人数已达上限，连接失败，结束连接请求。如果都不是，则表示仅仅是一个消息，将此消息显示在界面上。

任务小结

本任务介绍了Java输入/输出体系的相关知识。首先讲解了如何使用字节流和字符流来读/写磁盘上的文件，归纳了不同I/O流的功能以及一些典型I/O流的用法，同时还介绍了如何使用File对象访问本地文件系统，最后介绍了字符编码。

通过本任务的学习，能够熟练掌握I/O流对文件进行读/写操作，能够解决程序中出现的字符乱码问题。

任务九

自 测 题

参见“任务九”自测题。

拓展实践——保存书店每日交易记录程序设计

编写一个保存书店每日交易记录的程序，使用字节流将书店的交易信息记录在本地的csv文件中。

每当用户输入图书编号时，后台会根据图书编号查询到相应图书信息，并返回打印出来。用户输入购买数量，系统会判断库存是否充足，如果充足则将信息保存至本地csv文件中。其中，每条信息包含：图书编号、图书名称、购买数量、单价、总价、出版社等数据。每个数据之间用英文逗号或空格分割，每条数据之间由换行符分割。保存时需要判断本地是否存在当天的数据，如果存在则追加，不存在则新建。

文件名格式为：“销售记录”+当天日期+“.csv”，如“销售记录20170621.csv”。

参考代码见本书配套资源BookstoreTransaction文件夹。

面试常考题

（1）Java中有几种类型的流？JDK 为每种类型的流提供了一些抽象类以供继承，请说出它们分别是哪些类？

（2）简述字节流与字符流的区别。

拓展阅读——开放共享

中国的北斗　世界的北斗

中国人对于“北斗”的信赖由来已久。北斗星，犹如茫茫苍穹中的一座灯塔，在暗夜中指引方向，于星际间探索未知——也正因此，我国将自主研发的卫星导航系统命名为“北斗”。

2020年6月23日9时43分，北斗三号最后一颗全球组网卫星在西昌卫星发射中心点火升空，约30 min后进入预定轨道。至此，中国北斗工程完成了“三步走”，55颗导航卫星在浩渺太空“织”出一盘“大棋局”。殊不知，为了这盘“大棋局”，数十载里，千军万马闯过了千难万险，付出了千辛万苦。更难能可贵的是，以自力更生为风骨、自主创新为灵魂的北斗卫星导航系统，始终将服务全球、造福人类作为初心与使命。

广袤原野，定位“神器”可以助力牧民智慧放牧；田间地头，高精度技术能帮助农民起垄、播种、喷药、收获；还有我们日常生活中的时时处处，比如当老人走失、朋友迷路，都可以通过北斗获得帮助；当然，还有民航、海事、全球搜救的关键时刻……自建成开通以来，北斗系统运行稳定且性能不断提高，持续满足着全球用户的需求，成为我国积极推动构建人类命运共同体的生动案例。如今，北斗系统的规模应用已进入市场化、产业化和国际化发展的关键阶段。目前，全球一半以上的国家和地区都在使用北斗产品。

仰望星空，北斗璀璨，浩渺的星河从未离我们如此之近。中国的北斗、世界的北斗、一流的北斗——这是北斗系统不变的初心，更是时代赋予中国的历史使命。

任务十　实现网络聊天

任务描述

聊天室的服务器端与客户端的数据发送与接收操作需要通过局域网才能完成，另外，服务器端与客户端的数据收发是同时完成的，如果仅仅使用前面学习的知识是无法实现的。本任务通过对线程、进程、常用网络类、TCP网络编程的讲解，实现聊天室服务器端与客户端之间的网络通信。

学习导航	重　点	（1）继承Thread类创建多线程； （2）实现Runnable接口创建多线程； （3）TCP/IP协议； （4）TCP通信
	难　点	（1）继承Thread类创建多线程； （2）实现Runnable接口创建多线程； （3）TCP通信
	推荐学习路线	从聊天室的服务器端与客户端之间连接与数据收发任务入手，理解线程、进程、常用网络类、TCP网络编程
	建议学时	12学时
	推荐学习方法	（1）实践法：建议上机，完成本任务中的所有案例； （2）小组合作法：通过小组合作的方式，进行聊天室的服务器端与客户端之间的连接，最终能正确使用线程、常用网络类、套接字实现数据的收发，能熟练进行文件的上传操作； （3）对比法：通过Thread类与Runnable接口在线程实现方式方面的对比，TCP通信与UDP通信在数据传输可靠性方面的对比，ServerSocket类和Socket类在功能、构造方法、成员方法等方面的对比，达到对所要求的知识点的准确掌握
	必备知识	（1）线程概述； （2）继承Thread类创建多线程； （3）实现Runnable接口创建多线程； （4）两种实现多线程方式的对比分析； （5）网络通信协议； （6）IP地址和端口号； （7）InetAddress类； （8）TCP协议； （9）ServerSocket类； （10）Socket类
	必备技能	（1）创建多线程的两种方式； （2）TCP/IP协议的分析； （3）IP地址和端口号的使用； （4）InetAddress对象的使用； （5）TCP通信方式的分析； （6）TCP网络编程开发
	素养目标	（1）培养有序计划、分工协作、团结配合的职业素养； （2）引导树立创新意识、创新思维，增强创新能力； （3）培养网络安全观与国家安全意识； （4）培养合理规划时间、管理时间的意识； （5）激发将个人的发展同国家、民族的前途命运联系在一起的认同感

技术概览

线程是一个单独程序流程，是程序运行的基本单位。多线程是指一个程序可以同时运行多个任务，每个任务由一个单独的线程来完成。也就是说，多个线程可以同时在一个程序中运行，并且每一个线程完成不同的任务。Java中线程的实现通常有两种方法：派生Thread类和实现Runnable接口。

网络编程是指编写运行在多个设备（计算机、移动终端）的程序，这些设备都通过网络连接起来。网络编程的目的就是直接或间接地通过网络协议与其他计算机进行通信。网络编程中有两个主要的问题：一是如何准确地定位网络上一台或多台主机；二就是找到主机后如何可靠高效地进行数据传输。

Java包中的API包含有类和接口，它们提供低层次的通信细节。读者可以直接使用这些类和接口，专注于解决问题，而不用关注通信细节。

Java包中提供了两种常见的网络协议的支持：

（1）TCP：TCP是传输控制协议的缩写，它保障了两个应用程序之间的可靠通信。通常用于网际协议，被称TCP/IP。

（2）UDP：UDP是用户数据报协议的缩写，是一个无连接的协议，提供了应用程序之间要发送的数据的数据包。

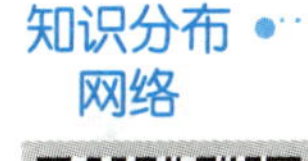

任务十

相关知识

一、线程概述

传统的程序设计语言同一时刻只能执行单任务操作，效率非常低，如果网络程序在接收数据时发生阻塞，只能等到程序接收数据之后才能继续运行。随着Internet的飞速发展，这种单任务运行的状况越来越不被接受。如果网络接收数据阻塞，后台服务程序就会一直处于等待状态而不能继续任何操作，这时的 CPU 资源完全处于闲置状态。

多线程实现后台服务程序可以同时处理多个任务，而不发生阻塞现象。多线程是Java 语言的一个很重要的特征，其最大的特点就是能够提高程序执行效率和处理速度。Java 程序可同时并行运行多个相对独立的线程。例如，创建一个线程来接收数据，另一个线程发送数据。即使发送线程在接收数据时被阻塞，接收数据线程仍然可以运行。

1. 进程

在一个操作系统中，每个独立执行的程序都可称为一个进程，也就是“正在运行的程序”。目前大部分计算机上安装的都是多任务操作系统，即能够同时执行多个应用程序，最常见的有Windows、Linux、UNIX等。在Windows操作系统下，右击任务栏，选择“任务管理器”命令可以打开“任务管理器”窗口（见图10-1），在“进程”选项卡中可以看到当前正在运行的程序，也就是系统所有的进程，如eclipse.exe、Microsoft Word、QQBrowser等。

在多任务操作系统中，表面上看是支持进程并发执行的（例如可以一边听音乐一边聊天），但实际上这些进程并不是同时运行的。在计算机中，所有的应用程序都是由CPU执行的，对于一个CPU而言，在某个时间点只能运行一个程序，也就是说只能执行一个进程。操作系统会为每一个进程分配一段有限的CPU使用时间，CPU在这段时间执行某个进程，然后会在下一段时间切换到另一个进程去执行。由于CPU运行速度很快，能在极短的时间内在不同的进程之间进行切换，所以给人以同时执行多个程序的感觉。

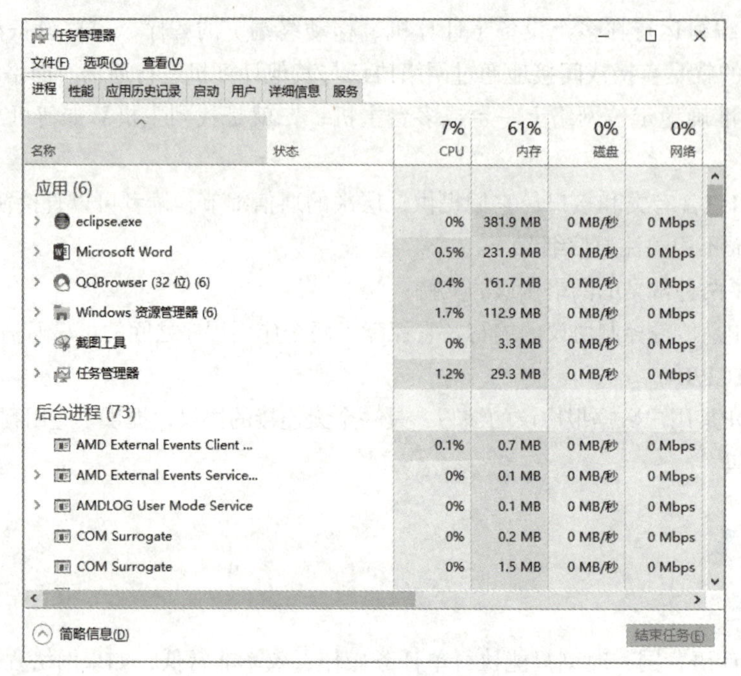

图 10-1 “任务管理器”窗口

2. 线程

每个运行的程序都是一个进程，在一个进程中还可以有多个执行单元同时运行，这些执行单元可以看作程序执行的一条条线索，被称为线程。线程包含了具有一定顺序的指令序列（即所编写的程序代码），用以存放方法中定义的局部变量的栈和一些共享数据。线程是相互独立的，每个方法的局部变量和其他线程的局部变量是分开的，因此，任何线程都不能访问除自身之外的其他线程的局部变量。如果两个线程同时访问同一个方法，那么每个线程将各自得到此方法的一个副本。

由于实现了多线程技术，Java显得更健壮。操作系统中的每一个进程中都至少存在一个线程。当一个Java程序启动时，就会产生一个进程，该进程会默认创建一个线程，在这个线程上会运行main()方法中的代码。

多线程具有更好的交互性能和实时控制性能。多线程是强大而灵巧的编程工具，但要用好它却不是件容易的事。在多线程编程中，每个线程都通过代码实现线程的行为，并将数据供给代码操作。多个线程可以同时处理同一代码和同一数据，不同的线程也可以处理各自不同的代码和数据。

多线程看似是同时执行的，其实不然，它们和进程一样，也是由CPU轮流执行，只不过CPU运行速度很快，故而给人同时执行的感觉。

二、线程的创建

Java提供了两种多线程实现方式：一种是继承java.lang包下的Thread类，覆写Thread类的run()方法，在run()方法中实现运行在线程上的代码；另一种是实现java.lang.Runnable接口，同样是在run()方法中实现运行在线程上的代码。下面分别进行讲解，并比较它们的优缺点。

1. 继承 Thread 类创建多线程

前面的程序都是声明一个公共类，并在类内实现一个main()方法。事实上，前面这些程序就是一个单线程程序。当它执行完main()方法的程序后，线程正好退出，程序同时结束运行。

【例10-1】创建单线程程序示例OnlyThread.java。

```
public class OnlyThread{
    public static void main(String args[ ]){
        run();                                      // 调用静态 run() 方法
    }
    // 实现 run() 方法
    public static void run()
    {
        for (int count=1,row=1; row<10; row++,count++)  // 循环计算输出的 * 数目
        {
            for (int i=0; i<count; i++)             // 循环输出指定的 count 数目的 *
            {
                System.out.print('*');              // 输出 * 号
            }
            System.out.println();                   // 输出换行符
        }
    }
}
```

程序运行结果：

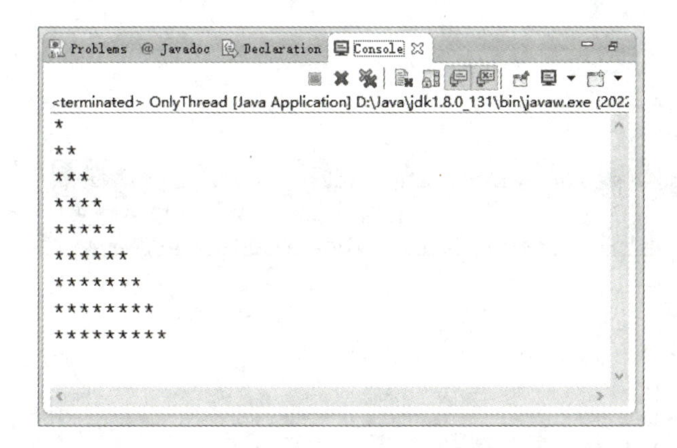

继承 Thread 类创建线程示例

程序解析：例10-1中，编写的静态方法run()，实现在屏幕上打印出由“*”号组成的三角图形的功能，然后在main()方法中调用run()方法，完成打印。可以看出，例10-1只是建立了一个单一线程并执行的普通小程序，并没有涉及多线程的概念。

java.lang.Thread类是一个通用的线程类，由于默认情况下run()方法是空的，直接通过Thread类实例化的线程对象不能完成任何事，所以可以通过派生Thread类，并用具体程序代码覆盖Thread类中的run()方法，实现具有各种不同功能的线程类。在程序中创建新的线程的方法之一是继承Thread类，并通过Thread子类声明线程对象。

【例10-2】通过Thread创建线程示例ThreadDemo.java。

```
class ThreadDemo extends Thread{
    // 声明 ThreadDemo 构造方法
    ThreadDemo(){}
    // 声明 ThreadDemo 带参数的构造方法
    ThreadDemo(String szName)
    {
        super(szName);                              // 调用父类的构造方法
    }
    // 重载 run() 函数
    public void run()
    {
        for (int count=1,row=1; row<10; row++,count++)  // 循环计算输出的"*"数目
        {
            for (int i=0; i<count; i++)             // 循环输出指定的 count 数目的"*"
            {
                System.out.print('*');              // 输出"*"
            }
            System.out.println();                   // 输出换行符
        }
    }
    public static void main(String argv[ ]){
        ThreadDemo td=new ThreadDemo();             // 创建，并初始化 ThreadDemo 类型对象 td
        td.start();                                 // 调用 start() 方法执行一个新的线程
    }
}
```

程序运行结果：

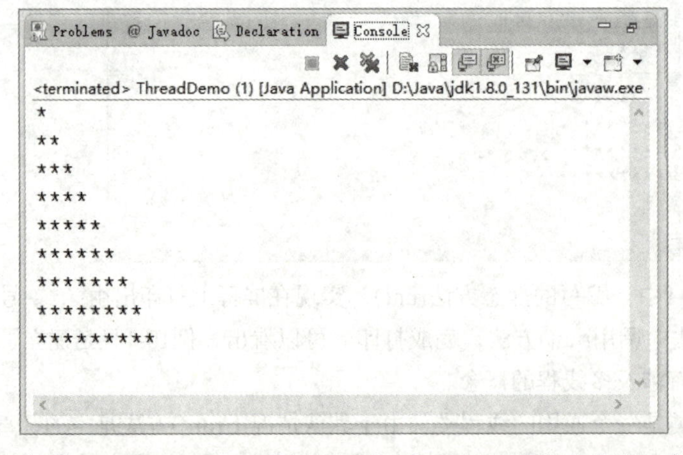

程序解析：例10-2与例10-1表面上看运行结果相同，但是仔细对照会发现，例10-1中对run()方法的调用在例10-2中变成了对start()方法的调用，并且例10-2明确派生Thread类，创建新的线程类。

练一练：通过继承Thread类方式创建线程，并实现多线程分别打印0~99数字的功能。

通常创建一个线程的步骤如下：

（1）创建一个新的线程类，继承 Thread 类并覆盖 Thread 类的 run() 方法。

```
class ThreadType extends Thread{
      public void run(){
          …
      }
}
```

练一练
10-1 继承Thread类创建多线程

（2）创建一个线程类的对象，创建方法与一般对象的创建相同，使用关键字 new 完成。

```
ThreadType tt = new ThreadType();
```

（3）启动新线程对象，调用 start()方法。

```
tt.start();
```

（4）线程自动调用 run()方法。

```
public void run();
```

【例10-3】创建多个线程示例MultiThreadDemo.java。

```
class MultiThreadDemo extends Thread{
    //声明无参数，空构造方法
    MultiThreadDemo(){}
    //声明带有字符串参数的构造方法
    MultiThreadDemo(String szName)
    {
        super(szName);                              //调用父类的构造方法
    }
    //重载 run() 函数
    public void run()
    {
        for (int count=1,row=1; row<8; row++,count++) // 循环计算输出的"*"数目
        {
            for (int i=0; i<count; i++)              //循环输出指定的 count 数目的 *
            {
                System.out.print('*');               //输出 *
            }
            System.out.println();                    //输出 *
        }
    }
    public static void main(String argv[ ]){
        MultiThreadDemo td1=new MultiThreadDemo();    //创建并初始化
                                                       //MultiThreadDemo 类型对象 td1
        MultiThreadDemo td2=new MultiThreadDemo();    //创建并初始化
                                                       //MultiThreadDemo 类型对象 td2
        MultiThreadDemo td3=new MultiThreadDemo();    //创建并初始化
                                                       //MultiThreadDemo 类型对象 td3
        td1.start();                  //启动线程 td1
        td2.start();                  //启动线程 td2
```

```
        td3.start();                    //启动线程 td3
    }
}
```

程序运行结果：

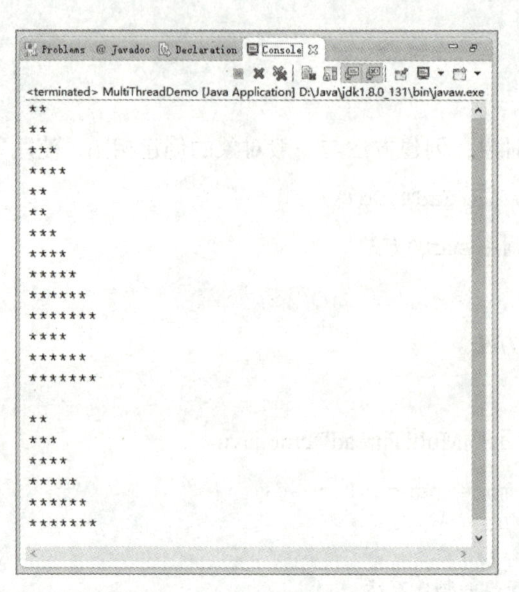

程序解析：例10-3中创建了3个线程td1、td2、td3，它们分别执行自己的run()方法。在实际中运行的结果并不是想要的直角三角形，而是一些乱七八糟的"*"行，每一行的长短并没有一定的规律，这是因为线程并没有按照程序中调用的顺序来执行，而是产生了多个线程赛跑现象。

注意：Java线程并不能按调用顺序执行，而是并行执行的单独代码。如果要想得到完整的直角三角形，需要在执行一个线程之前，判断程序前面的线程是否终止，如果已经终止，再调用该线程。

2. 实现 Runnable 接口创建多线程

微课

通过 Runnable 接口创建线程示例

通过实现Runnable接口的方法是创建线程类的第二种方法。Java中只支持单继承，一个类一旦继承了某个父类就无法再继承Thread类，例如，学生类Student继承了Person类，就无法通过继承Thread类创建线程。利用实现Runnable接口来创建线程的方法可以解决Java语言不支持的多重继承问题。

Runnable接口提供了run()方法的原型，因此创建新的线程类时，只要实现此接口，即只要特定的程序代码实现Runnable接口中的run()方法，就可完成新线程类的运行。

【例10-4】使用Runnable接口并实现run()方法创建线程示例RunnableDemo.java。

```
class RunnableDemo implements Runnable{
    //重载 run() 方法
    public void run()
    {
        for (int count=1,row=1; row < 10; row++,count++)   // 循环计算输出的 * 数目
        {
            for (int i=0; i<count; i++)         //循环输出指定的 count 数目的 "*"
            {
```

```
                System.out.print('*');          // 输出 *
            }
            System.out.println();               // 输出换行符
        }
    }
    public static void main(String argv[ ]){
        Runnable rb=new RunnableDemo();         //创建并初始化RunnableDemo对象rb
        Thread td=new Thread(rb);               //通过Thread创建线程
        td.start();                             //启动线程td
    }
}
```

程序运行结果：

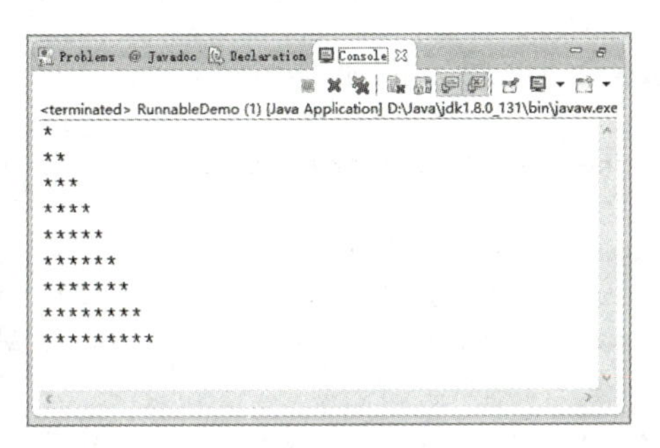

练一练

10-2 实现Runnable接口创建多线程

程序解析：例10-4的运行结果与例10-2是相同的，但这里的线程是通过实现接口Runnable完成的。

练一练：通过实现Runnable接口方式创建线程，并实现多线程分别打印0~99的数字的功能。

通常实现Runnable线程的步骤如下。

（1）创建一个实现Runnable接口的类，并且在这个类中重写run方法。

```
class ThreadType implements Runnable{
    public void run(){
        …
    }
}
```

（2）使用关键字new新建一个ThreadType的实例。

```
Runnable rb=new ThreadType ();
```

（3）通过Runnable的实例创建一个线程对象，在创建线程对象时，调用的构造函数是new Thread(ThreadType)，它用ThreadType中实现的run()方法作为新线程对象的run()方法。

```
Thread td=new Thread(rb);
```

（4）通过调用ThreadType对象的start()方法启动线程运行。

```
td.start();
```

【例10-5】通过Runnable创建多线程示例MultiRunnableDemo.java。

```
class MultiRunnableDemo implements Runnable{
    //重载run()方法
```

```
    public void run()
    {
        for (int count=1,row=1; row<8; row++,count++) // 循环计算输出的"*"数目
        {
            for (int i=0; i<count; i++)             //循环输出指定的 count 数目的"*"
            {
                System.out.print( '*' );            // 输出 *
            }
            System.out.println();                   // 输出换行符
        }
    }
    public static void main(String argv[ ]){
        Runnable rb1=new MultiRunnableDemo();       // 创建并初始化
                                                    //MultiRunnableDemo 对象 rb1
        Runnable rb2=new MultiRunnableDemo();       // 创建并初始化
                                                    //MultiRunnableDemo 对象 rb2
        Runnable rb3=new MultiRunnableDemo();       // 创建并初始化
                                                    //MultiRunnableDemo 对象 rb3
        Thread td1=new Thread(rb1);                 // 创建线程对象 td1
        Thread td2=new Thread(rb2);                 // 创建线程对象 td2
        Thread td3=new Thread(rb3);                 // 创建线程对象 td3
        td1.start();                                // 启动线程 td1
        td2.start();                                // 启动线程 td2
        td3.start();                                // 启动线程 td3
    }
}
```

程序运行结果：

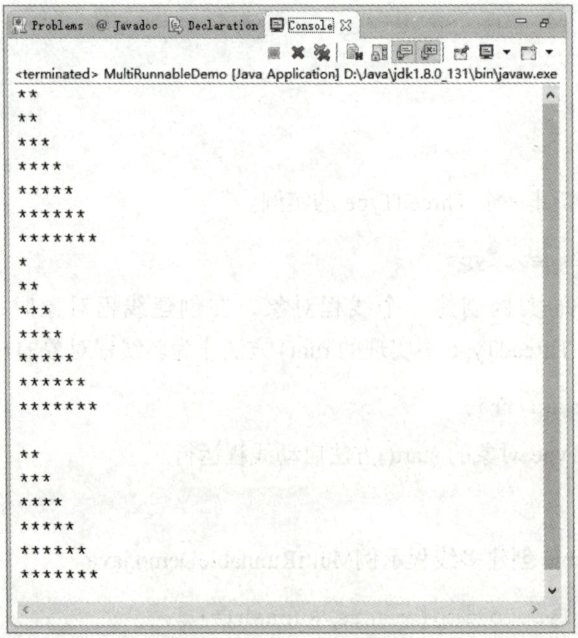

```
Problems  @ Javadoc  Declaration  Console
<terminated> MultiRunnableDemo [Java Application] D:\Java\jdk1.8.0_131\bin\javaw.exe
**
**
***
****
*****
******
*******
*
**
***
****
*****
******
*******

**
***
****
*****
******
*******
```

程序解析：

例10-5创建了3个线程td1、td2、td3，且运行结果与例10-3类似。两个程序都不是一个线程结束后再执行另外一个线程，而是线程之间并行运行。由于线程抢占资源，程序发生“线程赛跑”的现象。

实现Runnable接口相对于继承Thread类来说，有如下优点：

（1）适合多个相同程序代码的线程去处理同一个资源的情况，把线程同程序代码、数据有效地进行分离，很好地体现了面向对象的设计思想。

（2）可以避免由于Java的单继承带来的局限性。在开发中经常遇到这样一种情况，即使用一个已经继承了某一个类的子类创建线程，由于一个类不能同时有两个父类，所以不能用继承Thread类的方式，那么就只能采用实现Runnable接口的方式。

事实上，大部分的应用程序都会采用第二种方式来创建多线程，即实现Runnable接口。

拓展知识

Thread类和Runnable接口实现多线程的区别

三、网络编程技术基础

Java是伴随Internet发展起来的一种网络编程语言。Java专门为网络通信提供了软件包java.net，为当前最常用的TCP（Transmission Control Protocol，传输控制协议）和UDP（User Datagram Protocol，用户数据报协议）网络协议提供了相应的类，使用户能够方便地编写出基于这两个协议的网络通信程序。

1. 网络协议

虽然通过计算机网络可以使多台计算机实现连接，但是位于同一个网络中的计算机在进行连接和通信时必须要遵守一定的规则，这就好比在道路中行驶的汽车一定要遵守交通规则一样。在计算机网络中，这些连接和通信的规则称为网络通信协议，它对数据的传输格式、传输速率、传输步骤等做了统一规定，通信双方必须同时遵守才能完成数据交换。

网络通信协议有很多种，目前应用最广泛的是TCP/IP协议、UDP协议、ICMP协议（Internet Control Message Protocol，因特网控制报文协议）和其他一些协议的协议组。

本任务中所学的网络编程知识，主要就是基于TCP/IP协议中的内容。在学习具体的内容之前，首先了解一下TCP/IP 协议。TCP/IP是一组用于实现网络互联的通信协议，其名称来源于该协议族中两个重要的协议（TCP协议和IP协议）。基于TCP/IP的参考模型将协议分成4个层次，如图10-2所示。

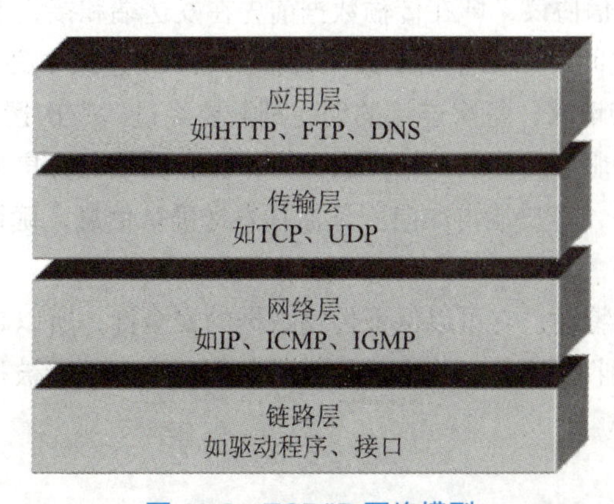

图 10-2 TCP/IP 网络模型

TCP/IP协议中的四层分别是链路层、网络层、传输层和应用层，每层分别负责不同的通信功能，下面针对这四层进行详细的讲解。

（1）链路层：也称为网络接口层，该层负责监视数据在主机和网络之间的交换。事实上，TCP/IP本身并未定义该层的协议，而由参与互联的各网络使用自己的物理层和数据链路层协议与TCP/IP的网络层进行连接。

（2）网络层：也称网络互联层，是整个TCP/IP协议的核心，它主要用于将传输的数据进行分组，将分组数据发送到目标计算机或者网络。

（3）传输层：主要使网络程序进行通信，在进行网络通信时，可以采用TCP协议，也可以采用UDP协议。

（4）应用层：主要负责应用程序的协议，如HTTP协议、FTP协议等。

本任务所需的网络编程，主要涉及的是传输层的TCP、UDP协议和网络层的IP协议。

UDP是无连接通信协议，即在数据传输时，数据的发送端和接收端不建立逻辑连接。简单来说，当一台计算机向另外一台计算机发送数据时，发送端不会确认接收端是否存在，就会发出数据，同样接收端在收到数据时，也不会向发送端反馈是否收到数据。由于使用UDP协议消耗资源小，通信效率高，所以通常都会用于音频、视频和普通数据的传输，例如视频会议使用UDP协议，因为这种情况即使偶尔丢失一两个数据包，也不会对接收结果产生太大影响。但是，在使用UDP协议传送数据时，由于UDP的面向无连接性，不能保证数据的完整性，因此在传输重要数据时不建议使用UDP协议。UDP的交换过程如图10-3所示。

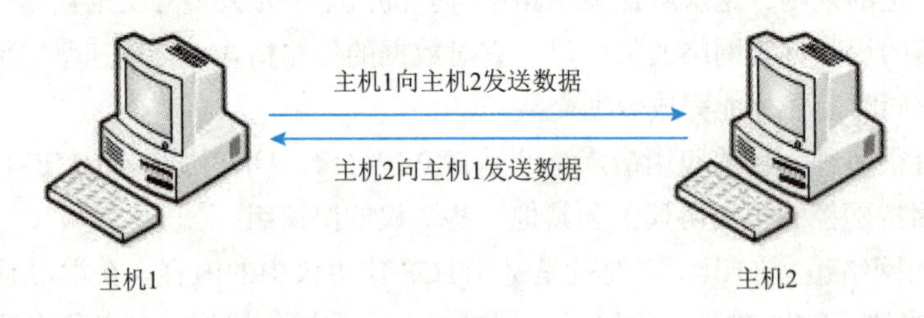

图 10-3　UDP 的数据交换过程

TCP协议是面向连接的通信协议，即在传输数据前先在发送端和接收端建立逻辑连接，然后再传输数据，它提供了两台计算机之间可靠无差错的数据传输。在TCP连接中必须要明确客户端与服务器端，由客户端向服务器端发出连接请求，每次连接的创建都需要经过“三次握手”。第一次握手，客户端向服务器端发出连接请求，等待服务器确认；第二次握手，服务器端向客户端回送一个响应，通知客户端收到了连接请求；第三次握手，客户端再次向服务器端发送确认信息，确认连接。TCP连接的数据交互过程如图10-4所示。

由于TCP协议的面向连接特性，它可以保证传输数据的安全性，所以是一个被广泛采用的协议，例如在下载文件时，如果数据接收不完整，将会导致文件数据丢失而不能被打开，因此，下载文件时必须采用TCP协议。

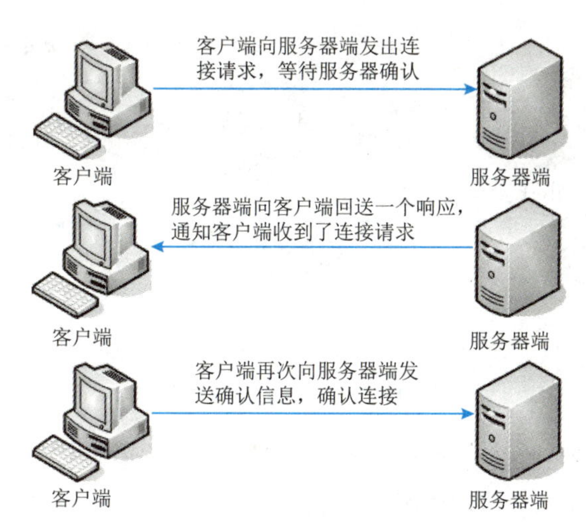

图 10-4 TCP 连接的数据交换过程

2. IP 和端口号

要想使网络中的计算机能够进行通信，必须为每台计算机指定一个标识号，通过这个标识号来指定接收数据的计算机或者发送数据的计算机。在TCP/IP协议中，这个标识号就是IP地址，它可以唯一标识一台计算机。目前，IP地址广泛使用的版本是IPv4，它由4字节的二进制数来表示，如00001010000000000000000000000001。由于二进制形式表示的IP地址非常不便记忆和处理，因此通常会将IP地址写成十进制的形式，每个字节用一个十进制数字(0~255)表示，数字间用符号“.”分开，如10.0.0.1。

随着计算机网络规模的不断扩大，对IP地址的需求也越来越多，IPv4这种用4字节表示的IP地址将面临使用枯竭的局面。为解决此问题，IPv6应运而生。IPv6使用16个字节表示IP地址，它所拥有的地址容量达到2^{128}个（算上全零的），这样就解决了网络地址资源数量不足的问题。

IP地址由两部分组成，即“网络.主机”的形式，其中网络部分表示其属于互联网的哪一个网络，是网络的地址编码，主机部分表示其属于该网络中的哪一台主机，是网络中一个主机的地址编码，二者是主从关系。IP地址总共分为5类，常用的有3类：

（1）A类地址：由第一段的网络地址和其余三段的主机地址组成，范围是1.0.0.0~127.255.255.255。

（2）B类地址：由前两段的网络地址和其余两段的主机地址组成，范围是128.0.0.0~191.255.255.255。

（3）C类地址：由前三段的网络地址和最后一段的主机地址组成，范围是192.0.0.0~223.255.255.255。

另外，还有一个回送地址127.0.0.1，指本机地址，该地址一般用来测试使用，例如ping 127.0.0.1 来测试本机TCP/IP是否正常。

通过IP地址可以连接到指定计算机，但如果想访问目标计算机中的某个应用程序，还需要指定端口号。在计算机中，不同的应用程序是通过端口号区分的。端口号是用两个字节（16位的二进制数）表示的，它的取值范围是0~65 535，其中，0~1 023之间的端口号由操作系统的网络服务所占用，用户的普通应用程序需要使用1 024以上的端口号，从而避免端口号被另外一个应用或服务所占用。

下面通过一个图例来描述IP地址和端口号的作用，如图10-5所示。

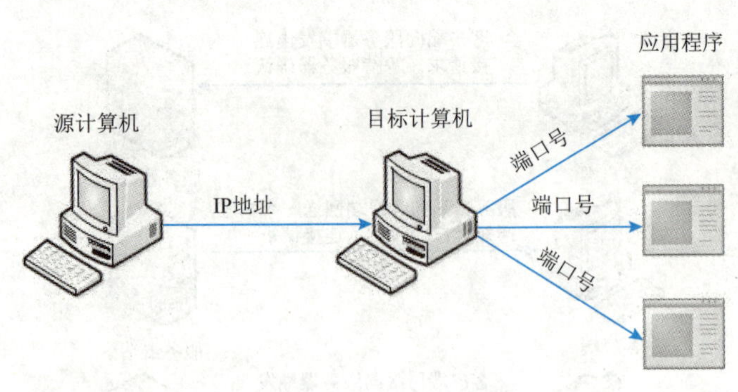

图 10-5　IP 地址和端口号

从图10-5中可以清楚地看到，位于网络中的一台计算机可以通过IP地址去访问另一台计算机，并通过端口号访问目标计算机中的某个应用程序。

3. 统一资源定位符

统一资源定位符（Uniform Resource Locator，URL）是WWW客户机访问Internet时用来标识资源的名字和地址。超文本链路由URL维持。URL的格式如下：

```
<METHOD>://<HOSTNAME:PORT>/<PATH>/<FILE>
```

其中，METHOD是传输协议：HOSTNAME是文档和服务器所在的Internet主机名（域名系统中DNS中的点地址）；PORT是服务端口号（可省略）；PATH是路径名，FILE是文件名。例如：

http://www.weixue××××.net/(其中http是协议名，www.weixue××××.net是主机名)。

http://www.weixue××××.net/view/××××.html (其中www.weixue××××.net是主机名，view/××××.html是文件路径和文件名)。

（1）协议：指明了文档存放的服务器类别。例如HTTP协议，简单地说就是HTTP协议规定了浏览器从WWW服务器获取网页文档的方式。常用的HTTP、FTP、File协议都是虚拟机支持的协议。

（2）地址：由主机名和端口号组成。其中主机名是保存HTML和相关文件的服务器名。每个服务器中的文档都使用相同的主机名。端口号用来指定客户端要连接的网络服务器程序的监听端口号，每一种标准的网络协议都有一个默认的端口号。当不指定端口时，客户端程序会使用协议默认的端口号去连接网络服务器。

（3）资源：可以是主机上的任何一个文件，包括该资源的文件夹名和文件名，文件夹表示文件所在的当前主机的文件夹。文件夹是用来组织文档的，可以使用嵌套，没有层次限制，包括的文件数目也没有限制。命名文件夹时，可以使用数字、字母、符号（¥、下画线、连字符和点号），文件名是最终访问的资源。

4. C/S 模式和 B/S 模式

（1）C/S模式：C/S（Client/Server，客户/服务器）方式的网络计算模式，服务器负责管理数据库的访问，并对客户机/服务器网络结构中的数据库安全层加锁，进行保护；客户机负责与用户的交互，收集用户信息，通过网络向服务器发送请求。C/S模式中，资源明显不对等，是一种“胖客户机”或“瘦服务器”结构。客户程序（前台程序）在客户机上运行，数据库服务程序（后台程序）在应用服务器上运行。

C/S适用于专人使用，安全性要求较高的系统。

（2）B/S模式：B/S(Browser/Server,浏览器/服务器)方式的网络结构，客户端统一采用浏览器向Web服务器提出请求，由Web服务器对数据库进行操作，并将结果传回客户端。B/S结构简化了客户机的工作，但服务器将担负更多的工作，对数据库的访问和应用程序的执行都将在这里完成。当浏览器发出请求后，其数据请求、加工、返回结果、动态网页生成等工作全部由Web服务器完成。

B/S适用于交互性比较频繁的场合，容易被人们所接受，备受用户和软件开发者的青睐。B/S模式下的动态网页技术主要有CGI、ASP、PHP、JSP等，其中JSP基于Java技术，跨平台性好，“一次编写，到处运行”，并且编写容易，程序员可以快速上手；其重用性好，连接数据库使用JDBC驱动程序，支持大多数的数据库系统，已成为开发B/S系统的主流技术。

四、Java 常用网络类

java.net包中提供了常用的网络功能类：InetAddress、URL、Socket、Datagram。其中，InetAddress面向的是网络层（IP层），用于标识网络上的硬件资源；URL面向的是应用层，通过URL，Java程序可以直接送出或读入网络上的数据；Socket和Datagram面向的则是传输层。Socket使用的是TCP协议，这是传统网络程序最常用的方式，可以想象为两个不同的程序通过网络的通道进行通信。Datagram则使用UDP协议，是另一种网络传输方式，它把数据的目的地记录在数据包中，然后直接放在网络上。这里主要介绍InetAddress和URL类。

1. InetAddress 类

在JDK中，提供了一个与IP地址相关的InetAddress类，该类用于封装一个IP地址，并提供了一系列与IP地址相关的方法。

（1）public static InetAddress getByName(String s)：获得一个InetAddress 类的对象，该对象中含有主机的IP地址和域名。例如，可用如下格式表示它包含的信息：www.sina.com.cn/202.108.37.40。

（2）public static InetAddress getLocalHost()：获得一个InetAddress对象，该对象含有本地机的域名和IP地址。

（3）public String getHostName()：获取一个字符串，该字符串中含有InetAddress对象的域名。

（4）public String getHostAddress()：获取一个字符串，该字符串中含有InetAddress对象的IP地址。

（5）public static InetAddress[] getAllByName(String host)：获取InetAddress类的数组对象，该对象中包含本机的所有IP地址。

（6）public byte[] getAddress()：获得一个字节数组，其中包含了InetAddress对象的IP地址。

其中，第一个方法用于获得表示指定主机的InetAddress对象，第二个方法用于获得表示本地的InetAddress对象。通过InetAddress对象便可获取指定主机名、IP地址等。

【例10-6】InetAddress常用方法示例InetAddressDemo.java。

```
import java.net.InetAddress;
public class InetAddressDemo{
    public static void main(String[] args) throws Exception{
        InetAddress localAddress=InetAddress.getLocalHost();
        InetAddress remoteAddress=InetAddress.getByName("www.baidu.com");
        System.out.println("本机的 IP 地址: " + localAddress.getHostAddress());
```

```
        System.out.println("baidu 的 IP 地址: " + remoteAddress.getHostAddress());
        System.out.println("3 秒是否可达: " + remoteAddress.isReachable(3000));
        System.out.println("baidu 的主机名为: " + remoteAddress.getHostName());
    }
}
```

程序运行结果：

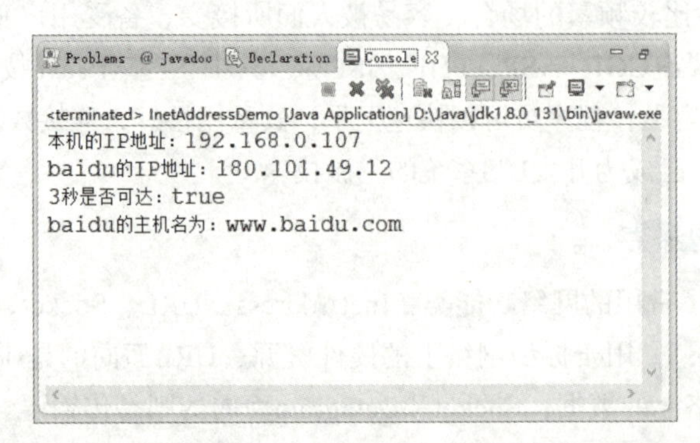

练一练

使用InetAddress类获取本机IP信息

程序解析：从运行结果可以看出，InetAddress类每个方法的作用。需要注意的是，getHostName()方法用于得到某个主机的域名，如果创建的InetAddress对象是用主机名创建的，则将该主机名返回，否则，将根据IP地址反向查找对应的主机名。如果找到将其返回，否则返回IP地址。

练一练：通过InetAddress类中提供的方法，获取指定计算机的主机名、IP地址以及连接状态等信息。

2. URL 类和 URLConnection 类

在Java中，java.net包中的类是进行网络编程的，其中java.net.URL类和java.net.URLConection类可使编程者方便地利用URL在Internet上进行网络通信。

（1）创建URL对象

URL类有多种形式的构造函数：

- URL (String url)：其中，url代表一个绝对地址，URL对象直接指向这个资源。例如：

```
URL url1=new URL(http://www.cqwu.edu.cn);
```

- URL (URL baseURL , String relativeURL)：其中，baseURL代表绝对地址，relativeURL代表相对地址。例如：

```
URL url1=new URL(http://www.cqwu.edu.cn);
URL lib=new URL(url1 , "library / library.asp");
```

- URL (String protocol , String host , String file)：其中，protocol代表通信协议，host代表主机名，file代表文件名。例如：

```
new URL ("http", www.cqwu.edu.cn, "/ test / test.asp");
```

- URL (String protocol , String host , int port , String file)：其中，protocol代表通信协议，host代表主机名，port代表端口号，file代表文件名。例如：

```
URL lib = new URL ("http" , www.cqwu.edu.cn, 80 , "/ test / test.asp");
```

（2）获取URL对象的属性

- getDefaultPort()：返回默认的端口号。
- getFile()：获得URL指定资源的完整文件名。
- getHost()：返回主机名。
- getPath()：返回指定资源的文件目录和文件名。
- getPort()：返回端口号，默认为-1。
- getProtocol()：返回表示URL中协议的字符串对象。
- getRef()：返回URL中的HTML文档标记，即#号标记。
- getUserInfo()：返回用户信息。
- toString()：返回完整的URL字符串。

（3）URLConnection类

要接收和发送信息还要用URLConnection类，程序获得一个URLConnection对象，相当于完成对指定URL的一个HTTP连接。以下是示意获得URLConnection对象的代码：

```
URL mu = new URL("http://www.sun.com/");      // 先要创建一个 URL 对象
URLConnection muC = mu.openConnection();      // 获得 URLConnection 对象
```

上述代码说明，先要创建一个URL对象，然后利用URL对象的openConnection()方法，从系统获得一个URLConnection对象。程序有了URLConnection对象后，就可使用URLConnection类提供的以下方法获得流对象和实现网络连接：

- getOutputStream()：获得向远程主机发送信息的OutputStream流对象。
- getInputStream()：获得从远程主机获取信息的InputStream流对象。有了网络连接的输入和输出流，程序就可实现远程通信。
- connect()：设置网络连接。

发送和接收信息要获得流对象，并由流对象创建输入或输出数据流对象。然后，就可以用流的方法访问网上资源。

如同本地数据流一样，网上资源使用结束后，数据流也应及时关闭。例如：

```
dis.close();
```

关闭先前代码建立的流dis。

下面通过一个案例学习如何使用URL类和URLConnection类实现信息的网络收发。

【例10-7】信息的网络收发示例URLDemo.java。

```
import java.net.*;
import java.awt.*;
import java.awt.event.*;
import java.io.*;
import javax.swing.*;
public class URLDemo{
    public static void main(String args[]){
```

```
        new downNetFile();
    }
}
class downNetFile extends JFrame implements ActionListener{
    JTextField infield=new JTextField(30);
    JTextArea showArea=new JTextArea();
    JButton b=new JButton("download");
    JPanel p=new JPanel();
    downNetFile()
    {
        super("read network text file application");
        Container con = this.getContentPane();
        p.add(infield);
        p.add(b);
        JScrollPane jsp = new JScrollPane(showArea);
        b.addActionListener(this);
        con.add(p,"North");
        con.add(jsp,"Center");
        setDefaultCloseOperation(JFrame.EXIT_ON_CLOSE);
        setSize(500,400);
        setVisible(true);
    }
    public void actionPerformed(ActionEvent e){
        readByURL(infield.getText());
    }
    public void readByURL(String urlName){
        try{
            URL url=new URL(urlName);    //由网址创建URL对象
            URLConnection tc=url.openConnection();    //获得URLConnection对象
            tc.connect();    //设置网络连接
            InputStreamReader in=new InputStreamReader(tc.getInputStream());
            BufferedReader dis=new BufferedReader(in);    //采用缓冲式输入
            String inline;
            while((inline=dis.readLine())!=null){
                showArea.append(inline +"\n");
            }
            dis.close();    //网上资源使用结束后，数据流及时关闭
        }catch(MalformedURLException e){
            e.printStackTrace();
        }
        catch(IOException e){
            e.printStackTrace();
        }
        /*访问网上资源可能产生MalformedURLException和IOException异常*/
    }
}
```

程序运行结果：

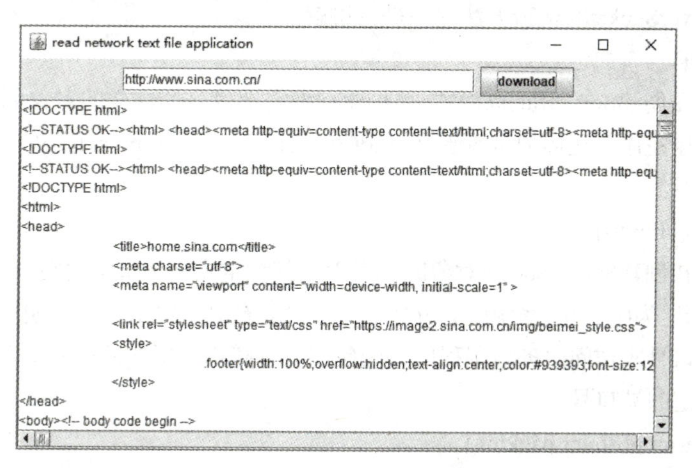

程序解析：例10-7创建JTextField对象用于输入要访问的网址，创建JTextArea对象用于显示访问的结果。由网址创建URL对象，然后使用URL对象的openConnection()方法创建连接，并返回URLConnection对象。通过URLConnection对象的connect()方法设置并进行网络连接。网络连接成功后，利用URLConnection对象的getInputStream()方法获取字节输入流，利用I/O流通信的知识进行数据的收发，最终调用close()方法关闭流。

五、TCP 网络编程

TCP通信同UDP通信一样，也能实现两台计算机之间的通信，但TCP通信的两端需要创建socket对象。UDP通信与TCP通信的区别在于，UDP中只有发送端和接收端，不区分客户端与服务器端，计算机之间可以任意地发送数据；而TCP通信是严格区分客户端与服务器端的，在通信时，必须先由客户端去连接服务器端才能实现通信，服务器端不可以主动连接客户端，并且服务器端程序需要事先启动，等待客户端的连接。

在JDK中提供了两个用于实现TCP程序的类：一个是ServerSocket类，用于表示服务器端；一个是Socket类，用于表示客户端。通信时，首先要创建代表服务器端的ServerSocket对象，创建该对象相当于开启一个服务，此服务会等待客户端的连接；然后创建代表客户端的Socket对象，使用该对象向服务器端发出连接请求，服务器端响应请求后，两者才建立连接，开始通信。整个通信过程如图10-6所示。

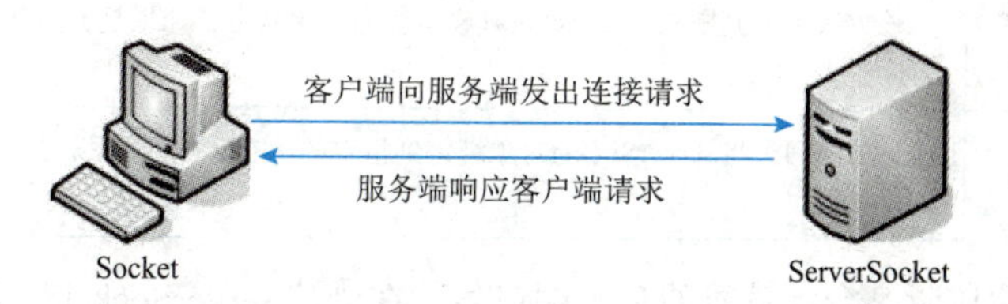

图 10-6　Socket 和 ServerSocket 通信

了解了ServerSocket、Socket在服务器端与客户端的通信过程后，将针对ServerSocket和Socket进行详细讲解。

1. ServerSocket

在开发TCP程序时，首先需要创建服务器端程序。JDK的java.net包中提供了一个ServerSocket类，该类的实例对象可以实现一个服务器端的程序。通过查阅API文档可知，ServerSocket类提供了多种构造方法。接下来就对ServerSocket的构造方法逐一进行讲解。

（1）ServerSocket()

使用该构造方法在创建ServerSocket对象时并没有绑定端口号，这样的对象创建的服务器端没有监听任何端口，不能直接使用，还需要继续调用bind(SocketAddress endpoint)方法将其绑定到指定的端口号上，才可以正常使用。

（2）ServerSocket(int port)

使用该构造方法在创建ServerSocket对象时，可以将其绑定到一个指定的端口号上（参数port就是端口号）。端口号可以指定为0，此时系统就会分配一个还没有被其他网络程序所使用的端口号。由于客户端需要根据指定的端口号来访问服务器端程序，因此端口号随机分配的情况并不常用，通常都会让服务器端程序监听一个指定的端口号。

（3）ServerSocket(int port, int backlog)

该构造方法就是在第二个构造方法的基础上，增加了一个backlog参数。该参数用于指定在服务器忙时，可以与之保持连接请求的等待客户数量，如果没有指定这个参数，默认为50。

（4）ServerSocket(int port, int backlog, InetAddress bindAddr)

该构造方法就是在第三个构造方法的基础上，增加了一个bindAddr参数，该参数用于指定相关的IP地址。该构造方法的使用适用于计算机上有多块网卡和多个IP的情况，使用时可以明确规定ServerSocket在哪块网卡或IP地址上等待客户的连接请求。显然，对于一般只有一块网卡的情况，不用专门指定。

在以上介绍的构造方法中，第二个构造方法是最常使用的。了解了如何通过ServerSocket的构造方法创建对象后，接下来学习ServerSocket的常用方法，如表10-1所示。

表 10-1　ServerSocket 的常用方法

方法声明	功能描述
Socket accept()	该方法用于等待客户端的连接，在客户端连接之前一直处于阻塞状态，如果有客户端连接就会返回一个与之对应的Socket对象
InetAddress getInetAddress()	该方法用于返回一个InetAddress对象，该对象中封装了ServerSocket绑定的IP地址
boolean isClosed()	该方法用于判断ServerSocket对象是否为关闭状态，如果是关闭状态则返回true，反之则返回false
void bind(SocketAddress endpoint)	该方法用于将ServerSocket对象绑定到指定的IP地址和端口号，其中参数endpoint封装了IP地址和端口号

ServerSocket对象负责监听某台计算机的某个端口号，在创建ServerSocket对象后，需要继续调用该对象的accept()方法，接收来自客户端的请求。当执行了accept()方法之后，服务器端程序会发生阻塞，直到客户端发出连接请求时，accept()方法才会返回一个Socket对象用于和客户端实现通信，程序才能继续向下执行。

2. Socket

ServerSocket对象可以实现服务端程序，但只实现服务器端程序还不能完成通信，此时还需要一个客户端程序与之交互，为此JDK提供了一个Socket类，用于实现TCP客户端程序。通过查阅API文档可知，Socket类同样提供了多种构造方法。接下来就对Socket的常用构造方法进行详细讲解。

（1）Socket()

使用该构造方法在创建Socket对象时，并没有指定IP地址和端口号，也就意味着只创建了客户端对象，并没有去连接任何服务器。通过该构造方法创建对象后还需要调用connect(SocketAddress endpoint)方法，才能完成与指定服务器端的连接，其中参数endpoint用于封装IP地址和端口号。

（2）Socket(String host, int port)

使用该构造方法在创建Socket对象时，会根据参数去连接在指定地址和端口上运行的服务器程序，其中参数host接收的是一个字符串类型的IP地址。

（3）Socket(InetAddress address, int port)

该构造方法在使用上与第二个构造方法类似，参数address用于接收一个InetAddress类型的对象，该对象用于封装一个IP地址。

在以上Socket的构造方法中，最常用的是第一个构造方法。了解了Socket的构造方法后，接下来学习Socket的常用方法，如表10-2所示。

表 10-2　Socket 的常用方法

方法声明	功能描述
int getPort()	该方法返回一个int类型对象，该对象是Socket对象与服务器端连接的端口号
InetAddress getLocalAddress()	该方法用于获取Socket对象绑定的本地IP地址，并将IP地址封装成InetAddress类型的对象返回
void close()	该方法用于关闭Socket连接，结束本次通信。在关闭Socket之前，应将与Socket相关的所有的输入/输出流全部关闭，这是因为一个良好的程序应该在执行完毕时释放所有的资源
InputStream getInputStream()	该方法返回一个 InputStream 类型的输入流对象，如果该对象是由服务器端的 Socket 返回，就用于读取客户端发送的数据，反之，用于读取服务器端发送的数据
OutputStream getOutputStream()	该方法返回一个 OutputStream 类型的输出流对象，如果该对象是由服务器端的 Socket 返回，就用于向客户端发送数据，反之，用于向服务器端发送数据

表10-2中列举了Socket类的常用方法，其中getInputStream()和getOutputStream()方法分别用于获取输入流和输出流。当客户端和服务端建立连接后，数据是以I/O流的形式进行交互的，从而实现通信。接下来通过一张图来描述服务器端和客户端的数据传输，如图10-7所示。

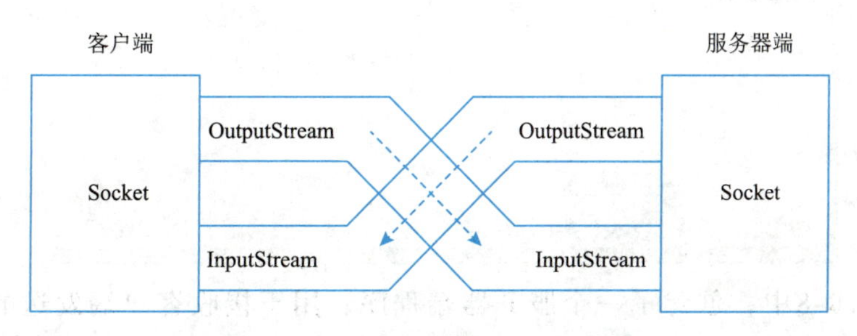

图 10-7　服务器端和客户端通信图

微课

服务器端程序示例

3. 简单的 TCP 网络程序

通过前面的讲解，读者已经了解了ServerSocket、Socket类的基本用法。为了让初学者更好地掌握这两个类的使用，接下来通过一个TCP通信的案例来进一步学习这两个类的用法。

要实现TCP通信需要创建一个服务器端程序和一个客户端程序，为了保证数据传输的安全性，首先需要实现服务器端程序。

【例10-8】服务器端程序示例ServerDemo.java。

```
import java.io.*;
import java.net.*;
public class ServerDemo{
    public static void main(String[] args) throws Exception {
        new TCPServer().listen();      // 创建 TCPServer 对象，并调用 listen() 方法
    }
}
// TCP 服务端
class TCPServer{
    private static final int PORT=7788;          // 定义一个端口号
    public void listen() throws Exception{     // 定义一个 listen() 方法，抛出一个异常
ServerSocket serverSocket=new ServerSocket(PORT);     // 创建 ServerSocket 对象
        System.out.println("服务器端启动");
        Socket client=serverSocket.accept();           // 调用 ServerSocket 的 accept()
                                                       // 方法接收数据
        OutputStream os=client.getOutputStream();      // 获取客户端的输出流
        System.out.println("开始与客户端交互数据");
        os.write(("欢迎进入网络互联的世界！").getBytes()); // 当客户端连接到服务端时，
                                                          // 向客户端输出数据
        Thread.sleep(5000);        // 模拟执行其他功能占用的时间
        System.out.println("结束与客户端交互数据");
        os.close();
        client.close();}
}
```

程序运行结果：

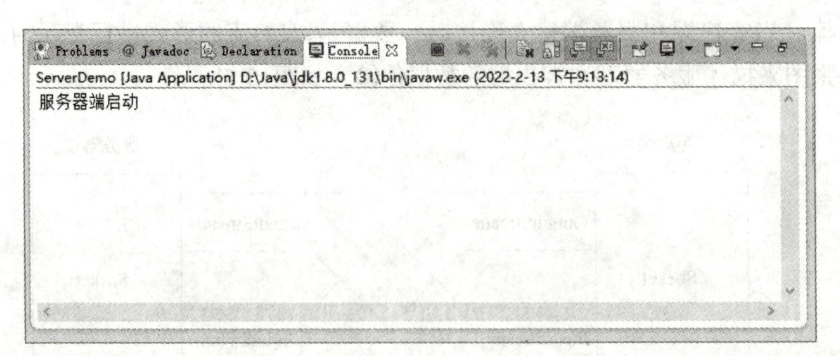

微课

客户端程序示例

程序解析：例10-8中，创建了一个服务器端程序，用于接收客户端发送的数据。在创建ServerSocket对象时指定了端口号，并调用该对象的accept()方法。从运行结果可以看出，输出窗口中的光标一直在闪动，这是因为accept()方法发生阻塞，程序暂时停止运行，直到有客户端来访问时才会结

束这种阻塞状态。这时该方法会返回一个Socket类型的对象用于表示客户端，通过该对象获取与客户端关联的输出流并向客户端发送信息，同时执行Thread.sleep(5000)语句模拟服务器执行其他功能占用的时间。最后，调用Socket对象的close()方法结束通信。

【例10-9】客户端程序示例ClientDemo.java。

```
import java.io.*;
import java.net.*;
public class ClientDemo{
    public static void main(String[] args) throws Exception{
        new TCPClient().connect();     // 创建 TCPClient 对象并调用 connect() 方法
    }
}
// TCP 客户端
class TCPClient{
    private static final int PORT=7788;      // 服务端的端口号
    public void connect() throws Exception {
        // 创建一个 Socket 并连接到给出地址和端口号的计算机
        Socket client=new Socket(InetAddress.getLocalHost(), PORT);
        InputStream is=client.getInputStream();  // 得到接收数据的流
        byte[] buf=new byte[1024];             // 定义 1 024 字节数组的缓冲区
        int len=is.read(buf);                  // 将数据读到缓冲区中
        System.out.println(new String(buf, 0, len));   // 将缓冲区中的数据输出
        client.close();                        // 关闭 Socket 对象，释放资源
    }
}
```

程序运行结果：

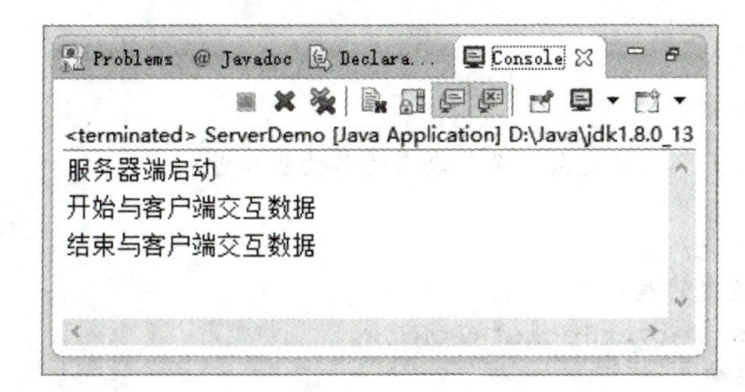

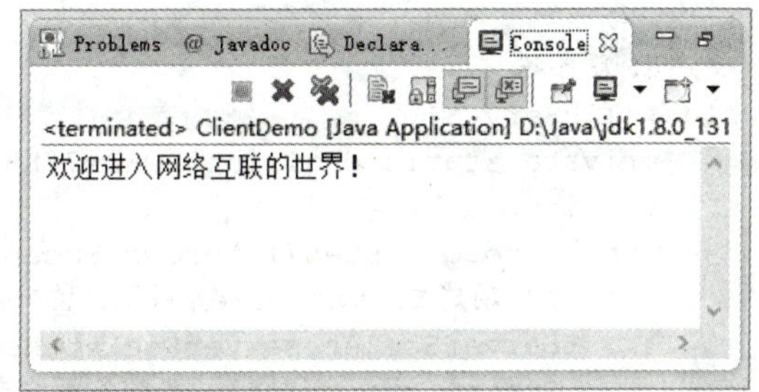

程序解析：

例10-9中，创建了一个客户端程序，用于向服务器端发送数据。在客户端创建Socket对象与服务器端建立联系后，通过Socket对象获取输入流读取服务端发来的数据，并打印结果。同时服务端程序结束了阻塞状态，打印出"开始与客户端交互数据"，然后向客户端发送数据"欢迎进入网络互联的世界！"，在休眠5s后会打印出"结束与客户端交互数据"，本次通信结束。

练一练

简单聊天程序

练一练：通过ServerSocket类和Socket类实现简单的数据通信，并观察两个控制台窗口中数据输出的先后顺序。

4. 多线程的 TCP 网络程序

在前面的案例中，分别实现了服务器端程序和客户端程序，当一个客户端程序请求服务器端时，服务器端就会结束阻塞状态，完成程序的运行。实际上，很多服务器端程序都是允许被多个应用程序访问的，例如门户网站可以被多个用户同时访问，因此服务器都是多线程的。

图10-8所示为多个客户端访问同一个服务器端，服务器端为每个客户端创建一个对应的Socket，并且开启一个新的线程使两个Socket建立专线进行通信。下面根据图10-8所示的通信方式对例10-8中的服务端程序进行改进。

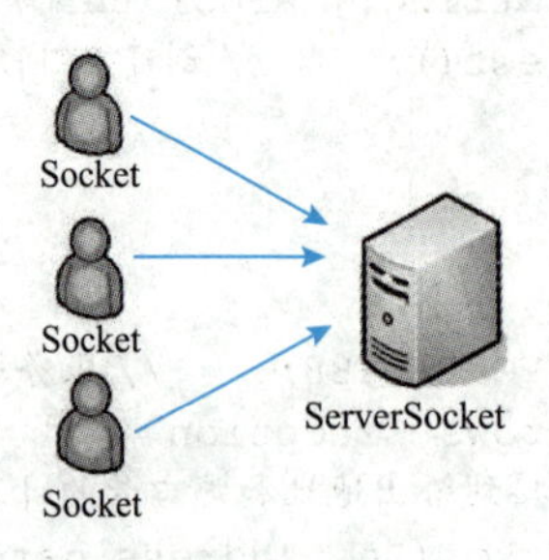

图 10-8　多个客户端访问服务器端

【例10-10】多个客户端访问服务器端示例MultiServerDemo.java。

```
import java.io.*;
import java.net.*;
public class MultiServerDemo {
    public static void main(String[] args) throws Exception{
        new TCPServer().listen();          // 创建 TCPServer 对象并调用 listen() 方法
    }
}
// TCP 服务端
class TCPServer{
    private static final int PORT=7788;    // 定义一个静态常量作为端口号
    int i=0;
    public void listen() throws Exception{
        // 创建 ServerSocket 对象，监听指定的端口
        ServerSocket serverSocket=new ServerSocket(PORT);
        System.out.println(" 服务器端启动 ");
        // 使用 while 循环不停地接收客户端发送的请求
        while (true){
            // 调用 ServerSocket 的 accept() 方法与客户端建立连接
            final Socket client=serverSocket.accept();
            i++;
            // 下面的代码用来开启一个新的线程
            new Thread(){
                public void run(){
                    OutputStream os;  // 定义一个输出流对象
                    try {
                        os=client.getOutputStream();    // 获取客户端的输出流
                        System.out.println(i+"#--- 开始与客户端交互数据 ");
```

```
                    os.write((String.valueOf(i)+"#--- 欢迎进入网络互联的世界！ ").getBytes());
                    Thread.sleep(5000);                        // 使线程休眠 5000 毫秒
                    System.out.println(i+"#--- 结束与客户端交互数据 ");
                    os.close();                                // 关闭输出流
                    client.close();                            // 关闭 Socket 对象
                } catch (Exception e){
                    e.printStackTrace();
                }
            };
        }.start();
    }
  }
}
```

程序运行结果：

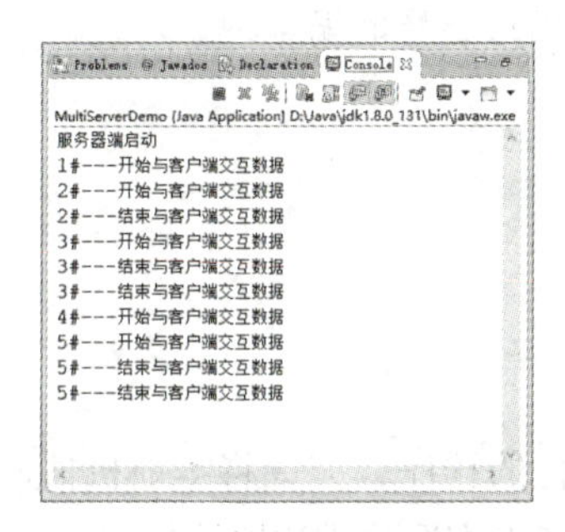

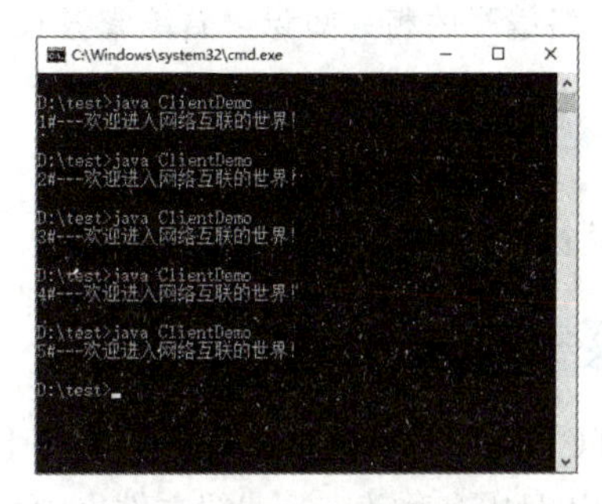

程序解析：例10-10中，使用多线程的方式创建了一个服务器端程序。通过while循环中调用accept()方法，不停地接收客户端发送的请求，当没有客户端请求访问时发生阻塞，程序暂时停止运行，直到有客户端来访问时才会结束这种阻塞状态。当与客户端建立连接后，就会开启一个新的线程，该线程会去处理客户端发送的数据，而主线程仍处于继续等待状态。

为了验证服务器端程序是否实现了多线程，首先运行服务器端程序，之后运行5个客户端程序，当运行第一个客户端程序时，服务器端马上就进行数据处理，打印出“1#---开始与客户端交互数据”，再运行第二个、第三个、第四个、第五个客户端程序，会发现服务器端也立刻做出回应，客户端会话结束后，分别打印各自结束信息，如程序运行结果所示。这说明通过多线程的方式，可以实现多个用户对同一个服务器端程序的访问。

练一练

使用TCP网络程序上传图片

练一练：首先在本地计算机D盘根目录下存放一张jpg的图片，然后通过使用TCP网络协议，实现将图片上传至服务器的功能。

任务实施

拓展知识

UDP通信

下面通过线程和TCP网络编程来实现聊天室服务器端数据收发设计和客户端数据收发设计。

（1）服务器端应该具备这样的功能：每连接一个客户端，就为该客户端开辟一个线程进行服务，当该客户端下线后，结束该线程。

（2）服务器端为客户端提供的服务包括：获取客户端的基本信息、接收客户端消息、向所有在线用户发送某用户的下线命令、向所有客户端转发消息。

（3）客户端应该具备这样的功能：连接服务器端，向服务器发送基本信息；从服务器端接收消息并按照预先规定好的命令完成以下操作——被动下线、更新在线用户列表、加载在线用户列表、显示消息。

任务小结

Java 应用程序通过多线程技术共享系统资源，可以说，Java 语言对多线程的支持增强了 Java 作为网络程序设计语言的优势，为实现分布式应用系统中多用户并发访问，提高服务器效率奠定了基础。多线程编程是编写大型软件必备的技术，读者应该作为重点和难点学习。

另外，本任务介绍了Java网络编程的相关知识。简要介绍了TCP协议和UDP协议的区别，以及IP地址、端口号、InetAddress类；着重介绍了与TCP网络编程相关的ServerSocket类、Socket类。通过本任务的学习，能够了解网络编程的相关知识，熟练掌握TCP网络程序的编写。

自测题

任务十

自 测 题

参见“任务十”自测题。

拓展实践——文件上传

使用TCP通信的知识，编写一个文件上传的程序，完成将本地机器F盘中名称为1.jpg的文件上传到F盘中名称为upload的文件夹中。要求把客户端IP地址加上count标识作为上传后文件的文件名，即IP(count)的形式。其中，count是随着重名文件的增多而增大的，例如127.0.0.1(1).jpg、127.0.0.1(2).jpg。

参考代码见本书配套资源FlieUpload文件夹。

面试常考题

（1）编写一个网络应用程序，有客户端和服务器端，客户端向服务器端发送一个字符串，服务器收到该字符串后将其打印到命令行上，然后向客户端返回该字符串的长度，最后客户端输出服务器端返回的该字符串的长度。

（2）如何创建TCP通信的服务器端的多线程模型？

拓展阅读——时间管理

学会管理时间 远离“无效努力”

很多人都听说过“二八定律”，即“帕累托法则”，具体到工作中，就是指80%的收益是由20%的投入获得的，即剩余80%的投入只能得到剩余20%的收益。因此，要学会在有限的时间里完成最重要的事情，具体可以运用“三目标法”：在每天早上，列出一天中想要完成的三项任务；在每周一，列出一周想要完成的三项任务，

并努力、优先完成。

每个人都有自己的“生理黄金时间”，在这一段时间中，我们的精力和注意力都可以达到较高的水平。因此，我们可以在保证身体健康的前提下，将最重要的任务安排在“生理黄金时间”内进行，以获得事半功倍的效果。

另外，拖延也是“无效努力”的罪魁祸首之一，要想克服拖延心理，就要让自己学会“背水一战”，即不要给自己留后路，具体表现就是不要让自己觉得“以后还有机会”“时间还比较充裕”等。要告诉自己，在制订好计划之后就必须立即行动，这样才能保持较高的热情和斗志，提高工作效率。

项目实现

通过前面3个任务所学的知识，完成模拟聊天室中的所有功能。

（1）定义Server类，完成服务器端界面设计。

（2）定义Client类，完成客户端界面设计。

（3）在Server类中编写线程类ServerThread，用以接收Client端的用户基本信息。

（4）在Server类中编写线程类ClientThread，用以接收Client端消息、向所有在线用户发送某用户的下线命令、向所有Client端转发消息。

（5）在Server类中编写serverStart()方法，用以开启服务，并且每连接一个Client端，就为该Client端开辟一个线程进行服务。编写closeServer()方法，用以关闭服务，通知所有在线用户下线。

（6）在Client类中编写线程类MessageThread，用以从服务器端接收消息并按照预先规定好的命令完成以下操作——被动下线、更新在线用户列表、加载在线用户列表、显示消息。

（7）在Client类中编写connectServer()方法，用以连接Server端，并向Server端发送用户基本信息，开启线程与Server端通信。编写closeConnection()方法，用以停止与Server端的连接。

（8）Server类和Client类中的所有I/O操作，输出流使用PrintWriter类实现，输入流使用BufferedReader类实现。

项目参考代码见本书配套资源“聊天室.java”文件。

项目总结

通过本项目的学习，读者能够对Java图形界面设计的基础知识、Java事件处理模型和事件处理相关的基础知识、Swing程序设计和Swing组件的使用有比较深刻的认识，熟练使用Java图形界面设计技术。掌握不同I/O流的功能以及一些典型I/O流的用法，并能够熟练使用I/O流对文件进行读/写操作，解决程序中出现的字符乱码问题。能够使用线程技术提高程序执行效率，对网络编程的相关知识有较深刻的认识，熟练掌握TCP网络程序的编写。

需要注意的是，由于Java提供的类库庞大而复杂，如果想熟练地使用Java语言解决生活中遇到的问题，还必须利用API的帮助，逐步摸索规律，掌握方法。

附录 A Java 程序编码规范

程序编码规范是软件项目管理的一个重要项目，所有的程序开发手册都包含了各种规则。一些习惯自由的程序人员可能对这些规则很不适应，但是在多个开发人员共同写作的情况下，这些规则是必需的。良好的程序编码规范，可以增加程序的可读性、可维护性，同时也对后期维护有一定的好处。

一、命名规范

定义这个规范的目的是让项目中所有的文档都看起来像一个人写的，增加可读性，减少项目组中因为换人而带来的损失。

1. Package 的命名

Package 的名字采用完整的英文描述符，应该全由小写字母组成。

2. Class 的命名

Class 的名字采用完整的英文描述符，所有单词的第一个字母大写。

3. Class 变量的命名

变量的名字必须用一个小写字母开头。后面的单词用大写字母开头。

4. Static Final 变量的命名

Static Final 变量的名字应该都大写，并且指出完整含义。

5. 参数的命名

参数的名字必须和变量的命名规范一致。

6. 数组的命名

数组应该总是用下面的方式来命名：

```
byte[] buffer;
```

而不是

```
byte buffer[];
```

7. 方法的参数

使用有意义的参数命名，如果可能，使用和要赋值的字段一样的名字。

```
SetCounter(int size){
    this.size=size;
}
```

二、Java 文件样式

所有的Java（*.java）文件都必须遵守如下的样式规则：

1. 版权信息

版权信息必须在java文件的开头。例如：

```
/**
  * Copyright ?2000 Shanghai XXX Co. Ltd.
  * All right reserved.
*/
```

其他不需要出现在JavaDoc的信息也可以包含在这里。

2. Package/Imports

package 行要在import行之前，import中标准的包名要在本地的包名之前，而且按照字母顺序排列。如果import行中包含了同一个包中的不同子目录，则应该用“*”来处理。

```
package hotlava.net.stats;
    import java.io.*;
    import java.util.Observable;
    import hotlava.util.Application;
```

这里使用java.io.*来代替InputStream and OutputStream。

3. Class

下面是类的注释，一般是用来解释类的。

```
/**
  * A class representing a set of packet and byte counters
  * It is observable to allow it to be watched, but only
  * reports changes when the current set is complete
*/
```

下面是类似定义，包含了在不同行的 extends 和 implements：

```
public class CounterSet
  extends Observable
  implements Cloneable
```

4. Class Fields

下面是类的成员变量：

```
/**
  * Packet counters
*/
  protected int[] packets;
```

public 的成员变量必须生成文档（JavaDoc）。proceted、private和 package 定义的成员变量如果名字含义明确，可以没有注释。

5. 存取方法

下面是类变量的存取的方法。它只是简单地用来将类的变量赋值获取值，可以写在一行，其他的方法不要写在同一行。

```
 /**
  * Get the counters
  * @return an array containing the statistical data. This array has been
  * freshly allocated and can be modified by the caller.
```

```
    */

    public int[] getPackets(){ return copyArray(packets, offset); }
    public int[] getBytes() { return copyArray(bytes, offset); }
    public int[] getPackets() { return packets; }
    public void setPackets(int[] packets){ this.packets=packets; }
```

6. 构造函数

构造函数应该用递增的方式写（例如，参数多的写在后面）。

访问类型（public、private等）和任何static、final或synchronized应该在一行中，并且方法和参数另写一行，这样可以使方法和参数更易读。

```
  public
   CounterSet(int size){
     this.size=size;
   }
```

7. 克隆方法

如果这个类是可以被克隆的，下一步就是clone()方法：

```
 public
 Object clone()
  {
      try{
        CounterSet obj=(CounterSet)super.clone();
        obj.packets=(int[])packets.clone();
        obj.size=size;
        return obj;
        }catch(CloneNotSupportedException e) {
          throw new InternalError("Unexpected CloneNotSUpportedException: " + e.getMessage());
      }
  }
```

8. 类方法

下面开始写类的方法：

```
 /**
   * Set the packet counters
   * (such as when restoring from a database)
  */
    protected final void setArray(int[] r1, int[] r2, int[] r3, int[] r4)throws
IllegalArgumentException
   {
      // Ensure the arrays are of equal size
      if (r1.length != r2.length || r1.length != r3.length || r1.length != r4.length)
        throw new IllegalArgumentException("Arrays must be of the same size");
      System.arraycopy(r1, 0, r3, 0, r1.length);
      System.arraycopy(r2, 0, r4, 0, r1.length);
```

```
}
```

9. toString() 方法

每一个类都可以定义toString 方法：

```
public String toString()
{
    String retval="CounterSet: ";
    for (int i=0; i<data.length();i++){
        retval+=data.bytes.toString();
        retval+=data.packets.toString();
    }
    return retval;
}
```

10. Main() 方法

如果main(String[])方法已经定义了，那么它应该写在类的底部。

三、代码编写格式

1. 代码样式

代码应该尽可能使用 UNIX 的格式，而不是Windows 的格式。

2. 文档化

必须用JavaDoc 来为类生成文档。不仅因为它是标准，也是被各种Java 编译器都认可的方法。使用@author 标记是不被推荐的，因为代码不应该是被个人拥有的。

3. 缩进

缩进应该是每行两个空格。不要在源文件中保存Tab字符。在使用不同的源代码管理工具时，Tab字符将因为用户设置的不同而扩展为不同的宽度。请根据源代码编辑器进行相应的设置。

4. 页宽

页宽应该设置为80字符。源代码一般不会超过这个宽度，并导致无法完整显示，但这一设置也可以灵活调整。在任何情况下，超长的语句应该在一个逗号或者一个操作符后折行。一条语句折行后，应该比原来的语句再缩进2个字符。

5. {} 对

{} 中的语句应该单独作为一行。

```
if(i>0){ i++};                    // 不推荐,"{" 和 "}" 在同一行
   if(i>0){
      i++
};                                // 推荐,"{" 单独作为一行
```

"}"语句永远单独作为一行。"}"语句应该缩进到与其相对应的"{"那一行相对齐的位置。

6. 括号

左括号和后一个字符之间不应该出现空格，同样，右括号和前一个字符之间也不应该出现空格。

```
CallProc( AParameter );           // 错误
CallProc(AParameter);             // 正确
```

不要在语句中使用无意义的括号。括号只应该为达到某种目的而出现在源代码中。

```
if((I)=42){                    // 错误，括号毫无意义
if(I==42) or (J==42) then      // 正确，的确需要括号
```

四、程序编写规范

1. exit()

exit()除了在main()方法中可以被调用外，其他的地方不应该调用。一个类似后台服务的程序不应该由某一个库模块来决定要退出。

2. 异常

声明的错误应该抛出一个RuntimeException或者派生的异常。顶层的main()方法应该截获所有的异常，并且显示在屏幕上或者记录在日志中。

3. 垃圾收集

Java使用了成熟的后台垃圾收集技术来代替引用计数。但是这样会导致一个问题：必须在使用完对象的实例以后进行清场工作，必须使用close()方法完成。

```
FileOutputStream fos=new FileOutputStream(projectFile);
project.save(fos, "IDE Project File");
fos.close();
```

4. Clone

可以在程序中适当地使用clone()方法。

```
implements Cloneable
public
Object clone()
{
    try{
        Thisclass obj=(Thisclass)super.clone();
        obj.field1=(int[])field1.clone();
        obj.field2=field2;
        return obj;
    } catch (CloneNotSupportedException e){
        // TODO: handle exception
        throw new InternalError("Unexcepted CloneNotSupportedException:"+e.getMessage());
    }
}
```

5. final 类

绝对不要因为性能的原因将类定义为final，除非程序的框架有要求。如果一个类还没有准备好被继承，最好在类文档中注明，而不要将它定义为final类。这是因为没有人可以保证会不会由于某种原因需要继承它。

6. 访问类的成员变量

大部分的类成员变量应该定义为protected类型，以便防止继承类使用它们。

参 考 文 献

[1]黑马程序员．Java基础案例教程[M]．北京：人民邮电出版社，2017．
[2]李桂玲．Java程序设计教程：项目式[M]．北京：人民邮电出版社，2011．
[3]陈芸．Java程序设计项目化教程[M]．北京：清华大学出版社，2015．
[4]刘新娥，罗晓东．Java程序设计与应用教程[M]．北京：清华大学出版社，2011．
[5]郑哲．Java程序设计项目化教程[M]．北京：机械工业出版社，2015．
[6]魔乐科技（MLDN）软件实训中心．Java从入门到精通[M]．北京：人民邮电出版社，2010．
[7]陈丹丹，李银龙，王国辉．Java全能速查宝典[M]．北京：人民邮电出版社，2012．
[8]辛运帏，饶一梅，马素霞．Java程序设计[M]．北京：清华大学出版社，2013．
[9]明日科技．Java编程全能词典[M]．北京：电子工业出版社，2010．
[10]赵海廷．Java语言程序设计教程[M]．北京：清华大学出版社，2012．
[11]高宏静．Java从入门到精通[M]．北京：化学工业出版社，2009．
[12]明日科技．Java从入门到精通[M]．3版．北京：清华大学出版社，2012．
[13]华清远见3G学院，郑萌．Android系统下Java编程详解[M]．北京：电子工业出版社，2012．
[14]明日科技，龚炳江，徐鉴，等．Java程序设计：慕课版[M]．2版．北京：人民邮电出版社，2021．
[15]黑马程序员．Java基础入门[M]．2版．北京：清华大学出版社，2018．